從總統競選到奧斯卡頒獎、從 Web 安全到災難預測，
一本書讓你用　　洞察一切！

大數據

熟悉過去，預測未來

9 大行業應用
15 章專題精講
84 個應用案例
106 條專家提醒

李軍 ◎編著

目錄

大量資料聚集篇

Ch01 入門：大數據的基本概念 7
1.1 初步認識，大數據究竟是什麼 8
1.2 預測未來，大數據的發展趨勢 23
1.3 做好準備，大數據面對的挑戰 32
Ch02 價值：大數據商業變革 37
2.1 深度探勘，大數據的商業機遇 38
2.2 展現價值，大數據的 4 大變革 44
2.3 價值轉型，大數據下的商業智慧 46
2.4 大數據商業變革應用案例 51
CH03 架構：大數據基礎設施 55
3.1 探索全球，10 大大數據部署方案 56
3.2 掘金紅海，10 大大數據分析平臺 71
3.3 大數據基礎設施應用案例 82
CH04 掌握：資料管理與探勘 87
4.1 管理資料，解析開源框架 Hadoop 88
4.2 探勘資料，大數據如何去蕪存菁 96
CH05 管理：用資料洞察一切 111
5.1 不能再等，大數據時代的思維變革 112
5.2 知己知彼，資料分析的演變與現狀 116
5.3 企業管理中的大數據分析應用案例 122
5.4 能源管理中的大數據分析應用案例 130
CH06 案例：擺脫大數據風險 139
6.1 問題凸顯，大數據存在 5 大風險 140
6.2 步步小心，大數據專案 7 大盲點 148

6.3 踏雪無痕，徹底逃離大數據監視 153
6.4 有備無患，做好大數據風險管理 162
6.5 大數據風險管理應用案例 167

精準行業聚焦篇

CH07 平臺：資訊通訊大數據 175
7.1 資訊通訊平臺大數據解決方案 176
7.2 資訊通訊平臺大數據應用案例 184
CH08 醫療：資料解決大難題 193
8.1 醫療行業大數據解決方案 194
8.2 醫療行業大數據應用案例 198
CH09 網路：抓牢資料發源地 209
9.1 網路大數據解決方案 210
9.2 網路大數據應用案例 214
CH010 零售：打響大數據之戰 221
10.1 零售行業大數據解決方案 222
10.2 零售行業大數據應用案例 226
CH11 製造：更快更好地生產 237
11.1 生產製造業大數據解決方案 238
11.2 生產製造業大數據應用案例 242
CH12 餐飲：精準行銷的資料 257
12.1 餐飲行業大數據解決方案 258
12.2 餐飲行業大數據應用案例 264
CH13 金融：大數據理財時代 271
13.1 金融行業大數據解決方案 272
13.2 金融行業大數據應用案例 277
CH14 交通：暢通無阻的資料 285
14.1 交通行業大數據解決方案 286

14.2 交通行業大數據應用案例 294

CH15 社會：用資料改變生活 301

15.1 教育領域大數據應用案例 302

15.2 體育領域大數據應用案例 306

15.3 影音媒體大數據應用案例 313

15.4 生活中的大數據應用案例 320

前言

寫作驅動

1. 基本概念：大數據是指一般的軟體工具難以捕捉、管理和分析的大容量資料，一般以「兆位元組」(terabyte, TB) 為單位。大數據之「大」，並不僅僅在於「容量之大」，更大的意義在於透過對大量資料的交換、整合和分析，發現新的知識，創造新的價值，帶來「大知識」、「大科技」、「大價值」和「大發展」，使我們逐漸走向創新社會化的新資訊時代。（注：「數據」，也可稱「資料」）
2. 市場規模：根據 IDC（國際資料公司）發布《2021 年 V2 全球大數據支出指南》的預測，全球大數據市場的 IT 投資規模有望在 2025 年超過 3,500 億美元，五年預測期內 (2021-2025) 實現約 12.8% 的年複合增長率 (CAGR)，較上個預測週期有所上升；其中，大數據服務將保持其主導地位，市場占有率在 50% 左右，企業透過持續增加對服務的投資來應對智慧化過程中的新挑戰。
3. 應用領域：大數據在企業商業智慧、公共服務和市場行銷三個領域擁有巨大的應用潛力和商機。今天，大數據似乎成了「萬靈藥」，從總統競選到奧斯卡頒獎、從 Web 安全到災難預測，都能看到大數據的身影，正如那句俗語：「當你手裡有了錘子，什麼都看上去像釘子」。

大數據的推廣，已經滲透到了公共健康、臨床醫療、物聯網、社交網站、社會管理、零售業、製造業、汽車保險業、電力行業、博彩業、工業發動機和設備、影片遊戲、教育領域、體育領域、電信業等多個行業應用領域。

本書深度結合了大數據發展形勢，為讀者介紹了簡單易行的處理大數據所需的工具、過程和方法，並描繪了一個易於實施的行動計劃，以幫助讀者發現新的商業機會，實現新的業務流程，做出更明智的決策。

本書中所採用的圖片、模型等素材，均為所屬公司、網站或個人所有，在本書中引用僅為說明之用，絕無侵權之意，特此聲明。

大量資料聚集篇

Ch01　入門：大數據的基本概念

學前提示

網際網路的發展帶動了雲端運算、虛擬化、大數據等 IT 新技術的興起，各行業的網際網路化日漸明顯，全新新技術的興起，各行業的網際網路化日漸明顯，全新 IT 時代正在來臨。其中，大數據的興起和發展成為新 IT 時代行業網際網路化最為典型的特徵之一。本章將帶領讀者初步探索大數據的祕密。

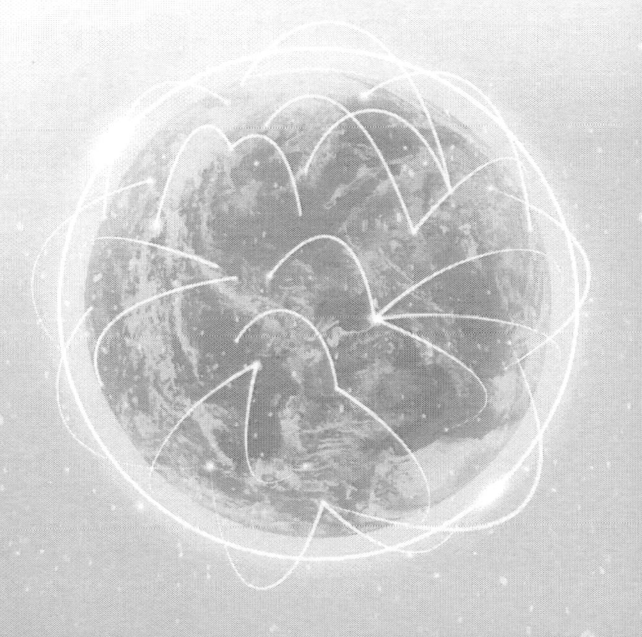

1.1 初步認識，大數據究竟是什麼

隨著資訊時代的到來，各種資料圍繞在我們身邊，大數據時代即將到來。但是，很多人並不了解大數據到底是個什麼概念。

下面介紹 3 個場景，也許你能從其中找到想要的答案。

【場景 1】：2013 年 4 月 15 日，美國波士頓舉行了第 117 屆波士頓馬拉松大賽，在美東部時間下午 2 時 50 分突然發生兩起爆炸，發生地點位於美國馬薩諸塞州波士頓科普里廣場。爆炸案發生後，美國聯邦調查局立即著手調查。波士頓馬拉松爆炸案調查部門在 4 月 16 日表示，至少有 1 枚炸彈的製造材料是日常就可購得的壓力鍋改造而成的，推測可能是中國恐怖分子所為。

2013 年 7 月，在波士頓爆炸案發生 3 個月後，紐約薩克福馬縣一對夫妻因為妻子用 Google 搜尋了「高壓鍋」，而丈夫在同一時段用 Google 搜尋了「背包」。結果，一個由 6 人組成的聯合反恐部隊，利用「查水表」的名義對這對夫妻進行盤問，「你們有炸彈嗎？你們有高壓鍋嗎？為什麼只有電飯煲？能拿來做炸彈嗎？」

為什麼美國政府知道他們有關搜尋情況？這一切都歸功於「稜鏡」和 Google 的資料監視。據悉，類似的上門「查水表」事件，聯合反恐部隊每週就要進行多達上百次。

由此可見，一個人的搜尋資訊會成為破案偵查的依據，所以請小心了！

【場景 2】：據某權威機構分析，5 萬名手機使用者在 3 個月內，無論在家附近活動還是出遠門，他們的行蹤都相當有規律。一個人大約 93% 的行蹤在理論上是可預測的。當配偶懷疑對方有了外遇，僱主懷疑僱員把公司的車輛挪為私用，或者是父母想知道他們的孩子是否去了他們所說的那個地方，這些都可以使用 Google 提供的全球衛星定位系統找到所要的地址等資訊。

利用 GPS 定位系統，再綜合多顆衛星的資料，就可以在全球範圍內隨時找到你或者你的車輛所在的精確位置。這就是資訊、資料時代的威力。

【場景 3】：2014 年春節，中國百度推出了「百度遷徙」，其利用大數據技術，對其擁有的 LBS（基於地理位置的服務）大數據進行計算分析，並採用創新的視覺化呈現方式，在業界首次實現了全程、動態、即時、直觀地展現中國春節前後人口大遷徙的軌跡與特徵，如圖 1-1 所示。

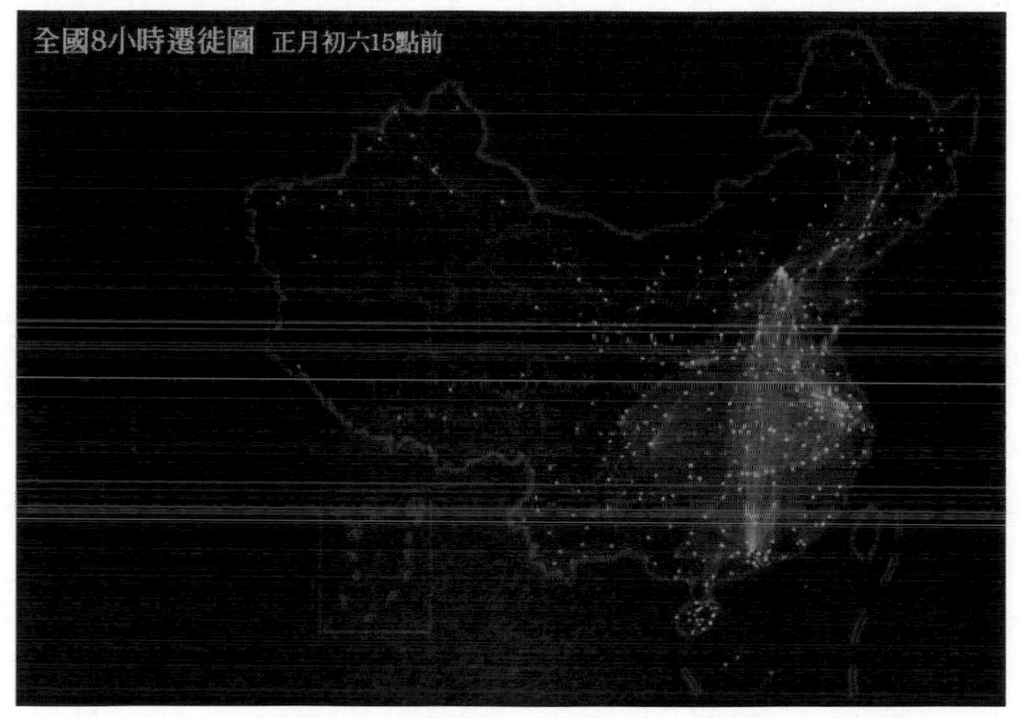

圖 1-1：中國春節前後人口大遷徙的軌跡與特徵

使用者還可以查詢某一個城市的「遷入城市」、「遷出城市」的最新資料遷徙圖，如查詢「北京」的遷徙情況，如圖 1-2 所示。

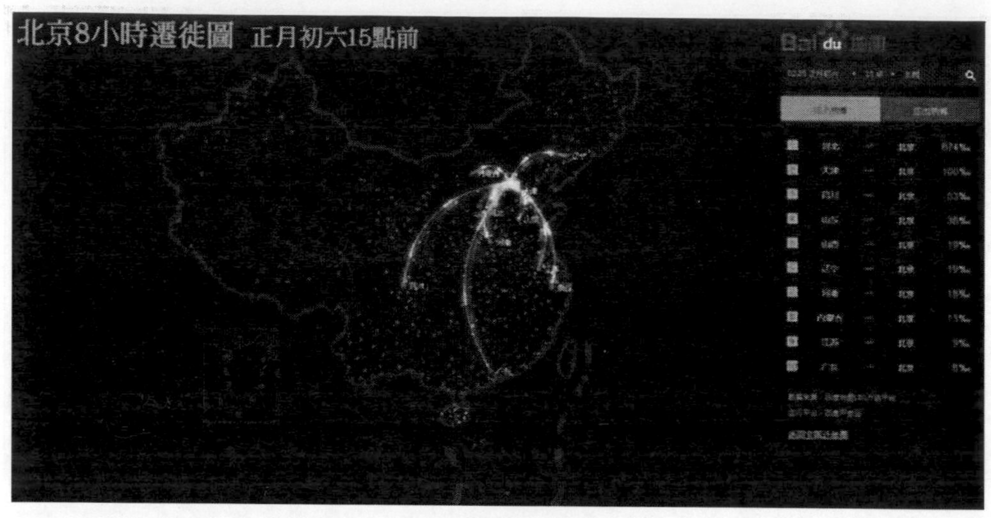

圖 1-2：春節期間北京的遷徙情況

1.1.1 大數據基本定義

前面洋洋灑灑地說了很多，相信很多讀者看到過相關的報告，但是截至目前，我們始終沒有給出大數據的定義，也就是說我們並沒有清楚地表述過：大數據到底是什麼。

在 IDC（Internet Data Center, 網際網路資料中心）的報告中，他們對大數據進行了一個簡單的描述：Big data is a big dynamic that seemed to appear from nowhere. But in reality, big data isn't new. Instead, it is something that is moving into the mainstream and getting big attention, and for good reason. Big data is not a「thing」but instead a dynamic/activity that crosses many IT borders.

中文翻譯為：大數據是一個看起來似乎來路不明的大的動態過程。但實際上，大數據並不是一個新生事物，雖然它確確實實正在走向主流和引起廣泛的注意。大數據並不是一個實體，而是一個橫跨很多 IT 邊界的動態活動。

如果 IDC 的解釋也能算是大數據的一種描述性定義的話，相信大部分人應該是很難理解大數據的。

因此，想要明白「大數據」的概念，還要從「大數據」的名詞本身入手。首先要從「大」入手，那麼「大數據」的「大」到底指的是哪些方面呢？筆者認為，大數據同過去的大量資料有所區別，其基本特徵可以用 4 個 V 來總結（Volume、Variety、Value 和 Velocity），即體量大、多樣性、價值密度低、速度快。

- **資料體量大**：大數據一般指在 10TB 規模以上的資料量。但在實際應用中，很多企業使用者把多個資料集放在一起，已經形成了 PB 級的資料量。
- **資料多樣性**：資料來自多種資料源，資料種類和格式日漸豐富，已經衝破了以前所限定的結構化資料範疇，囊括了半結構化和非結構化資料。
- **價值密度低**：大數據所創造的價值密度明顯更低。根據福利經濟學的觀點，生產率與單位商品的價值無關，生產率只與生產的數量有關，即生產率高的企業在相同的時間內生產更多的價值 —— 因而可以把更高的生產率理解為透過生產和管理技術的革新而形成的更高的勞動複雜度，勞動複雜度的提高使單位勞動時間具有了更大的價值密度。
- **速度快**：有資料顯示，在全球範圍內，資料量以每年 50% 的速度增長，資料增長的速度已經遠遠超過 IT 設計發展的速度。資料本身已經成為企業發展的資產。快速捕捉資料資訊，實現數位化生產和管理，已經成為未來企業贏得市場，應對行業網際網路化的必經之路。

另外，從「數據」這個詞來分析，大數據是大量的，是巨大的，它關乎資料量。筆者認為可以從 3 個方面定義大數據：(1) 資料量；(2) 廣度、分類；(3) 速度。簡而言之，大數據就是一個體量特別大，資料類別特別豐富的資料集。也就是說「大數據」本身並不是一種新的技術，也不是一種新的產品，而是我們這個時代出現的一種現象。而這個「大」

大到了一種什麼樣的程度呢？可以說它即將突破現有常規軟體所能提供的能力極限。

綜上所述，全球最大的策略諮詢公司麥肯錫給出了一個十分明確的定義:大數據是指無法在一定時間內用傳統資料庫軟體工具對其內容進行抓取、管理和處理的資料集合。

隨著網際網路革命性地改變了商業的運作模式、政府的管理方法以及人們的生活方式，資訊的積累足以引發新的變革。世界充斥著比以往更多的資訊，資訊總量的變化導致了資訊形態的變化。「大數據」這一概念應運而生。「大數據」不同於網際網路，它正在以巨大的力量改變著世界，它是具有更強的決策力、洞察力、流程優化能力、高增長率和多樣化的資訊資產。

如今，資料庫、大數據已經成為變革的中心，事實上可以成為一場革命。在 IT 領域、製造業、零售業、政府管理、科技領域，大數據都在改變著這個世界的運行方式。因此，我們稱之為大數據的新世界。

專家提醒

資料基本單位換算：

- 1B（Byte）= 8b（Bit）
- 1KB（Kilobyte）= 1024B
- 1MB（Megabyte）= 1024KB
- 1GB（Gigabyte）= 1024MB
- 1TB（Trillionbyte）= 1024GB
- 1PB（Petabyte）= 1024TB
- 1EB（Exabyte）= 1024PB
- 1ZB（Zettabyte）= 1024EB

1.1.2 大數據結構特徵

如今，全球儲存的資料量正在急遽增長，資料量大是大數據的一致特徵。在 2000 年，全球儲存了 800,000PB 的資料；2010 年全球資料量突破 1ZB；IDC 預測 2025 年全球新建資料量將超過 160ZB。單單 Twitter 每天就會生成超過 7TB 的資料，Facebook 為 10TB，一些企業在一年中每一天的每一小時就會產生數 TB 的資料。

就傳統 IT 企業來看，其結構化和非結構化的資料增長也是驚人的。2005 年企業儲存的結構化資料為 4EB，到 2015 年就增至 29EB，年複合增長率逾 20%。非結構化資料發展更猛。2005 年為 22EB，2015 年就增至 1600EB，年複合增長率約 60%，遠遠快於摩爾定律。

那麼，一分鐘到底會有多少資料產生呢？

- 電子郵件使用者發送 204,166,677 條資訊。
- Google 收到超過 2,000,000 個搜尋查詢。
- Facebook 使用者分享 684478 條內容。
- 消費者在網購上花費 272,070 美元。
- Twitter 使用者發送超過 100,000 條微博。
- 蘋果公司收到大約 47,000 個應用下載。
- Facebook 上的品牌和企業收到 34,722 個「贊」。
- Tumblr 部落格使用者發布 27,778 個新貼文。
- Instagram 使用者分享 36,000 張新照片。
- Flickr 使用者增加 3,125 張新照片。
- Foursquare 使用者執行 2,083 次簽到。
- 571 個新網站誕生。
- WordPress 使用者發布 347 篇新博文。

由於資料自身的複雜性，作為一個必然的結果，處理大數據的首選方法就是在平行運算的環境中進行大規模平行處理（Massively Parallel Processing, MPP），這使得平行攝取、平行資料裝載和分析成為可能。實際上，大多數的大數據都是非結構化或者半結構化的，這需要不同的技術和工具來處理和分析。

大數據的結構就展現了它最突出的特徵，如表 1-1 所示，顯示了幾種不同資料結構類型資料的增長趨勢。據悉，未來資料增長的 80% ～ 90% 將來自於非結構化的資料類型（包括半非結構化、準非結構化和非結構化資料）。

表 1-1：資料增長日益趨向非結構化

結構化進程	資料內容	舉例
結構化	包括預定義的資料類型、格式和結構的資料	事務性資料和線上分析處理
半結構化	具有可辨識的模式解析的文字檔案	自描述和具有定義模式的 XML 檔案
準結構化	具有不規則資料格式的文字資料，透過使用工具可以使其格式化	包含不一致的資料值和格式的網站點閱資料
非結構化	沒有固定結構的資料，通常將其保存成不同類型的文件	包含不一致的資料值和格式的圖像和影片

1.1.3 大數據與雲端運算

在過去幾年當中，筆者經歷了大數據的發展從無到有，數年前可能還沒有人說這個詞，現在已經如火如荼。現在，每天有大量資料和資訊生成，這為大數據分析提供了機會。相較於傳統資料，大數據更能反映這個世界的真實情況，例如，人們會上傳和公布大量的圖片來記錄個人的生活和社會的變化。如今，一天之內人們上傳的照片數量就相當於柯達發明膠卷之後拍攝的照片總和。

過去，電腦主要是用於解決大企業交易型的資料，並不會記錄其他無關的資訊，只有在雲端運算產業規模化發展之後，分散式運算才給大數據提供了記錄的載體。可以說，雲端運算使大數據變成可能，打個比方，雲端運算充當了工業革命時期「發動機」的角色，而大數據則是「電」。

然而，現在除了資料本身發生了改變，雲端運算也使資料變得更加分散，在這樣的趨勢下，傳統資料庫對於大量資料儲存的需求、處理速度的需求、資料多樣化的需求難以滿足，從而使各種各樣的解決方案大行其道。

總之，雲端運算為大數據帶來了硬體儲存的條件 —— 更便宜的分散式運算儲存，而網際網路時代的今天也在不斷呼喚資料應用和服務。在技術和需求的雙重推動下，會有越來越多的政府機構、公司企業和個人意識到資料是巨大的經濟資產，像貨幣或黃金一樣，它將帶來全新的創業方向、商業模式和投資機會。

大數據和雲端運算的區別與聯繫如表 1-2 所示。

表 1-2：大數據和雲端運算的區別與關聯

具體表現	區別	關聯
概念	雲端運算改變了 IT，而大數據則改變了業務	大數據必須有雲端技術做為基礎架構，才能得以順暢營運
目標受眾	雲端運算是賣給 CIO 的技術和產品，是一個進階的 IT 解決方案；大數據是賣給 CEO、業務層的產品，大數據的決策者是業務曾	由於它們能直接感受到來自市場競爭的壓力，因而必須在業務上已夠有競爭力的方式戰勝對手

專家提醒

雲端運算和大數據注定將帶來一次革命，無論是對社會、公司和個人來說，都是一次世界觀的改變。屆時，網際網路不再是一個展示公司的工具或平臺，而是屬於未來的生產方式，是關乎競爭和生存的關鍵。

1.1.4 大數據規模預測

當你走進一家陌生的小餐廳時，耳邊響起只有你才熟悉的音樂旋律。這樣的場景實現技術上並不難，餐廳只要讀出你的手機音樂下載記錄，透過資料分析，就可以定製播放你喜歡的音樂，這就是大數據時代的潛力。

前面筆者已經說了，大數據由 4 個 V 組成，這 4 個 V 的組合推動了第 5 個因素 —— 價值（Value）的出現。隨著雲端運算概念日漸深入人心，大數據也越來越受到關注。國際知名資料公司 IDC 在長期對雲端運算市場進行跟蹤研究的同時，也對大數據市場保持著密切關注。如圖 1-3 所示，IDC 發現，目前大數據對市場的影響正日益提升，已經開始影響資料中心設計、行動應用投資、資料管理等相關領域。

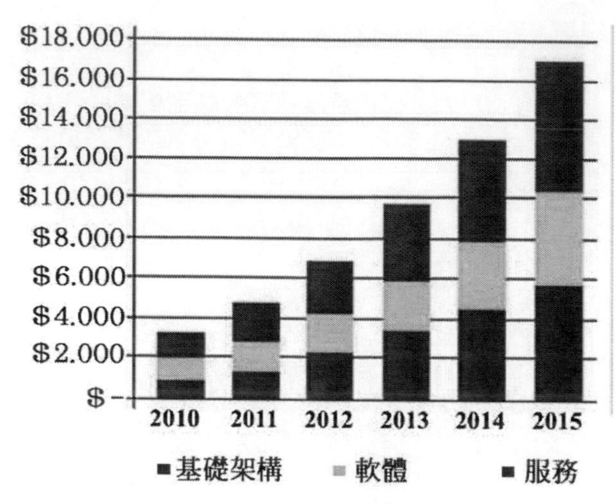

圖 1-3：IDC 全球大數據市場規模預測

1.1.5 大數據的發展史

如今，越來越多的企業參與到大數據的競爭中來，那麼「大數據」這個詞彙是如何誕生以及演變的呢？

大數據是一個修辭學意義上的詞彙，在資料方面，「大」（big）是一個快速發展的術語。早在 1890 年，美國統計學家赫爾曼·霍爾瑞斯為了統計這一年的人口普查資料，發明了一臺電動器來讀取卡片上的資料，該設備讓美國用一年時間就完成了原本耗時 8 年的人口普查活動，由此在全球範圍內引發了資料處理的新紀元。

1961 年，剛成立 9 年的美國國家安全局（NSA）是擁有超過 12,000 個密碼學家的情報機構，在間諜飽和的冷戰年代，面對超量資訊，他們開始採用電腦自動收集處理資訊情報，並努力將倉庫內積壓的模擬磁帶資訊進行數位化處理。僅 1961 年 7 月份，該機構就收到了 17000 卷磁帶。

起初，許多科學家和工程師都嘲笑「大數據」只不過是一個行銷術語。2008 年末，「大數據」得到部分美國知名電腦科學研究人員的認可，業界組織「計算社區聯盟」（Computing Community Consortium）發表了一份有影響力的白皮書《大數據計算》，中肯地闡述了大數據帶來的機遇和挑戰。

2009 年 5 月，美國總統歐巴馬政府推出 data.gov 網站，作為政府開放資料計劃的部分舉措。該網站擁有超過 4.45 萬的資料量集，這樣一些網站和智慧手機應用程式能追蹤如航班、產品召回、特定區域內失業率等資訊，這一行動激發了肯尼亞、英國等政府相繼推出類似舉措。

2011 年 2 月，掃描 2 億頁的頁面資訊，或 4 兆兆位元組磁碟儲存，只需幾秒即可完成。同時，IBM 的 Watson 電腦系統在智力競賽節目《危險邊緣》中打敗了兩名人類挑戰者，後來《紐約時報》稱這一刻為「大數據計算勝利」的時刻。

2011 年，英國《自然》雜誌曾出版專刊指出，倘若能夠更有效地組織和使用大數據，人類將得到更多的機會發揮科學技術，這對社會發展有巨大的推動作用。

2012 年 3 月，美國政府報告要求每個聯邦機構都要有一個「大數據」的策略，作為回應，歐巴馬政府宣布了一項耗資兩億美元的大數據研究與發展專案。

2012 年 7 月，美國國務卿希拉里·克林頓宣布了一個名為「資料 2X」的公私合營企業，用來收集統計世界各地的婦女和女童在經濟、政治和社會地位方面的資訊。

回顧過去的 50 多年，我們可以看到 IT 產業已經經歷了幾輪新興和重疊的技術浪潮，如圖 1-4 所示。這裡面的每一波浪潮都是由新興的 IT 供應商主導的，他們改變了已有的秩序，重新定義了已有的電腦規範，並為進入新時代鋪平了道路。

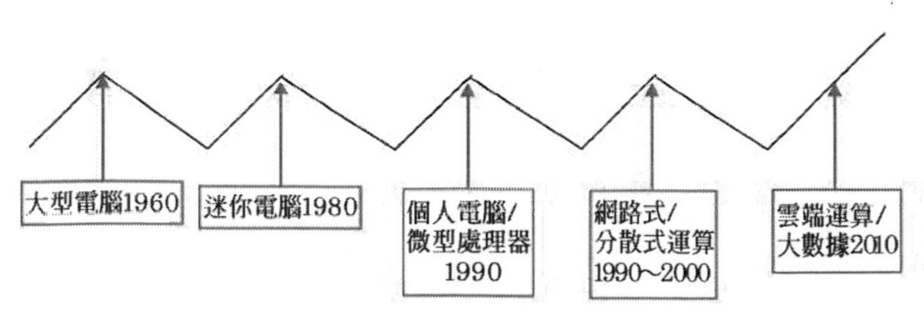

圖 1-4: IT 產業的發展浪潮

人們手中的手機和行動設備是資料量爆炸的一個重要原因，目前，全球擁有 50 億臺手機使用者，其中 20 億臺為智慧電話，這相當於 1980 年代 20 億臺 IBM 的大型電腦掌握在消費者手裡。

「大數據」是「資料化」趨勢下的必然產物。資料化最核心的理念是：「一切都被記錄，一切都被數位化」。它帶來了兩個重大的變化：一是資料量的爆炸性劇增，最近兩年所產生的資料量等同於 2010 年以前整個人類文明產生的資料量總和；二是資料來源的極大豐富，形成了多源異構的資料形態，其中非結構化資料所占比重逐年增大。

1.1.6 大數據技術架構

即便是在「摩爾定律」，即每 18 個月晶片性能將提高 1 倍的支撐下，硬體性能進化的速度也早已趕不上資料增長的速度了，並且差距越來越巨大。例如，一分鐘之內，臉書、Twitter 有數萬條訊息發送，蘋果應用商店下載次數以萬計，Amazon 賣出了幾萬件商品，Google 產生了百萬次搜尋查詢……所有這些行為都由大量的資料來呈現。

那麼，大數據是透過什麼樣的技術架構來接受、容納並處理這些大量資料的呢？

要容納資料本身，IT 基礎架構必須能夠以經濟的方式儲存比以往更大量、類型更多的資料。此外，還必須能適應資料速度，即資料變化的速度。數量如此大的資料難以在當今的網路連接條件下快速來回行動。大數據基礎架構必須具有分散式運算能力，以便能在接近使用者的位置進行資料分析，減少跨越網路所引起的延遲。

因此，雲端運算模式為大數據的成功提供了很好的條件，以實現大數據分析所需的效率、可擴展性、資料便攜性和經濟性。另外，還可以用來跨越毫不相干的資料源比較不同類型的資料和進行模式匹配。這使得大數據分析能以新視角探勘企業傳統資料，並帶來傳統上未曾有過的資料洞察力。

例如，LinkedIn 是世界上最大的專業人士社群網路，在全球範圍內有 2.25 億使用者，並且以每秒 2 個新使用者的速度增長。LinkedIn 還是一個解決方案供應商，據悉，目前有 88% 的財富 100 強企業在使用 LinkedIn 的付費解決方案，LinkedIn 還有超出 290 萬的公司主頁及相關資訊。

LinkedIn 之所以取得如此大的成功，是因為他們有專業的身分可以拓展人脈發現機遇，專業的內容全方位掌握業界資訊，專業的平臺隨時隨地了解人脈動向。

從 LinkedIn 的業務模型不難看出，其本身就擁有大量的資料，透過這些資料創造出有價值的產品和服務，來增加使用者數量和使用者黏性，這樣資料還會不斷增長從而形成一個「閉環」。LinkedIn 有人才、市場、高級訂閱服務三大商業解決方案，而且三大商業解決方案的盈收每年也呈翻倍增長趨勢，而其中占盈收比例最大的是人才解決方案。

另外，LinkedIn 的資料按使用者可分為使用者特徵資料、使用者行為資料、使用者網路資料；按資料存取速度可分為線上資料、近線資料、離線資料。LinkedIn 的三級資料架構根據不同性質的工作設計，其中近線資料儲存在 Voldemort 分散式資料庫中，線上資料儲存在 Oracle 和 Espresso 中，伺服器日誌儲存在 Web Logs 中。使用 Kafka 發布資料，透過 Databus 收取線上資料，而所有的離線資料由 Hadoop 和 Teradata 資料庫構成。

基於上述考慮，大數據可以採用四層堆棧式技術架構，如表 1-3 所示。

表 1-3：採用四層堆棧式技術架構的大數據

層次	說明	特點	作用
基礎層	第一層做為整個大數據技術架構基礎的最底層，也是基礎層	虛擬化、網路化、分散式；橫向可擴展體系結構	要實現大數據規模的應用，企業需要一個高度自動化的，可橫向擴展的儲存和運算平臺。這個基礎設施需要從以前的儲存孤島發展為具有共享能力的高容量儲存池。容量、性能和流通量必須可以線性擴展
管理層	本層既包括資料的儲存和管理，也涉及資料的運算	處理結構化資料和非結構化資料，平行處理，線性可擴展	由於平行化和分散式是大數據管理平臺所必需考慮的要素，因此要支援在多來源資料上做深層次的分析，大數據技術架構中需要一個管理平臺，使結構化和非結構化資料可一體化管理，具備即時傳送和查詢、計算的功能

分析層	大數據應用需要大數據分析	提供自助服務；使用靈活，即時協作	分析層提供基於統計學的資料探勘和機器學習演算法，用於分析和解釋資料集，幫助企業獲得對資料價值深入的領悟。可擴展性強、使用靈活的大數據分析平臺更可成為企業家的利器，從而達到事半功倍的效果
應用層	大數據的價值展現在幫助企業進行決策，以及為終端使用者提供服務應用	提供即時決策，內建預測能力；利用資料驅動經濟，使資料實現貨幣化	不同的新型商業需求驅動了大數據的應用。反之，大數據應用為企業提供的競爭優勢使得企業更加重視大數據的價值。新型大數據應用對大數據技術不斷提出新的要求，大數據技術也因始在不斷地發展變化中日趨成熟

專家提醒

雲模型鼓勵訪問資料並提供彈性資源池來應對大規模問題，其解決了如何儲存大量資料，以及如何積聚所需的計算資源來運行資料的問題。在雲中，資料可跨多個節點調配和分布，這使得資料更接近需要它的使用者，從而縮短響應時間和提高生產率。

1.1.7 大數據重要的理由

人們為什麼如此關心大數據呢？其實大數據可以使我們提出新問題，來了解我們的業務。例如社群網路分析，一個企業，即使你是一個個體，你也有一個品牌，如何分析你的品牌影響力、品牌聲譽，這些問題之前不容易回答，如今在大數據的時代可以很容易得到答案，並且幾乎是以即時的速度來解答。

例如，有一家物流公司，有卡車等運輸工具，希望優化車隊的運輸路線，提高運輸效率，並且基於即時的交送資訊、天氣資訊及其他類型的資訊。現在透過感測器和大數據就可以做到。事實上，關於過去和現在，甚至是未來的事務，大數據分析都能夠用得上。

專家提醒

雖然大數據是一個重大問題，但筆者認為，真正的問題是如何讓大數據更有意義，如何在大數據裡面尋找模式幫助組織機構做出更好的商業決策。

當前，隨著網際網路科技的日益成熟，各種類型資料的增長將會超越歷史上任何一個時期。因此，使用者想要從這龐大的資料庫中提取對自己有用的資訊，就離不開大數據分析技術和工具。如表 1-4 所示，向大家展示了大數據分析將越來越重要的 10 個理由。

表 1-4：大數據分析為重要的理由

理由	說明
Hadoop 使用者迅速增長	越來越多的企業開始使用 Hadoop 平臺處理大量資料。例如，2009 年 Hadoop 服務提供商共只有 9 家，而在 2012 年就已經超過了 120 家
Hadoop 整合功能加深	僅靠 Hadoop 服務是無法解決企業的大數據問題的，很多傳統的資料庫管理系統開始整合 Hadoop 服務，以便更好地為企業服務。例如，惠普、戴爾、甲骨文、IBM 等知名公司都分別有針對自家需求的 Hadoop 服務
更多 Hadoop 服務走上雲端	雲端上的 Hadoop 服務讓大數據分析和處理更加方便快捷
原始資料的價值	在相關大數據分析處理技術出現之前，IT 公司經理們通常需要對公司資料進行篩選以便使用者查詢和分析，現在，各種大數據分析工具或方便使用者查詢分析資料，又能避免洩漏公司機密，同時，所有原始資料都將完好保存
大數據開發技術的「劣勢」得以解決	阻礙大數據分析技術或是使用 Hadoop 的原因之一就是缺乏相應的技術、環境、資料安全以及可行性。幸好，許多開源和專利軟體社區都已經著手解決這些問題了，使大數據的「劣勢」逐漸消失
ROI 案例分析將成為主流	許多傳統企業（包括銀行、電信公司和零售商）都開始使用 Hadoop 服務，但很少有人願意分享所有細節，所以很難找出一個真正的 ROI（投資報酬率）案例進行分析，這促使大數據分析勢在必行
其他大數據分析平臺的興起	一說到大數據，很多間想到的就是 Hadoop，其實還有許多其他步錯的大數據分析平臺，如 Platfora、Datahers 等
磁碟終將被歷史淘汰	目前，應該有一半以上的企業還在利用磁碟進行資料儲存、備份和恢復。但隨著大數據分析技術日漸成熟，磁碟終將被淘汰
機器學習和人工智慧的崛起	機器學習和人工智慧正在崛起，但在銀行、金融服務、電信以及製造等傳統行業他們仍是十分稚嫩的新興技術

Hadoop 將繼續發展	Hadoop 仍處在初級階段，未來還將具備更多功能，例如，自由文字搜尋功能以及基於 GUI（圖形化使用者介面）的視覺化工具

專家提醒

對大企業而言，大數據的興起，首先，是因為計算能力可以更低的成本獲得，且各類系統如今已能夠支援多任務處理；其次，記憶體的成本也在直線下降，企業可以在記憶體中處理比以往更多的資料；最後，把電腦架設成叢集伺服器越來越簡單。

1.1.8 大數據的解決方案

當前，越來越多的企業將大數據的分析結果作為其判斷未來發展的依據。同時，傳統的商業預測邏輯正日益被新的大數據預測所取代。既然大數據如此重要，那麼大數據解決方案是否可以完全替代傳統的資料庫解決方案呢？

在這裡，筆者先不說出答案，而是先帶大家看一個典型的案例：

例如，一個優秀的棒球運動員知道自己的哪一隻手更擅長拋球，哪一隻手更擅長接球。就像這樣一種情形，每隻手可以嘗試執行它天生不適合的任務，但會非常笨拙，因此，通常不會看到棒球運動員使用一隻手接球，停下來，丟掉他們的手套，然後使用同一隻手拋球。棒球運動員的左手和右手協同起來會實現最佳的結果。

上面的例子就是傳統資料庫和大數據技術的一個簡單類比：沒有這兩個重要實體的協同工作，任何組織或結構的資訊平臺都很難得到進一步發展，因為就像棒球運動員協調雙手來拋接棒球一樣，一個團結一致的分析生態系統才能實現最佳的結果。

此時，我們經過初步分析就可以了解到，有些類型的問題不是本來就屬於傳統資料庫的，至少在最初不是，而且也不確定是否希望將一些資料放在倉庫中，因為我們不知道它是否擁有較高的價值、是否是非結構化的，或者是否太龐大了。更多的情況是，在投入精力和金錢將資料放在倉庫之後，才能發現每個位元組的資料價值；但我們希望在投資之前，就能明確該資料值得保存，並擁有較高的價值。

典型的大數據解決方案應該是具有多種能力的平臺化解決方案，這些能力包括結構化資料的儲存、計算、分析和探勘，多結構化資料的儲存、加工和處理，以及大數據的商務智慧分析。筆者認為，這種解決方案在技術上應具有以下 4 個特性：軟硬整合化的大數據處理能力、全結構化資料處理的能力、大規模記憶體內運算的能力、超高網路速度訪問的能力。

因此，你一定要認識到傳統資料庫技術是整體解決方案中一個重要且相關的部分。事實上，它們在與你的大數據平臺結合使用時會變得更加重要。

專家提醒

當前，越來越多的企業將大數據的分析結果作為其判斷未來發展的依據。同時，傳統的商業預測邏輯正日益被新的大數據預測所取代。但是，筆者覺得大家對於大數據的期望值要謹慎一些，因為大量資料只有在得到有效治理的前提下，才能進一步發揮其價值。

1.2 預測未來，大數據的發展趨勢

據悉，在 1993 年的美國《紐約人》雜誌上刊登了一幅標題為「網際網路上，沒有人知道你是一條狗」的漫畫，而作者彼得·施泰納也因此賺取了超過 5 萬美元。此後的 20 年間，網際網路發生了巨大的變化，行動互聯、社群網路及電子商務大大拓展了網際網路的疆界和應用領域。

如今，我們在享受便利的同時，也無償貢獻了自己的「行蹤」，現在網際網路不但知道對面是一隻狗，甚至還知道這隻狗喜歡什麼食物，幾點出去蹓躂，幾點回窩睡覺。每個人在網際網路進入到大數據時代，都將是透明性存在的，可以說是「處處行跡處處留痕」。

收集並分析大量的各種類型資料，並快速獲取影響未來的資訊的能力，這就是大數據技術的魅力。事實上大數據的來源非常廣泛，天上的衛星、地上的汽車、埋在土壤裡面的各類感測器，無時無刻不在生成大量的資料。這

些資料如果加以綜合利用，產生的社會價值和經濟價值將是難以估量的。大數據技術讓人們看到未來解決預測問題的一絲曙光。

1.2.1 大數據撬動全世界

大數據不僅展現為資料量的驚人增長，更前所未有地引入了正在不斷擴展中的資料類型。從量的增長來看，根據 IDC（國際資料公司）的跟蹤分析，全球產生的資料總量 2011 年已經達到 1.8ZB（1ZB 等於 1 萬億 GB，1.8ZB 也就相當於 18 億個 1TB 行動硬碟的儲存量）；2012 年達到約 2.8ZB，但當年全球產生的資料中僅有約 0.5% 得到有效分析。到 2020 年，全球資料總量中有 22% 將來自中國。

電商投放廣告、物流調度運力、證監會抓老鼠倉、金融機構賣基金、民航節約成本、農民破解豬週期、製片人拍電影……看似毫不相關的事情，背後都有大數據在發力。隨著網際網路、行動網際網路對各個領域的滲透越來越深，從政府到企業，從群體到個人，資料的積累與日俱增。4G 牌照的發放，又讓行動資料通道由「鄉村公路」升級為「高速公路」。

與此同時，社會上的各行各業，從電信、IT 業，到金融、證券、保險、航空、酒店服務業等，地球上的各種存在事物，從每個人到每棵樹、每朵花乃至每粒沙子，無一例外地都在成為大數據的生成者。筆者可以預見，大數據席捲各行各業和人們生活的速度只會越來越快。

例如，世界上第一部「先拍照後對焦」光場相機 Lytro，就運用了大數據處理分析理念。與傳統相機只記錄一束光不同，Lytro 可以記錄整個光場裡所有的光，也就是用總體資料取代了隨機樣本。使用者沒必要一開始就對焦，想要什麼樣的照片可以在拍攝之後再決定。

因此，究竟該如何「開採」大數據這座豐富的礦藏，成為了一個令人著迷的問題，因為與正確答案相隨的將是誰都渴望的巨大商業成功。當前，伴隨著變革的發生，傳統的網際網路企業已經站在了大數據時代的最前沿。作為後 PC 時代的 4 大巨頭，Facebook、Google、蘋果、亞馬遜正在成為大數據的擁有者和使用者，其主要特點如表 1-5 所示。

表 1-5：4 大網際網路企業的大數據策略

網際網路公司	大數據策略
Facebook	依靠其強大的社群網路，已然成為業界第一個生成大數據的「巨鱷」
Apple	依靠作業系統和顛覆性的終端，正在努力打造大數據的生成之地
Google	主要依靠作業系統、搜尋引擎和各種平臺整合終端產品，以儲備可以利用的大數據
Amazon	作為雲端運算的最早倡導者之一，則透過網路平臺、雲端運算平臺和閱讀終端期望建立起一個電子商務垂直領域的大數據匯集地

大數據，正在撬動全世界的神經，無論是國家、企業，還是每一個獨立存在的個人，都將成為大數據時代的貢獻者和受益者。

專家提醒

日前，資料量的大幅增加對人們注重精確性的習慣提出了挑戰。大數據需要技術和思維上的變革才能利用，才能做到從大量到精準。這一輪的變革，事關絕大多數企業的命運。可以看到，用大數據這個視角，可以考察企業的興衰。第一，如果對大數據不關心，不了解，必將走向衰敗；第二，擁有大量的資料並善加運用的公司，必將贏得未來。時代變了，判斷企業價值的標準、判斷軟體價值的標準也變了。

1.2.2 大數據是大勢所趨

大數據有多火？有媒體將 2013 年稱為「大數據元年」。目前，幾乎所有世界級的網際網路企業，都將業務觸角延伸至大數據產業；無論是社交平臺逐鹿、電商價格大戰還是入口網站競爭，都有它的影子。2012 年，美國政府投資兩億美元啟動「大數據研究和發展計劃」，更將大數據上升到國家策略層面。大數據，正在由技術熱詞轉變為一股社會浪潮，影響社會生活的方方面面。

星巴克有意推出的「大數據咖啡杯」就是個小小的例子。美國媒體報導，這家咖啡連鎖巨頭打算試驗在一些咖啡杯中裝上感測器，收集常客喝咖啡速度等資料，從而為喝咖啡較慢顧客提供保溫效果好的杯子，以提高其滿意度和忠誠度。

又例如，在 2008 年初，阿里巴巴平臺上整個買家詢盤數急遽下滑，歐美對中國採購量也在下滑。通常而言，買家在採購商品前，會比較多家供應商的產品，反映到阿里巴巴網站統計資料中，就是查詢點擊的數量和購買點擊的數量會保持一個相對的數值。

阿里巴巴平臺透過統計歷史上所有買家、賣家的詢價和成交的資料，可以形成詢盤指數和成交指數。這兩個指數是密切相關的：詢盤指數是前兆性的，前期詢盤指數活躍，就會保證後期一定的成交量。因此，當馬雲觀察到詢盤指數異乎尋常地下降，自然就可以推測未來成交量的萎縮。這種統計和分析，如果缺少大數據技術的支援，是難以完成的。這次事件，馬雲得以提前呼籲，幫助成千上萬的中小製造商準備「過冬糧」，從而贏得了很高的聲譽。

因此，大數據是一種新的價值觀和方法論，人們面對的不再是隨機樣本而是全體資料，不是精確性而是混雜性，不是因果關係而是相關關係。

1.2.3 大數據將成為資產

眾所周知，使用者的消費習慣、興趣愛好、關係網路以及整個網際網路的趨勢、潮流都將成為網際網路從業者關注的熱點，而這一切的獲取和分析都離不開大數據，因為在社會化媒體基礎上的大數據探勘和分析都會衍生很多應用。例如，幫企業做內部資料探勘，幫企業找到更精準使用者，降低行銷成本，提高企業銷售率，增加利潤等。

大數據、社會化媒體行銷真正實現了行銷模式的「量體裁衣」，這是行銷領域跨時代的進步。未來企業的競爭，將是擁有資料規模和活性的競爭，將是對資料解釋和運用的競爭。

隨著技術的發展，大數據社會化行銷將是未來行銷的主戰場，即將到來的大數據時代可以在任何行業，任何服務上出現，由此可能產生的服務和商業模式將是無窮盡的。筆者認為，圍繞大數據至少可以演繹出 6 種新的商業模式，如表 1-6 所示。

表 1-6：大數據發展出的商業模式與特點

商業模式	主要特點
出租或出售資料	即透過出售廣泛收集、精心過濾」實效性強的資料來獲得收益，這也是「資料就是資產」的最佳經典詮釋
出租或出售資訊	需要注意的是，這裡的資訊指的是經過加工處理，承載一定行業特徵的資料集合。一般來講聚焦某個行業，廣泛收集相關資料，深度整合萃取資訊，以龐大的資料中心加上專用的傳播通路，也可以取得成功
數位媒體精準行銷	這個模式最性感，因為全球廣告市場空間是 5000 億美元，具備培育千億級公司的土壤和成長空間。這類公司的核心資源是獲得即時、大量、有效的資料，立身之本是大數據分析技術，營利來源是精準行銷
資料分析業務	該模式令人著迷之處在於，如果沒有大量的資料，缺乏有效的資料分析技術，這些公司的業務其實難以展開。例如，以阿里金融為代表的小額信貸公司，透過線上分析小微型企業的交易資料、財務資料，甚至可以計算出應提供多少貸款，多長時間可以回收等關鍵問題，把呆帳風險降到最低
營運雲端儲存空間	傳統的 IDC 和網際網路大佬們都在提供此類服務，而且其他 IT 企業也紛紛嗅到了大數據的商機，開始搶占個人、企業的資料資源。Dropbox 便是此類公司的代表。這類公司的想像空間是他可以成長為資料聚合平臺，營利模式將趨於多元化
大數據處理業務	從資料量上來看，非結構化資料是結構化資料的 5 倍以上，任何一個種類的非結構化資料處理，都可以重現現有結構化資料的輝煌。語音資料處理領域、影片資料處理領域、語意識別領域、圖像資料處理領域都可能出現大型的、高速成長的公司

如今，「大數據」這一話題在中國受到投資者追捧，也不斷有高技術人才選擇這個方向創業；但實際上國外對於「大數據」，已經走過了概念炒作階段，進入到實際的應用，產生了實際的效益。例如，美國歐巴馬政府已經開始大規模地投資大數據領域，這是大數據從商業行為上升到國家策略的分水嶺，表明大數據正式提升到策略層面，大數據在經濟社會各個層面、各個領域都開始受到重視。筆者相信，「大數據」將領跑新一輪網際網路投資高潮，讓資產逐步變成資本。

1.2.4 大數據時代的轉變

網際網路的重心逐步向著行動互聯轉移，各種新型智慧行動設備的迅速普及帶來了大量資料的爆發。於是大家都在談論大數據，大家都想用好大數據。但你真的了解大數據嗎？當前的行業狀況又是怎樣？

事實上，大數據只是一種提法，其形態本身是資料雲。因此，以即時感知、分析、對話、服務能力為基礎，讓資料流成為商業、行銷活動的核心才是關鍵。怎樣才能讓這些大數據更好地為產品或行銷服務，搞清楚大數據時代的業界生態必不可少。

我們可以結合網際網路資料中心（Data Center of China Internet，DCCI）發布的資料報告一起來看看。

1．網際網路生態結構：傳統網際網路→行動網際網路

據市場研究機構 IDC 預測，全球智慧手機市場將會持續成長直到 2023 年。2021 年全球手機出貨量預計年增率達 7.4%，約 13.7 億支，這個數字意味著它比 2012 年增長了近 80%。

同時關於三大行動智慧操作系統，我們還得到這樣一組資料，如表 1-7 所示。

表 1-7：三大行動智慧操作系統 APP 的相關資料

操作系統	App 商店	上線時間	主要資料
iOS	Apple App Store	2008/7/11	APP 數量：65 萬餘次 下載數量：300 億次 設備啟用量：3.65 億
Android	Google Play Market	2008/10/22	APP 數量：60 萬餘次 下載數量：200 億次 設備啟用量：4 億
Windows	Windows Phone Marketplace	2010/10/26	APP 數量：10 萬餘次 設備啟用量：1.05 億

大量智慧行動設備接入網路，行動應用爆發性增長使得對資料進行深入探勘的需求突顯，而行動網際網路與傳統網際網路融合，並成為所有媒體的核心節點卻是大數據實現的前提。

2．資料流量劇增，導致網路行業發生新的轉變

2013 年 12 月 24 日，據《紐約時報》網站報導，過去一年美國手機產業出現兩大趨勢：手機網路速度更快，智慧手機顯示器更大，其結果是使用者的行動資料流量增長近 1 倍。2013 年美國消費者每月使用的行動資料流量由 2012 年的 690MB 增長至 1.2GB；從全球範圍來看，消費者每月使用的行動資料流量由 2012 年的 140MB 增長至 240MB。

對於如此龐大的資料量，又有哪些是具有商業價值的？怎樣探勘出這些有價值的資料呢？事實上在大數據中，儲存在資料庫中的結構化資料僅占 10%，郵件、影片、LINE、貼文、頁面點擊等大量非結構化資料占據了另外 90%。怎樣從這些與使用者行為相關的大數據中探勘出更多有價值的內容，值得創業者思考和探索，同時也給資料分析與探勘產業帶來更多的機會。

基於如此巨大的資料流量，網站分析（Web Analytics）已成為一種新的火爆產業。

Web Analytics 是一種網站訪客行為的研究，對於商務應用背景來說，網站分析特指透過來自某網站資料的使用，以決定網站布局是否符合商業目標。例如，哪個登錄頁面（landing page）比較容易刺激顧客購買慾。這些蒐集來的資料幾乎總是包括網站流量報告，也可能包括電子郵件回應率、直接郵件活動資料、銷售與客戶資料、使用者效能資料或者其他自訂需求資訊。這些資料通常與關鍵績效指標比較，以得到效能資訊，並且還可用來改善網站或者獲取行銷活動中觀眾的反應情況。

3．資料方式在發生轉變：資料儲存→資料應用

從傳統網際網路到行動網際網路，人們產生的資料越來越多。同時 Google Glass 的誕生讓我們有理由相信，未來每個人都將產生更多的資料。但如果僅僅是簡單地將這些資料儲存起來，它本身並不具有任何價值。

據統計，目前大數據所形成的市場規模在51億美元左右，而到2017年，此資料預計會上漲到530億美元。由此可見，資料背後潛藏著巨大的商業機會。但是，如果大數據時代真的來了，行銷人員是否真的能夠利用好資料分析，並從中尋找商業價值呢？筆者認為，這是每個企業都應該思考的問題。

4．網際網路行銷方式的轉變：向個性化時代過渡

正如前面所說，資料結構更加多樣化，影像、影片和文檔的比例占了半壁江山。大量的使用者行為資訊記錄在大數據中，網際網路行銷將在行為分析的基礎上，向個性化時代過渡。

網際網路上的每一天，有超過1億條的IG發文，Google要處理數十億次以上的搜尋請求，Amazon的網路交易達數千萬筆，大家會花10億小時在觀看Youtube，……這些資料運用得好，可以使大眾化行銷轉向個性化行銷，從流量購買轉向人群購買。

由此可以預見，網路廣告投放也將從傳統面向群體的行銷轉向個性化行銷，從流量購買轉向人群購買。也就是說，未來的市場將更多地以人為中心，主動迎合使用者需求。

專家提醒

大數據技術的應用，可以幫助企業從業務的整體設計角度，發展到針對客戶的個性化服務，例如，零售企業對於過剩的庫存會進行整體促銷，如果對於使用者購買資料進行分析，就可以針對使用者的喜好進行個性化促銷，同時也根據使用者的購買行為對庫存進行準確的調配，以減少浪費。

1.2.5 大數據的發展動力

大數據行業的發展，除了市場需求的驅動和技術水平的進步，還離不開資本與政策的幫助。據麥肯錫報導，大數據已經實現了顯著的經濟價值：為美國的醫療服務業每年節省3,000億美元，為歐洲的公共部門管理每年節省2500億歐元，為全球個人位置資料服務提供商貢獻1,000億美元，幫助美國

零售業淨利潤增長 60%，幫助製造業在產品開發、組裝等環節節省 50% 的成本等。大數據展現的巨大經濟價值，成功地獲得了金融界和政界的青睞。

例如，在英國，雖然經濟不景氣、財政緊縮，但政府依然為大數據一擲千金。2013 年初，英國商業、創新和技能部宣布將注資 8 億英鎊發展 8 類高新技術，其中 1.89 億英鎊（約 3 億美元）用於大數據專案。

從目前的即時資料應用狀況來看，在許多私企和組織裡其實已經開始了大數據應用，因此這一市場非常需要得到政府的支援。

諸如線上購物等網站已經開始了大數據的應用與實踐，例如亞馬遜購物網站，系統會根據使用者最近的選擇和關注過的商品，來進行對應的產品或服務推薦。同理，政府也需要根據這種模式來研究如何將大數據技術應用到公共資料上。

例如，許多的政府機構都在推行「智慧城市」這一藍圖。然而，「智慧城市」的資訊處理與應用需要具備快速從大量資料中獲取決策資訊的能力。現代化都市中無所不在的行動設備、RFID、無線感測器以及網際網路應用每時每刻都在產生紛繁複雜的巨量資料。

以影片監控為例，一個大型城市目前用於影片監控的攝影機約 50 萬個，一個攝影機一個小時的資料量就是幾個 G，每天影片採集資料量在 3PB 左右。「智慧城市」的「智慧」主要出自對上述巨量資訊的分析、探勘和處理。大數據技術的應用恰好有效滿足了「智慧城市」資訊處理需求。如果說具有感知功能的感測器是智慧城市的末梢神經，連接感測器的城市寬頻網路是智慧城市的神經系統，那麼大數據應用就是智慧城市的大腦，是城市運行的智慧引擎。

綜上所述，我們可以看到，大數據成為今天眾人矚目的焦點，是市場、技術、資金以及政府多方因素推動的結果。

1.3 做好準備，大數據面對的挑戰

大數據作為一個新生領域，儘管意味著大機遇，擁有巨大的應用價值，但同時也遭遇工程技術、管理政策、資金投入、人才培養等諸多方面的大挑戰。只有解決這些基礎性的挑戰問題，才能充分利用這個大機遇，讓大數據為企業、為社會充分發揮最大價值。

1.3.1 大數據的 12 個不足之處

大數據是資訊通訊技術發展積累至今，按照自身技術發展邏輯，從提高生產效率向更高級智慧階段的自然生長。無處不在的資訊感知和採集終端為我們採集了大量的資料，而以雲端運算為代表的計算技術的不斷進步，為我們提供了強大的計算能力，這就圍繞個人以及組織的行為構建起了一個與物質世界相平行的數位世界。

「大數據」術語廣泛地出現也使得人們漸漸明白了它的重要性，並漸漸向人們展現了它為學術、工業和政府帶來的巨大機遇。大數據時代下的資訊技術日漸成熟，但是在高科技發展的今天，也存在著諸多不足，如表 1-8 所示。

表 1-8：大數據的不足之處

不足之處	具體表現
成本問題	資料量的「大」，也可能意味著代價不菲，而對於那些正在使用大數據環境的企業來說，成本控制是關鍵的問題
頻寬問題	營運商頻寬能力與對資料洪流的適應能力面臨前所未有的挑戰
儲存問題	大數據處理和分析的能力遠遠不及理想中水準，資料量的快速增長，對儲存技術提出了挑戰；同時，需要高速資訊傳輸能力支援，與低密度有價值資料的快速分析、處理能力。硬體的發展最終還是由軟體需求推動的，就這個李子來說，我們很明顯地看到大數據分析應用需求正在影響著資料儲存基礎設施的發展
容量問題	大量資料儲存系統也依定要有相應等級的擴展能力。與此同時，儲存系統的擴展一定要簡便，可以透過增加模組或磁片櫃來增加容量，甚至不需要停機
資料平臺	部分早期的 Hadoop 專案將面臨挑戰。有些行業的資料涉及上百個參數，其複雜性不僅展現在資料樣本本身，更展現在多元異構、多實體和多空間的互動動態性，而當前技術尚難以用傳統方法描述與度量，處裡的複雜度很大。

延遲問題	「大數據」應用還存在即時性的問題，特別是涉及與網路交易或者金融類相關的應用時。舉個例子來說，網路成衣銷售行業的線上廣告推廣服務需要即時地對客戶的瀏覽紀錄進行分析，並準確地進行廣告投放。這就要求儲存系統在必須能夠支援上述特性的同時保持較高的響應速度，因為響應延遲的結果是系統會推送「過期」的廣告內容給客戶
個人隱私	大數據環境下透過對使用者資料的深度分析，很容易了解使用者行為和喜好，乃至企業使用者的商業機密，對個人隱私問題必須引起充分重視
商業智慧	大數據時代的基本特徵，決定其在技術與商業模式上有巨大的創新空間，如何創新已成為大數據時代的一個首要問題
資料管理	大數據時代對政府制定規則與監管部門發揮作用提出了新的挑戰
人工智慧	目前，大數據的視覺化還沒有達到人們的需求
安全問題	某些特殊行業的應用，例如金融資料、醫療資訊以及政府情報等都有自己的安全標準和保密性需求。大量資料洪流中，線上對話與線上交易活動日益增加，其安全威脅更為嚴峻；而且現今駭客的組織能力、作案工具、作案手法及隱蔽程度更上一層樓。
人才要求	大數據人才缺乏，大數據時代對資料分析師的要求極高，只有大數據專業化的人才，才具備開發預測分析應用程式模型的技能

除了資料的收集和使用，在大數據時代需要面對的挑戰，還有資料的開放。如果說收集資料是一種意識，使用資料是一種文化、一種習慣，那是否開放資料則是一種態度。

1.2.7 大數據挑戰的應對策略

當今，大數據的到來，已經成為現實生活中無法逃避的挑戰。每當我們要做出決策的時候，大數據就能給我們帶來相當大的幫助。但與此同時，大數據也向參與的各方提出了巨大的挑戰。對於大數據時代在現如今面臨的諸多挑戰，筆者也提出幾點應對策略，如表 1-9 所示。

表 1-9：大數據挑戰的應對策略

應對策略	具體方法
合理獲取資料	大數據時代應以智慧創新理念融合大數據與雲端運算，在大數據洪流中提升知識價值洞察力，實施高效即時個性化運作，建立有效增值的商業模式。另外，還要針對大數據時代的基本特徵，加強全方位創新

儲存隨需而變	與傳統的商務智慧應用相比，大數據對企業資料的處理能力和商務智慧軟體提出了更高要求： 企業必須具備處理大量資料的能力，因爲有的企業可能一天之內就要多次處理 PB 級的資料，這是一此傳統的儲存設備所不能勝任的。 傳統的資料倉儲軟體是針對結構化資料設計的，而大數據包含的主要是非結構化的資料，因此傳統的資料倉儲軟體必須改變。 因此，企業可以邀請一此協同處理演算法的專家對其使用者資料進行分析，從而了解租賃客户的需求
不必急於推出策略性規劃和設立產業專項資金	中國的 IT 企業和地方政府已經意識到大數據產業的發展前景，對發展大數據應用有著較大熱情。某此城市已經啓動了大數據發展策略，計畫到 2017 年將形成至少 500 億元的產業規模。在這種情況下，以規劃和專項資金等方式進行鼓勵，有可能扭曲正常的市場行爲，甚至催生泡沫化
篩選與分析大數據	充分利用败據「洞察」自己身邊的人或物，在諸多供給方當中精準地匹配自身需求，從而最大限度地滿足自身的需求，這樣才能眞正充分利用大數據實現自身價值的最大化
合理改造、建設和布局 IT 基礎設施	對現有的傳統資料中心及大量的舊伺服器資源，可以透過建立虛擬資料中心或進行就近合併等方式進行改造利用，探索如何透過虛擬化技術和雲端運算本臺管理軟體來提高利用效率
培養大數據時代分析的人才	大數據時代對資料分析的要求很高，所以培養大數據時代分析的人才勢在必行，只有具備大數據專業方面的知識，才能更好地去研究大數據蘊含的特殊技能。人才培養應從高等教育和企業技術人員再培訓兩個方面人手，允許大學設立大數據相關專業並進行招生。鼓勵地方政府推出關於大敗據技術人才培訓的相關政策
理性面對大數據的價值誘惑	面對社會各界的「大數據」熱，應理性分析、冷靜觀察，扎實做好基礎性工作，應充分認識其內在機理及帶來的挑戰，進一步理清對策與思路
雲端運算和大數據相輔相成	雲端運算提供電腦資源，如儲存、網路容量等，以上所有的功能，使得大數據與雲端運算相輔相成，成爲「最親密的朋友」
處理好非結構化資料	大數據中，結構化資料只占 15% 左右，其餘的 85% 都是非結構化的資料，它們大量存在於社群網路、網路和電子商務等領域。由於非結構化的資料量遽增，使用者必然面臨如何同時處理好結構化資料和非結構化資料的問題，例如什麼時候將資料放在傳統的資料倉庫中，什麼時候要用開源的 Hadoop 處理資料
提高大數據的視覺化	大數據的視覺化就是將大數據分析結果轉化爲公司能夠使用的資訊。只有大敷據分析結果透過視覺化處理後，非資料分析專業人士才能夠充分理解用語言、圖表等表述出來的大數據的資訊

安全防範必不可少	透過立法保護個人隱私資料資訊應是必要的。對於公民個人而言，在享受大數據時代所帶來的個性化服務的同時，應當加強風險防範意識，在有可能留下隱私資料的情形下要充分考慮由於隱私暴露可能帶來的不良後果，並採取相應的防範措施

在大數據時代，資料增長速度加快、資料來源日趨複雜、資料容量迅速擴大、資料類型也變得豐富多樣、使用者對於資料處理的速度要求越來越高。面對全新的資料業務挑戰，企業傳統的 IT 建設模式已經無法滿足資料增長的需求，因此，新一代資料中心的建設成為未來使用者業務發展的根本驅動力。

Ch02 價值：大數據商業變革

學前提示

「除了上帝，其他任何人都應該用資料說話。」不僅是人，整個世界都越來越資料化。資訊革命深入發展，如潮的資料澎湃而至，數量之巨，種類之雜，來勢之快，前所未有。大數據是推動這場大變革的重要動力，其將成為促進經濟社會轉型新的關鍵資源。

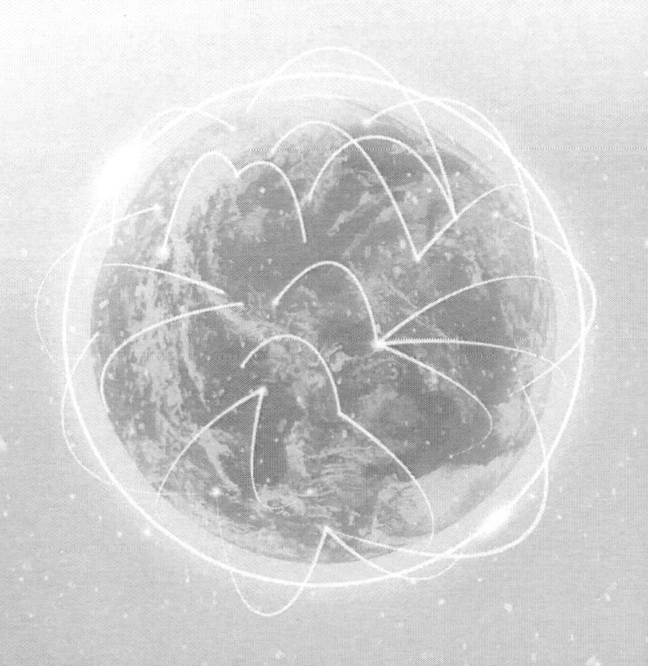

2.1 深度探勘，大數據的商業機遇

如今，眾多企業紛紛進行大數據探勘，將資料管理變成企業未來 IT 競爭最為核心的力量，而新一代資料中心的建設自然成為 IT 建設的關鍵。例如，臉書公司準備在新加坡投資約 10 億美元興建亞洲首座資料中心，預計 2022 年開幕。Google 也在新加坡建有 2 個資料中心，臺灣彰化彰濱工業區 1 個資料中心。

可見，在行業網際網路化的新 IT 時代，在大數據時代的需求下，資料中心的建設已經成為各行業 IT 建設最為關注的一點，大家都期待借此探勘大數據的商業機遇。

2.1.1 探勘大數據的商業價值

通常，企業裡面到處都充斥著資料。事實上各行各業的資料量均經歷了幾何級數的增長，無論是醫療衛生還是金融，抑或是零售業還是製造業。在此類大量資料中，隱藏著無數商業祕密，也孕育著很多機遇以及潛在的成功。

大數據意味著大商機，這是一個大的，可以說是重中之重的事項。對於企業來說，無論是已經開始做大數據了，還是已經開始希望做大數據的專案，研究結果表明：有一個企業或者組織利用大數據技術，另一個企業卻沒有利用，未來它們的財務狀況會出現明顯的不同。資料整合帶來的價值如圖 2-1 所示。

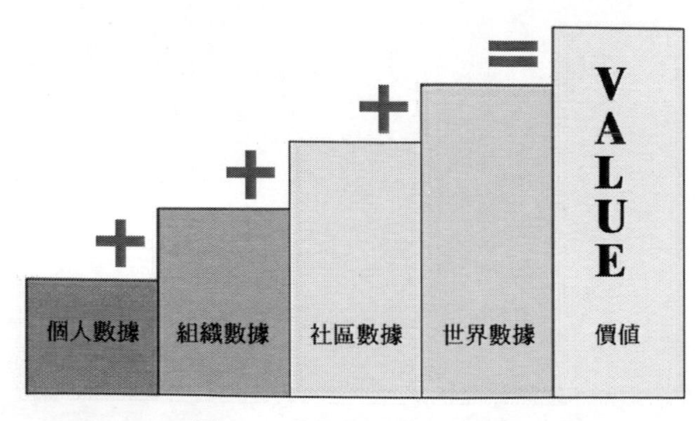

圖 2-1：資料整合帶來的價值

因此，在今天這樣一個數位驅動的大環境下，企業必須能夠制定周密計劃並且實施可行的解決方案以管理大數據。

當 Twitter 都可以從自己的資料價值中獲得不菲的利潤，那麼任何有大數據的平臺都蘊含著極大的商業價值。例如，Apple、Google、Amazon、LINE、MOMO、PCHOME 以及影片使用者流量等都是如此。只是企業如何把大數據中的商業價值探勘出來，並且得以合理地應用卻是一個難題，這也是大數據應用的價值所在。可以說，大數據的核心價值理念是商業價值，探求其中蘊含的商業價值對於任何大數據的應用、分析、整合都是非常必要的。

當然，大數據應用和分析最終的目的還是給企業帶來更好的收益，技術積累後的優勢會在經營中展現出來，這樣的結果才是我們需要的。

專家提醒

筆者認為，在當今時代，物聯網擔當了資料採集的角色（觸角），雲儲存擔當了資料歸集和儲存的角色（倉庫），大數據技術負責收集來的大數據的智慧探勘分析工作（大腦），而網際網路技術（包括 5G、光纖等新技術）則是資訊傳輸交換的通道，是資訊時代的「高速公路」。

2.1.2 實現商業價值的新捷徑

如今，電子商務、社交媒體、行動網際網路、物聯網的興起極大地改變了人們生活與工作的方式，它們給世界帶來巨大變化的同時，也讓一個大數據時代真正地到來。大數據相對於傳統資料的優勢，主要展現在資料量龐大、資料類型豐富、資料來源廣泛 3 個方面，大數據的這 3 大特徵不僅僅悄然改變著企業 IT 基礎架構，也促使了使用者對資料與商業價值之間關係的再思考。

全球知名諮詢機構麥肯錫對於不同行業所產生的資料類型進行分析，認為幾乎所有行業正在大量產生非結構化資料，如表 2-1 所示。

表 2-1：各大行業的非結構化資料生產頻率

行業	影片	圖像	音頻	文字 / 數字
教育				
政府				
資源行業				
建築				
公用事業				
傳媒				
交通運輸				
醫療機構				
消費休閒				
專業服務業				
批發行業				
零售業				
流程製造業				
離散製造業				
證券投資服務				
保險行業				
銀行				
非結構化資料生產頻率	高	中	低	

大數據打破了企業傳統資料的邊界，改變了過去商業智慧僅僅依靠企業內部業務資料的局面，其背後蘊含的商業價值不可低估。筆者認為，在大數據時代背景下，企業必須從思維的角度徹底顛覆過去的觀點，大數據在未來企業中的角色絕對不是一個支撐者，而是在企業商業決策和商業價值的決策中扮演著重要的作用。

專家提醒

就像網際網路透過給電腦增加通訊功能而改變了世界一樣，大數據也將改變我們生活中最重要的方面，因為它為我們的生活創造了前所未有的可量化的維度。大數據已經成為了新發明和新服務的源泉，而更多的改變正在蓄勢待發。

2.1.3 探勘大數據的商業機會

隨著技術的不斷發展，世界已進入大數據時代，而資料背後潛藏著巨大的商業機會。一分鐘內，Flicker 上會有 3125 張照片上傳，Facebook 上新發布 70 萬條資訊，YouTube 上有 200 萬次觀賞。從表 2-1 中可以看出，圖片、聲音、文字以及這背後使用者的習慣和軌跡構成了網際網路上的資料資源，大數據時代迎面襲來。

筆者認為，企業要想探勘大數據的商業機會，一方面，不能將大數據固守在自己的領域裡面，要和企業中其他的資料管理、資訊分析結合起來；另一方面，在大數據的部署過程中會採用多種技術；最後，大數據需要共同協作和分享來降低成本和風險。

圍繞資料的整個產業鏈上，筆者認為具有以下機會，如表 2-2 所示。

表 2-2：大數據的商業機會

商業機會	具體方案
獲得資料	透過把各種行為和狀態轉變為資料，簡稱資料化，這是第一個機會，也是基礎。大量個人資訊資料的獲得，這個機會基本屬於 LINE、Facebook 等這類大企業；大量交易資料的獲得，也基本屬於 MOMO、PCHOME 這類網路電商企業；基本小企業沒機會獨立得到這些使用者資料
匯集資料	資料的匯集是一個相對複雜的過程，但如果能把各大廠商、政府部門的資料匯集齊全，這個機會將是極大的
儲存資料	匯集了資料後，立即會遇到的問題就是儲存，這個代價極大，原始資料不能刪除，需要保留。因此，提供儲存設備的企業，執行儲存這個角色的企業，都具有極大的市場機會，但是這也無法屬於小企業，或者早期創業者
運算資料	儲存完資料後，怎麼把資料分發是個大問題，各種 API (Application ProgrammingInterface，應用程式介面)、開放本臺都可以將這此資料發散出去，用於後續的探勘和分析工作，這個步聚也需要有大量的資本投入，因此不適合小企業 (註：「探勘』，也有稱「挖掘」)

探勘和分析資料	在轉化資料的基礎上展開應用，如何把轉化資料變爲商業機會。需要做增值服務，否則資料就沒有價值，因此資料分析和探勘工作具有巨大的價值，這個機會屬於小企業、小團體
使用和消費資料	電子資料和轉化資料的結合應用，在這個涵義裡面，傳統電子資料便成了一種產品，或一種服務。在對資料做到了很好的探勘和分析後，需要把這些結果應用在一個具體的場合上，來獲得回報，做資料探勘和分析的企業，必須找到這些客戶才行，而這些客戶肯定也不會是小企業

例如，網際網路從業者可以運用大數據技術獲取和分析使用者的消費習慣、興趣愛好、關係網路以及整個網際網路的趨勢、潮流。另外，不但社會化媒體基礎上的大數據探勘和分析將會衍生很多應用，而且基於資料分析的行銷諮詢服務也正在興起。

專家提醒

不久的將來，資料可能成為最大的交易商品。但資料量大並不能算是大數據，大數據的特徵是資料量大、資料種類多、非標準化資料的價值最大化。因此，大數據的價值是透過資料共享、交叉復用獲取的。因此，在筆者看來，未來大數據將會如基礎設施一樣，有資料提供方、管理者、監管者，資料的交叉復用將大數據變成一大產業。

2.1.4 企業用大數據獲取優勢

如今，資料分析模式正在發生大的轉變，當然這一點也為企業帶來了真正的機會。大數據平臺讓所有企業能夠透過這種模式轉變所提供的洞察力優勢，來獲得顯著的競爭優勢。

例如，IBM 在大數據應用和開發方面可以說是處於業界的領先地位。IBM 有 500 多個編程人員和工程師，以及 15,000 次的 IBM 客戶參與，而且 IBM Power Systems 全線產品均可運行 Linux。作為 IBM Power Systems 旗下的一條子產品線，Power/Linux 可以透過更少的處理器數量提供更好的系統性能，滿足大數據、開源和行業解決方案工作負載的需求，幫助企業盡展大數據分析洞察智慧。

2.1.5 大數據有待更深的探勘

大數據並不是新的概念，在行動網際網路發展起來後，資料增長速度加快，整個產業壓力突出，傳統資料庫技術已無法滿足營運商對大數據充分利用的需求，在此背景下，大數據成為近年來的熱點。

大數據時代主要是對技術的綜合運用和對資料的深度探勘。尤其是對於營運商來說，大數據帶來的機會大於挑戰。營運商有自己的網路，積累了大量非常有價值的資料，可以進行客戶分析。利用網路收集資料，對營運商營運方式的改變是個機會。

例如，電信營運商不僅可以利用自身在營運網路平臺的優勢，更可以突破傳統模式，發展大數據分析服務、行動行銷等高端大數據業務。隨著大數據的技術成熟和應用的推廣，營運商將可以圍繞資料標準化、精準行銷、優化使用者服務體驗、提高業務效率等 4 個方面來強化大數據的應用，提高營運商在企業和個人使用者中的影響力，如圖 2-7 所示。

專家提醒

大數據的應用可以幫助人們不再追求精妙的算法，而是以過去所有的資料為基礎來準確推斷和判斷未來可能發生的事情。因此，企業如果能夠透過技術的進步，不斷釋放大數據的潛在力量，其將會成為未來數位時代中最大的贏家。

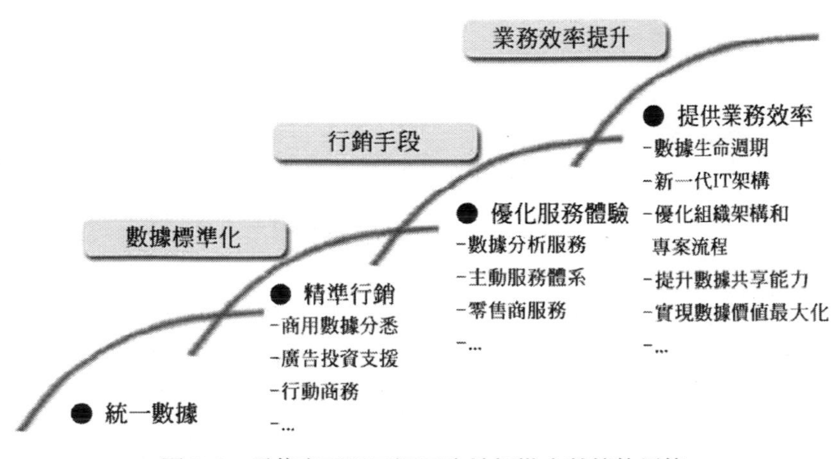

圖 2-2：電信商可以更深層次地探勘大數據的價值

2.2 展現價值，大數據的 4 大變革

大數據即將開創資訊社會的嶄新時代，它能夠改變我們看待世界的方式。那麼大數據意味著什麼，它到底會改變什麼？筆者認為，僅從技術和商業的角度回答，已不足以解惑。大數據只是賓語，離開了人這個主語，它再大也沒有意義。因此，我們需要把大數據放在人的背景中加以透視，理解它作為時代變革力量的所以然。

2.2.1 變革醫療衛生

大數據的影響也已經滲透到各個行業的應用當中，最具代表性的行業有網際網路、電商、金融、公共服務等，當然其中也包括醫療服務。

醫療衛生行業作為典型的傳統行業，其 IT 網路的建設具有一定的行業複雜性與特殊性。但是，隨著醫療改革的逐步深入，醫療服務品質的提高相比於醫療服務效率的提升更加重要。那麼，如何在眾多醫療機構中突出自己的特色，做到真正的急患者所需，更好地為患者服務，才是醫院管理層真正關注的關鍵。

專家提醒

大數據的到來，使很多醫院經營者們不再靠差不多、經驗和直覺習慣做決策，逐步轉變思維方式，透過對大量資料的探勘和運用，更多地基於事實與資料分析做出決策。這對資訊技術人員來說是機遇也是挑戰，而這些影響都是大數據帶來的。

2.2.2 帶來商業革命

大數據不僅改變了醫療衛生領域，整個商業領域都因為大數據而重新洗牌。

在此，筆者首先要告訴大家一個「啟動內需」的原理：生產者是具有價值的人，而消費者是生產者價值的意義所在。有意義的才有價值，消費者不認同的，就賣不出去，就實現不了價值；只有消費者認同的，才賣得出去，

才實現得了價值。然而，大數據可以幫助我們從消費者這個源頭識別意義，從而幫助生產者實現價值。

2.2.3 改變人們思維

網際網路重塑了人類交流的方式，而大數據則不同，它標誌著社會處理資訊方式的變化。隨著時間的推移，大數據可能真的會改變我們思考世界的方式。隨著我們利用越來越多的資料來理解事情和作出決定，我們很可能會發現生活的許多層面是隨機的，而不是確定的。

專家提醒

大數據的確改變了我們的思維，更多的商業和社會決策能夠「以資料說話」。不過拋開這所有的利好，如何讓大數據不侵入我們的隱私世界，也是與之伴生並需嚴肅考慮的問題。

2.2.4 開啟時代轉型

大數據的核心就是預測，相關關係可以幫助我們捕捉現在和預測未來，其帶來的技術變革將開啟一次重大時代轉型。

A 和 B 事件如果經常在一起發生，那麼注意到 B 發生，就能預測 A 也發生。這種關係已在零售業和電子商務中被廣泛運用。例如，某家便利超商透過分析零售終端的資料，得出了「溫度低於攝氏 15 度時，暖暖包的銷售量便增加 5%」的相關關係。於是，只要溫度低於這一度數，店內的暖暖包就會上架。

專家提醒

大數據時代最大的轉變就是，放棄對因果關係的渴求，取而代之關注相關關係。也就是說只要知道「是什麼」，而不需要知道「為什麼」。這顛覆了千百年來人類的思維慣例，對人類的認知和與世界交流的方式提出了全新的挑戰。

2.3 價值轉型，大數據下的商業智慧

如今，也許你並不了解大數據，但大數據的應用確實已經遍地開花。例如，金融行業透過大數據來鑑別個人的信用風險；快遞領域透過資料來確定行駛路線，減少等候時間；政府透過大數據來找出最容易發生火災和井蓋爆炸的地點；商場透過大數據發現產品之間的關聯。在大數據時代，一切都存在著可能，智慧商業帶來的價值轉型正在悄然發生，而我們也正在體驗這一切改變。

2.3.1 大數據為商業智慧構建基礎

DBA（Database Administrator, 資料庫管理員）們都知道資料在任何商業智慧（Business Intelligence, BI）解決方案中都是最重要的部分。

商業智慧作為一個工具，是用來處理企業中現有資料，並將其轉換成知識、分析和結論，幫助業務或者決策者做出正確且明智的決定的。商業智慧是幫助企業更好地利用資料提高決策品質的技術，其包含了從資料倉儲到分析型系統等。

大數據 BI 是能夠處理和分析大數據的 BI 軟體，區別於傳統 BI 軟體，大數據 BI 可以完成對 TB 級別資料的即時分析。例如，阿里巴巴敏銳地捕捉到大數據的巨大潛能。

2012 年，阿里巴巴提出大數據策略，透過資源共享與資料互通創造商業價值。在 2012 年的「雙十一」銷售熱潮中，阿里巴巴以雲端運算為基礎的資料服務，對數以億萬計的消費者需求資訊進行捕捉，幫助網商隨時調整銷售決策。

如今，新一代資訊技術已經徹底地改變了 BI 市場環境，臉書、雲端運算、物聯網、行動網際網路等各種爆炸式資料，給商業智慧的蓬勃發展提供了良好的「大數據」基礎。

大數據為 BI 帶來了大量資料。對探勘來說，大數據量更容易對比，它加速了 BI 效率和整合能力的提升。因此，有人大膽預測：與大數據相關的商務智慧分析將引領管理資訊化的發展。

2.3.2 Oracle BIEE 商業智慧系統

Oracle BIEE 是 Oracle 商業智慧平臺企業版，由收購、整合 SIEBEL 和 HYPERION 相關 BI 部分組建形成，在 Oracle 整個商業智慧體系架構中主要承擔資料分析應用和視覺化展示工作。Oracle BIEE 架構如圖 2-3 所示，其中最重要、最核心的是 BI Server 和 BI Server 所操作的 Repository。

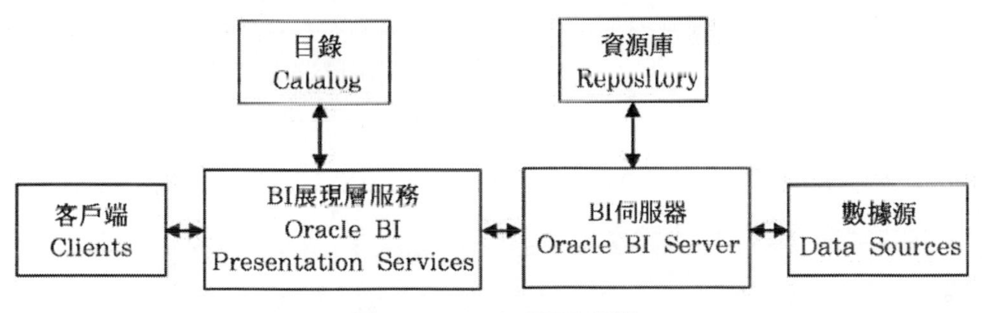

圖 2-3：Oracle BIEE 架構

利用 Oracle BIEE 可以將商業智慧分析模型清楚簡潔地展現出來，開發人員在定義好中繼資料後，業務人員即使了解內部庫表和相關技術，也可以以一種視覺化的、簡單的方式產生出自己所需要的智慧資料報表，這大大提高了經營分析的效率，如圖 2-4 所示。同時，隨著雲端運算技術的不斷發展，給商業智慧行業帶來了新的啟示。基於雲端運算的商業智慧平臺可以作為 Web 服務提供給使用者，商業智慧的 Web 化和服務化，或將成為一個新的趨勢。

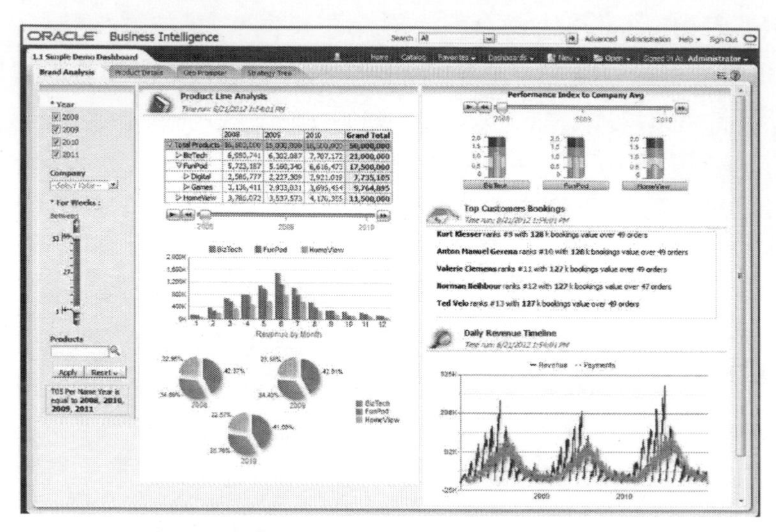

圖 2-4: 基於 Oracle BIEE 的商業智慧分析系統

2.3.3 商業智慧成就行業價值機會

1989 年，商務智慧界「教父」—— Howard Dresner提出「商業智慧」的概念，不久後便被人們廣泛了解。當時將商業智慧定義為一類由資料倉儲(或資料集市)、查詢報表、資料分析、資料探勘、資料備份和恢復等部分組成的，以幫助企業決策為目的的技術及應用。

在大數據時代，企業如果想要搶奪大數據市場，就需要具備一定的實力，然而報表的呈現和簡易分析只是停留在「B」的階段，要想達到「I」的階段，必須要結合整個大環境、大行業的資料來判斷分析並給出真正有價值的資訊和決策建議，這取決於你能拿到多廣多深的資料和你的資料探勘分析能力以及建模能力。

商業智慧與大數據的區別在於，大數據能夠基於 BI 工具進行大容量資料處理和非結構化資料處理，與傳統基於事務的資料倉儲系統相比較，大數據分析不僅關注結構化的歷史資料，它們更傾向於對 Web、社群網路、RFID 感測器等非結構化大量資料進行分析，大數據無疑是對 BI 的一個完美補充。

例如，2002 年，民航旅客量突破一億，這一億旅客帶來了大量資料的增長，而且資料類型也是豐富多樣，所以在那個時候，航信團隊就認為資料探勘是非常必要的工作，利用資料倉儲平臺做了早期的探勘。之後經過調查研究，IT 團隊也採用了專業商業軟體去部署，這個平臺也給客戶帶來了很多價值。

商業智慧通常被一些大企業作為強有力的掘金石，在實現資訊化建設後，進而貫徹決策的解決方案，而在當前中小企業應用的商業智慧的過程中還存有一定的瓶頸，中小企業的實施成本及對商業智慧的認識及發展力度還存在一定差異。

據 Gartner（全球最具權威的 IT 研究與顧問諮詢公司，成立於 1979 年）透露，BI 市場正在以每年 9% 的速度增長，到 2014 年市場價值將高達 810 億美元，2020 年將增長至 1,360 億美元。特別是在 2020 年疫情之後，世界各國在防疫基礎設施建設的政策導向下，大數據應用的典型場景——BI 商業智慧將迎來一個重要的時代機遇。

專家提醒

企業資訊化已逐漸由傳統營運層管理轉向決策層管理，企業實施 BI 猶如試穿鞋子，企業 BI 應用的核心取決於企業決策與業務優化，企業對於 BI 的深化，需要具備一定的資訊化基礎，BI 應用是基於業務優化、營運管理與決策的基礎上的。

2.3.4 BI 導出商業潛能和社會走向

如今，傳統資料倉儲的性能已無法應付龐大的資訊，但是大數據技術使我們能夠訪問和使用這些寶貴的、大規模資料集，以應對越來越複雜的資料分析和更好的商業決策。

例如，當你在聽音樂時，Apple Music 會推薦你可能喜歡的音樂；當你在 Amazon 下單某本書時，它會提醒購買這本書的人中有 30% 也購買了另外一本書，這些都是基於大數據分析的。大數據帶來的另一改變是，更多事物可以資料化。購物習慣可以資料化，社交關係可以資料化，社會焦點的走向也可以資料化（透過對搜尋關鍵字的分析）。這些資料可以導出商業潛能，更能導出社會走向。

隨著網際網路技術的發展，未來的大數據時代，將是各種資訊呈現規模化快速增長的狀態。如何更快獲取有用的資訊是關鍵，智慧分析工具會變得越來越重要，其可以凌駕於多個管理系統、資料庫之上。如何透過更靈活、可控的 BI 工具，真正探勘出大數據時代的價值，是大數據和 BI 面臨的共同挑戰。

2.3.5 商業智慧的 6 大發展前景

總體上來看，商業智慧的發展有以下幾個特點：即時、操作型、與業務流程的整合、主動以及跨越企業邊界等。商業智慧的即時特性，可以讓公司與顧客拉近距離，而即時商業智慧可以迅速地處理資料，並給出及時、有效的決策。

如今，商業智慧的概念從技術到應用都發生了巨大的變化，從商業智慧到商業分析，再到企業績效管理，然後再到企業績效優化。那麼商業智慧的發展在技術上和應用上的趨勢如何呢？筆者在這裡談談自己的觀點，如表 2-3 所示。

表 2-3：商業智慧的發展前景

發展前景	趨勢預測
記憶體分析	記憶體技術已經成爲了萬眾矚目的焦點，它能夠爲不斷增長的龐大數據提供快速分析。未來，大型企業會逐漸採用如 HANA 及 Exalytics 之類的高端應用，然而大多數客户會繼續採 QlikTech、Microsoft (Power Pivot) 及 Tableau 等供應商提供的靈活的記憶體解決方案，或如 MicroStrategy 及 IBM Cognos 使用方法之類的純軟體解決方案
視覺化搜尋	視覺化搜尋技術會成爲商業智慧的重頭戲。視覺化搜尋不同於記憶體技術，儘管在有些行業將兩者混同，而且不少視覺化搜尋工具也內建了記憶體引擎

大數據	大數據會導致硬碟讀取資料非常慢，所以大數據需要一個快到秒級的、讓使用者感覺無縫對接的干臺，並且還要讓業務人員盡可能透過簡單方式來使用這個平臺。大數據讓更靈活的框架和擁有靈活資料探勘演算法的商業智慧解決方案，擁有了更廣闊的發展空間
行動 BI	行動 BI 性能將繼續提升，更多 BI 供應商將調整應用，以適應行動 BI。例奶，本板電腦能夠支援離線或飛行模式，提供更高的安全性以及更好的性能
雲端運算 BI	不少供應商將雲端運算視作減少記憶體消耗的最佳方法，稱其能夠在計算高峰時期提供靈活的資料解決方案
協作型商務智慧	從資料出發，可以在供應商、企業內部和客后之間共用分析的結果，透過結果發現某此行動可能產生的風險，這些風險會給供應商、企業內部、客后帶來損失

2.4 大數據商業變革應用案例

人們懵懂地意識到，資料即將成為改變未來社會的重要力量。然而，大數據究竟改變了什麼，在人們腦中仍是個模糊的影子。那麼，透過本節的應用案例，筆者來告訴大家大數據到底帶來了什麼樣的商業變革。

2.4.1 【案例】大數據預測機票價格

美國工程師奧倫· 埃齊奧尼（Oren Etzioni）搭飛機時，發現旁邊的旅客買票比他便宜。於是埃齊奧尼開發了一個 Farecast 工具，用於預測機票價格的波動。

透過預測機票價格的走勢以及增降幅度，Farecast 票價預測工具能幫助消費者抓住最佳購買時機。由於 Farecast 的運轉需要大量資料的支援，埃齊奧尼找到了一個行業機票預訂資料庫。依靠這個資料庫進行預測時，預測的結果是基於美國商業航空產業中，每一條航線上每一架飛機內的每一個座位一年內的綜合票價記錄而得出的。如今，Farecast 已經擁有約 2,000 億條飛行資料記錄。

截至 2012 年，他的 Farecast 系統已經可以用網路的 10 萬億條價格記錄去推測機票何時價格為何，預測準確度達 75%，幫助旅客平均每張機票節省 50 美元。

Farecast 是大數據公司的一個縮影，也代表了當今世界發展的趨勢。五年或者十年之前，奧倫· 埃齊奧尼是無法成立這樣的公司的。他說：「這是不可能的。」那時候他所需要的電腦處理能力和儲存能力太昂貴了！雖說技術上的突破是這一切得以發生的主要原因，但也有一些細微而重要的改變正在發生，特別是人們關於如何使用資料的理念。

【案例解析】：如今，人們已不再認為資料是靜止和陳舊的。但是在以前，一旦完成了收集資料的目的之後，資料就會被認為已經沒有用處了。比方說，在飛機起飛之後，票價資料就沒有用了。

現代商業環境變幻莫測，因此，對於企業來說，在大數據時代做好準備，利用好大數據尤為重要。

2.4.2 【案例】Watson 人工智慧電腦

日前，IBM 公司研發的電腦「Watson」戰勝了美國電視智力節目《危險邊緣》的兩名人類選手，一時間，很多人擔心，電腦越來越像人了，將會超越人類智慧。

Watson 智慧電腦是一臺以 IBM 創始人 Thomas·Watson 名字命名的電腦。在硬體方面，IBM Power 7 系列處理器是當前 RISC 架構中最強的處理器 —— 採用 45nm 工藝打造的 Power 7 處理器擁有 8 個核心 32 個線程，主頻最高可達 4.1GHz，二級快取更是達到了 32MB。在軟體方面，IBM 研發團隊為「Watson」開發的 100 多套算法可以在 3 秒內解析問題，檢索數百萬條資訊然後再篩選還原成「答案」並以人類語言輸出。

近日，IBM 又宣布將把「Watson」應用於雲環境的開發平臺，開放 API（Application Programming Interface, 應用程式介面），讓企業能夠開發自家的「Watson」App，從而構建起「Watson」生態圈，將「Watson」應用到更廣泛的領域。

此外，IBM 還建立了一個「Watson」內容庫，供應商可以為 Watson 提供內容，包括通用和專用的資訊，如醫療保健等。「Watson」的優勢是給出準確與可靠的答案，因此可以為醫生提供更適合病人的解決方案。在醫療領域的應用將是「Watson」商用最主要的領域。

專家提醒

筆者認為，「Watson」專案如果想在醫療行業推行的話，還需要面臨法律層面的問題。如果「Watson」診斷出錯，而醫生又聽從了錯誤的診斷，那麼「Watson」就會面臨被患者告上法庭的危險，這對 IBM 而言是一個正在考慮的應用問題。

【案例解析】：目前，各行各業的資料資料都是以自然語言編寫的，例如醫療行業的醫療記錄、文本、雜誌和研究資料，這些都是電腦難以理解的語言。另外，在零售、旅遊、金融、電信、服務等行業，同樣存在著大量以自然語言儲存和編寫的資料，如果存在一套能夠在這些自然語言資料中快速找出準確答案的系統，將為行業帶來巨大的改變。然而，本案例中的「Watson」具有理解自然語言、找到證據、判斷這三大能力，這種「認知計算」能力讓「Watson」在當前的大數據浪潮中大有用武之地。

「Watson」的工作過程實際上是一個完整的大數據分析過程：識別理解自然語言是處理非結構化資料的過程，找到證據就是從不同來源的大數據中檢索的過程，判斷就是給證據評分，作出最佳決策的過程。因此可以預見，「Watson」在大數據領域會有非常光明的前景。目前看來，Watson 至少能在以下行業領域有所應用：電子、能源與電力、政府、衛生保健、保險、石油天然氣、零售、通訊、交通、銀行與金融市場等。

CH03　架構：大數據基礎設施

學前提示

大數據都會有自己的基礎架構平臺，一般推薦是基於雲端運算的動態彈性平臺，因為它將為大數據的分析處理提供強有力的支撐。但是，企業要想讓如此規模的資料真正轉化為財富，資料中心必然將面臨一次漫長而充滿艱辛的基礎設施及架構變革。

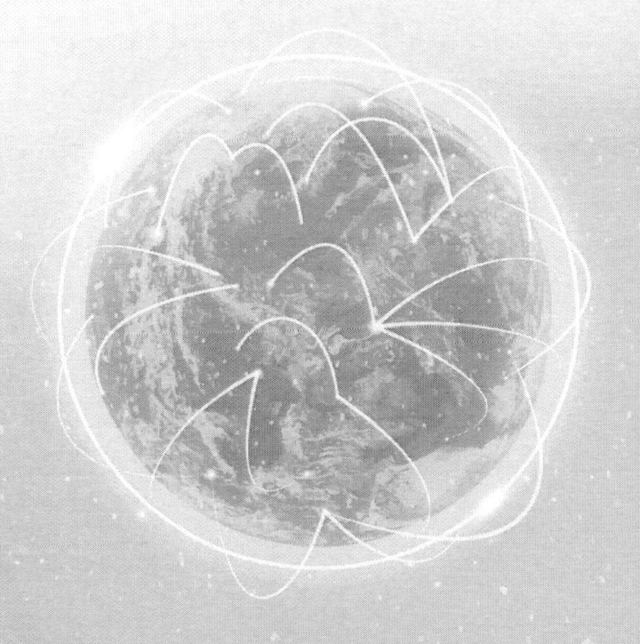

3.1 探索全球，10 大大數據部署方案

就在近兩年，大數據應用突然爆炸，五彩繽紛的創意都變成現實。即使最謹慎的觀察家也承認，大數據的商業應用時代已經來臨，這都源於它前所未有的「從大量到精準」

的預測能力。因此，大數據被認為是下一個創新、競爭和生產力的前沿，誰率先抓住大數據的先機即意味著能夠在未來市場競爭中取得標竿地位。

俗話說：「工欲善其事，必先利其器。」在大數據實踐之中，基礎架構就猶如基石一般，是構建一切的基礎，基礎架構基石不穩，大數據「大廈將傾」，具有優秀的基礎架構才能夠讓使用者在未來的大數據之路中越走越寬。本節筆者就帶大家一同回顧在世界各地那些不為人知卻實際存在的大數據基礎設施部署方案。

3.1.1 Netflix：掌握影片大數據煉金術

Netflix 是一家線上影片租賃提供商，能夠提供超大數量的 DVD，而且讓顧客可以快速方便地挑選影片，同時免費遞送。

Netflix 已經成為全球最大的商業影片串流供應商 —— 2021 年第三季財報顯示，全球總訂閱數 2.14 億。這家公司同時也成為吸收新增資料的「海綿」 —— 使用者在看什麼、喜歡在什麼時段觀看、在哪裡觀看以及使用哪些設備觀看，爆增的資訊量成為 Netflix 手中的寶貴資產。他們甚至掌握著使用者在哪個影片的哪個時間點後退、快進或者暫停，乃至看到哪裡直接將影片關掉等資訊。

IHS 研究公司表示，2011 年 Netfix 的線上電影營收超過蘋果，並占據美國線上電影總銷量的 45%，這主要得益於網路使用者對線上影片的強大需求。

在美國眾多的串流服務商裡，Netflix 是最早嘗試將大數據和媒體行業結合起來的公司。現在 Netflix 公司開始推出自己的原創節目，而節目製作

的依據正是剛剛提到的這些資料。例如，Netflix 投資的電視劇「House of Cards」（紙牌屋），讓人們見識了大數據分析對 Netflix 這樣的新媒體公司的價值。

現在的 Netflix 不只提供線上影片出租與影片推薦服務，更是一家能夠推出自製影集的全方位娛樂公司，其商業模式主要有兩點，如表 3-1 所示。

表 3-1：Netflix 的商業模式

商業模式	主要特點
DVD 郵寄出租服務	打破原先的單片租借模式，改成創新的月租式服務，沒有到期日也沒有延遲罰款，消費者再也不用擔心還片的問題。當消費者在線上選好想看的影片後，Netflix 便會運用其配送網路，在一天內寄出。
線上影片推薦系統	利用資料分析，根據消費者過去的影片評價，預測消費者接下來會想看什麼樣的影片，因此 Netflix 發展出 Cinematch 影片推薦引擎（Video Recommendation Engine），其運用 Big Data（大數據）和 Data Mining（資料探勘），位消費者推薦影片

當初，Netflix 由於缺乏相應的設計人員和資料平臺，因此頒發了 100 萬美金大獎，希望世界上的電腦專家和機器學習專家們能夠改進 Netflix 推薦引擎的效率。隨後，來自 186 個國家的四萬多個團隊經過近 3 年的較量，一個由工程師、統計學家、研究專家組成的團隊奪得了 Netflix 大獎，該團隊成功地將 Netflix 的影片推薦引擎的推薦效率提高了 10%。Netflix 大獎的參賽者們不斷改進影片推薦效率，Netflix 的客戶已經為此獲益。

根據 Sandvine 市調公司研究報告，Netflix 下載量占全美網路下載量的 32.25%，以絕對優勢占據第一名的位置，如圖 3-1 所示。

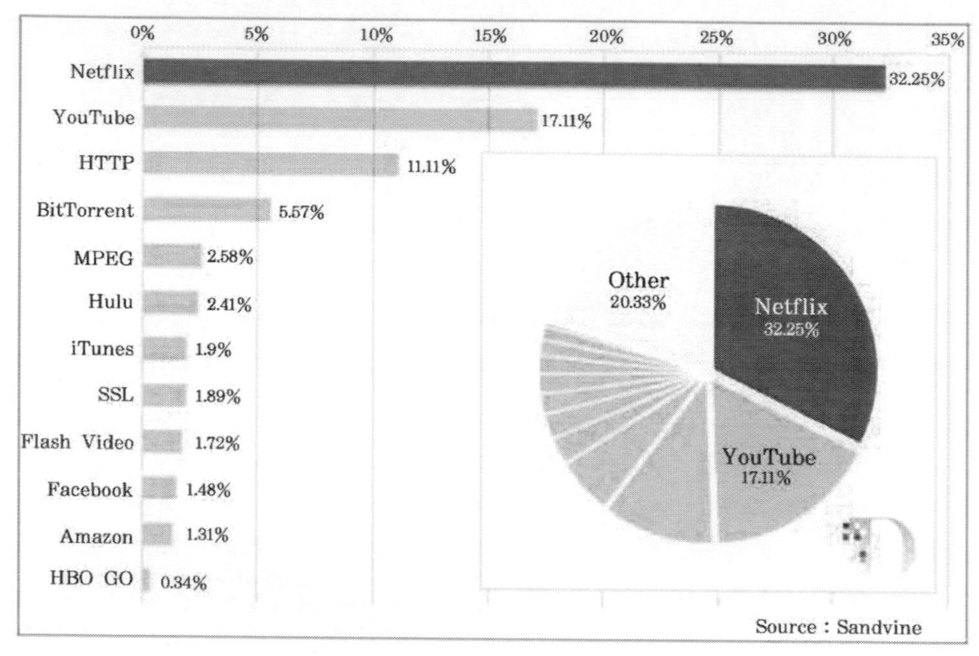

圖 3-1：2013 年上半年全美網路影片下載量統計

專家提醒

Netflix 在全球擁有超過 2,500 萬使用者，每日平均 3,000 萬次的點擊、播放、暫停、快轉、回播，400 萬次的評價行為，300 萬次的搜尋動作。

3.1.2 家譜網：建立更準確的血緣關係

家譜網到底有何魅力，先看看下面的兩個資料。

資料 1：著名主持人馬丁是馬英九的遠房親戚，且比馬英九長 6 代——兩人均出自扶風馬氏，趙國大將軍趙奢（馬服君）之後。馬丁是趙奢的第 65 世孫，而馬英九是趙奢的第 71 世孫。

資料 2：一個是中國奧運歷史上首位冠軍的安徽人許海峰，一個是來自臺北的音樂人許常德，兩位相隔幾千公里的許姓男人，卻有著一位共同的顯赫祖先——唐朝宰相唐敬宗。

這些資訊來自於 2008 年在中國上線的家譜網（jiapu.com），它是美國家譜網站 Ancestry 的中國版。Ancestry.com（家譜網）是一家家譜線上服務網站，擁有 10PB 的家族遺傳資料，如圖 3-2 所示。

圖 3-2: Ancestry.com（家譜網）首頁

長久以來，Ancestry.com 都是使用 apache Hadoop 以及其他的開源工具來進行資料處理和分析的。然而，想要將 Hadoop 架構與 dba 資料處理聯繫起來，就極具挑戰性，其中之一就是團隊建設。因此，Ancestry.com 構建了自己的搜尋引擎，並對算法以及記錄連接軟體進行了仔細的調優，該引擎可以對網站的結構化資料和非結構化資料進行遍歷。

Ancestry.com 網站包含了大量出生、死亡、人口普查以及其他相關記錄，這些記錄起初大多是非結構化資料。隨著使用者以及家族資料的不斷增長，Ancestry.com 公司希望改善其資訊檢索的算法。

不久後，公司招募了一些資料科學家，他們選擇使用最新的工具，把 Hadoop、mapreduce 以及 R 語言引入了 Ancestry.com 的工具集。Ancestry.com 的團隊使用 Hadoop 架構來對搜尋進行優化，同時對客戶流失率進行預測建模，並開始使用 Hadoop 以及相關的 hbase nosql 列式資料儲存來對 Ancestry DNA 產品進行擴展。新的大數據平臺利用高級內容處理技術對全部相關資訊加以索引，使用染色體 DNA 測試技術來為使用者提供更好的服務，從而保證資料的可搜尋性，甚至能夠對遠親進行準確識別，從而讓 Ancestry. com 獲得使用者的認可。

例如，Ancestry.com 透過對唾液進行採樣，能夠對客戶的 DNS 進行排序並將結果與資料庫中的其他客戶加以匹配，客戶甚至可以找到多年沒有聯繫的表親。

專家提醒

目前，家譜網累積的華人家譜總庫中，包含 65,584 種家譜資料，年代跨越明、清、民國以及當代，地域覆蓋 24 個省及地區。其中，最早能追溯到 1498 年（明代）休寧陪郭（地名）的葉氏世譜。

Ancestry.com 幫助人們將自己與家庭史結合起來並創建獨一無二的樹狀家譜。從表面上看，這個主意似乎沒什麼技術含量，但為了實現這項功能，網站需要維護超過 110 億條記錄與高達 4PB 的資料量 —— 其中包括歷史記錄、出生記錄、死亡記錄、戰爭與行動記錄甚至年鑒等，其中不少往往採取手寫格式。

想要構建這一大數據平臺，需要涉及大量的操作，大約有 70 萬個 DNA 樣本要與 Ancestry.com 資料庫彙總已有的相同數量樣本進行配對比較。Ancestry.com 的團隊對學術算法進行了改寫，從而可以在 Hadoop 和 hbase 上運行平行的任務，這樣做可以大大提升大量資料處理的速度。

Ancestry.com 擁有明晰的盈利方式以及龐大的付費使用者。付費使用者可以分為兩類，查看美國本土資料的使用者和查看世界資料的使用者，但收費不同。另外，在開發個人使用者價值之外，Ancestry.com 還盯上了企業使用者，例如資料庫能使得企業的宣傳銷售更具針對性，以便提供個性化服務。資料庫裡的龐大家譜相當於「商品」，使用者有需要時，便可付費購買。

3.1.3 西奈山：更深刻地理解資料形態

西奈山醫院始建於1852年，是美國歷史最悠久和最大的教學醫院之一，以其在臨床治療、教學和科學研究方面的傑出成績而聞名於世。

西奈山醫院的很多新設備都是用來採集分析資料的，它運行 Hadoop 軟體進行大數據分析。醫院希望電腦專家利用大數據來尋找聯繫，例如在 ICU 中發現的微生物的 DNA，或者跟蹤那些使用家用監控器的病人發來的資料流。

來自 Facebook 的首席資料科學家杰夫·哈默巴赫爾負責設計這一切，他用分析目標線上廣告的資料技術來分析各類基因資料和生物學資訊，目的是減少醫療費用，同時探索「個性化醫療」。

目前，西奈山醫院正利用來自大數據新興企業 Ayasdi 公司的技術對整個大腸桿菌基因組序列進行分析，其中包括超過 100 萬個 DNA 變異，旨在努力理解某些菌株如何在與抗生素的共處中獲得抗藥性。細菌的抗藥性影響著全球各地數以百萬計的病人。

Ayasdi 的技術為數學研究、拓撲資料分析（簡稱 TDA）開闢了一片新天地，有助於人們更深刻地理解資料形態。

在研究的基礎上建立相應的資料庫，結合日益普及的個人基因監測服務，正成為個性化醫療的基礎。個性化醫療會徹底改變我們對待健康和疾病的方式，無論從政府、技術、學術還是產業層面，個性化醫療都是大勢所趨。

3.1.4 CAIISO：實現電廠電網的智慧化

美國加利福尼亞州獨立系統營運商（California Independent System Operator，CAIISO）管理著全加州地區超過八成電網中的供電走向，每年提供的電力達到 2.89 億千萬時，惠及 3500 萬民眾，供電線路的總長度超過 25000 英里。

CAIISO 所有的大型電廠都已經用上了企業後臺辦公系統，其中包括地理資訊系統（GIS）、停電管理以及配電管理系統（DMS）。為了實現電網的智慧化，CAIISO 利用帶有分析工具的歷史資料功能接收資料流，將其與歷史模式進行比較和對比，以便找出資料中的異常情況，如圖 3-3 所示。

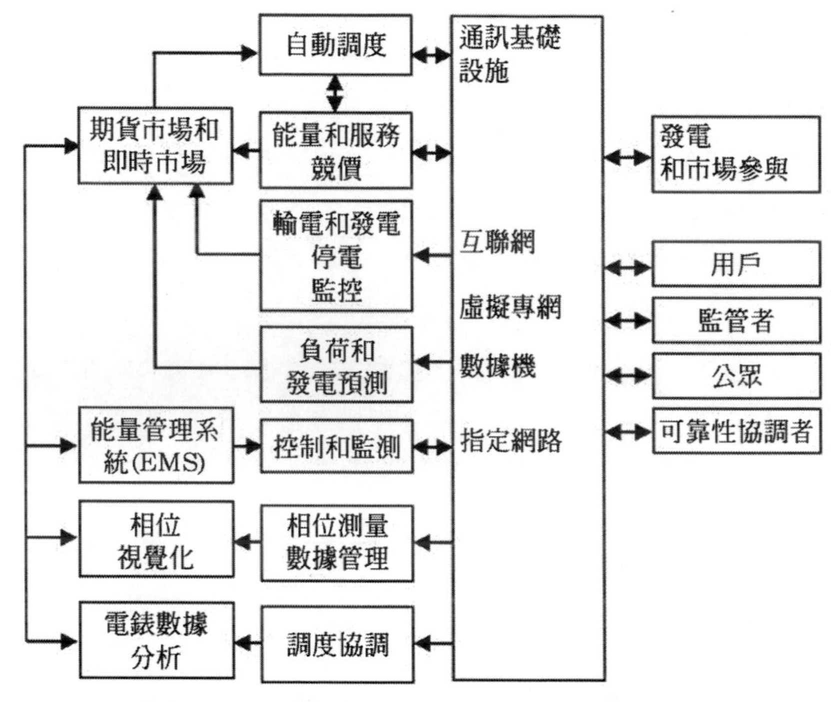

圖 3-3：獨立營運商（ISO）基礎設施中的關鍵組件

ISO 利用 Space-Time Insight 公司的軟體實現情景智慧化機制，從而將來自多個來源的大規模資料進行關聯與分析 —— 其中包括天氣狀況、感測器資料以及計量設備測繪結果等，並以視覺化形式幫助使用者查看並理解如何對可再生能源進行優化，以實現整個電網的電力供需平衡並快速應對潛在危機。

3.1.5 Hydro One：把大數據放地圖上

Hydro One（英語 Ontario，簡稱安省）是加拿大安大略省多倫多市最大的電力輸送集團，負責為全省的家庭及企業提供電力。Hydro One 公司擁有並經營安大略省內總長達 29,000 公里的高壓輸電網路以及總長達 123,000 公里、直接面向 130 萬使用者的低壓配電系統，如圖 3-4 所示。

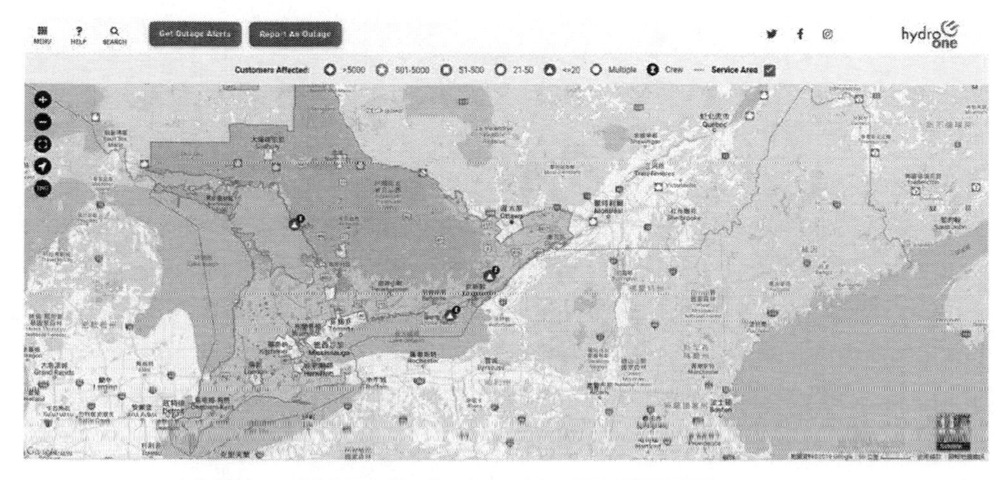

圖 3-4：Hydro One 公司的高壓輸電網

Hydro One 使用的是由 Space-Time Insight 提供的地理空間與視覺化分析軟體，旨在改進當前輸電與配電資產的健康性與可靠性。Space-Time Insight 是一家將大數據、資料視覺化、地圖 LBS 服務三者整合起來的公司，他們將企業需要的大量專業資料以地理資訊的形式展現在地圖上，讓人們更好地了解、比較和研究他們所需的資訊，如圖 3-5 所示。

Space-Time Insight 打造的這套系統能幫助資產管理者及時獲取相關情報，包括資產性能隨時間推移而發生的變化、資產更換策略以及資產維護需求等。該方案還能將資料與其他多種不同系統的功能結合起來，包括 SAP ECC、SAP BW、GIS 系統以及即時資料等，從而幫助 Hydro One 對自身擁有的資產具備宏觀掌控能力。

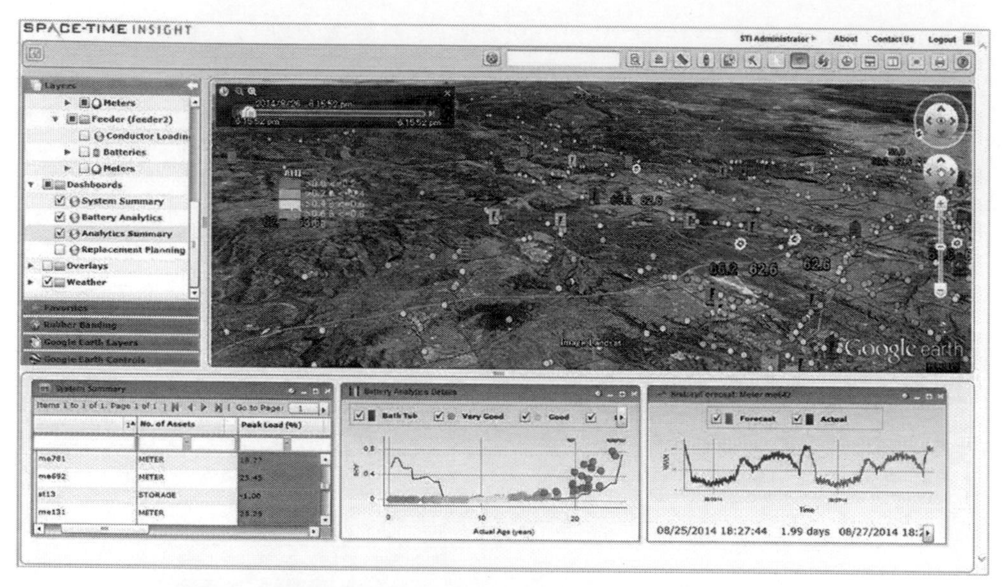

圖 3-5：Space-Time Insight 的地理空間與視覺化分析軟體

雖然 Space-Time 的主要重心仍然放在電力行業，但無疑在其他能源、運輸、氣象等行業都有廣闊的前景。而且除了企業市場，這類地圖視覺化技術在傳統消費、生活服務市場也會有樂觀的應用前景。

專家提醒

在大數據時代，筆者認為企業更應該聚焦非結構化資料，結構化資料已經有了不錯的歸宿，非結構化資料才是我們處理的難題。據預測，到 2020 年，非結構化資料將數十倍於傳統的結構化資料，成為大數據最主要的資料來源。

3.1.6 OHSU：結合資料虛擬化技術

俄勒岡健康與科學大學（Opegon Health and Science University，OHSU）是一所歷史悠久、以研究為取向的最好的綜合性公立大學，下轄兩所醫院、一座一級創傷恢復中心和一家兒童醫院。學校致力於人類健康事業的發展，專注於提高食品安全、疑難疾病的預防與治療等方面的研究。

為了追蹤學校內 4,000 個注液泵的即時位置與工作狀態，更快地掌握注入到患者循環系統當中的液體、藥物或者營養物質，校方將 Stanley Black 與 Decker Disivion Stanley Healthcare 提 供 的 Mobile View 軟 體 與 Tableau 軟體的資料虛擬化技術結合起來，改變傳統的手動執行方式。該技術還允許校方對歷史及當前資產數量進行分析，進而更好地規劃未來數量水平，提高庫存物資的分配與利用效率。

Tableau 公司將資料運算與美觀的圖表完美地結合在一起，如圖 3-6 所示。它的程式很容易上手，各公司可以用它將大量資料拖放到數位「畫布」上，轉眼間就能創建好各種圖表。這一軟體的理念是，界面上的資料越容易操控，公司對自己所在業務領域裡的所作所為到底是正確還是錯誤，就能了解得越透徹。

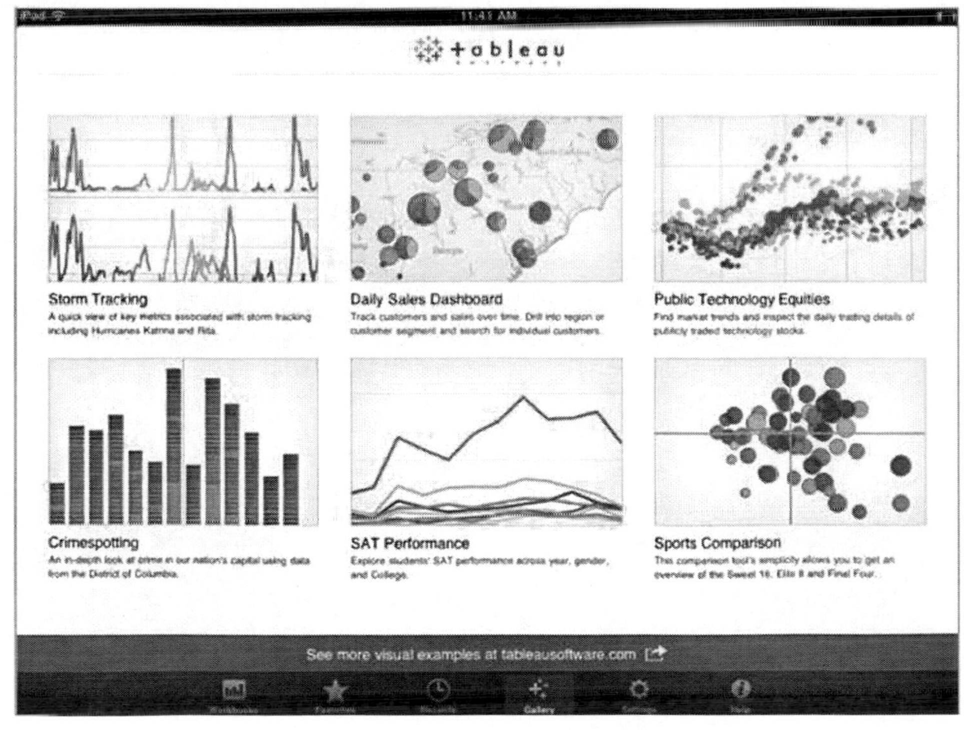

圖 3-6：Tableau Mobile 軟體介面

專家提醒

如今，每個企業都會有很多資料以及產生很多問題，為了分析這些資料，人們可以創建圖表把資料與問題聯繫起來，但很多時候大家不確定從哪種圖表可以得到自己要找的答案。Tableau 透過把資料擱置於獨立的、靜態的圖中，限制了能夠解決問題的範圍。透過如何讓資料成為決策的核心，以資料講述一個故事來做出決策，以及增加一張圖、提供過濾器以了解得更深入，Tableau 能幫助企業解決問題，它所帶來的商業洞察力和回答問題的速度能與你的思想同步。

3.1.7 VTN：公共設施的即時 3D 模型

過去，大部分城市中的公共事業機構都是採用古老的手動記錄方式，處理地下的各種資產，因此資訊準確度十分低。例如，居民往往會由於某條供電線被意外切斷或者某條供水管線老化爆裂而受到影響。

拉斯維加斯（Las Vegas）作為美國內華達州的最大城市，為了避免這些難題，市政部門採取智慧資料方式開發出一套即時公共事業網路模型。另外，VTN 諮詢公司幫助市政當局透過各種通路彙總資料，並利用 Autodesk 技術創建出即時 3D 模型。這套模型中包含著地上與地下的所有公共設施，目前已經被用於監測城市地下設施的具體位置以及運轉狀況。

專家提醒

大數據雖然在不同的應用場景、不同的企業環境其應用方式會千差萬別，但是常見的基本架構是大同小異的。經過分析與處理，能夠應用於實踐指導的資訊資料會被整理到資料中心、應用程式以及基礎設施當中，企業管理者需要以此為基礎進一步將其導入各類系統及業務流程中，並最終獲得（近乎）即時的決策能力。

3.1.8 戴德縣：實現大型城市的智慧化

邁阿密 - 戴德縣（Miami-Dade County，Florida）是位於美國佛羅里達州東南部的一個縣，2005 年估計人口達 2,376,014，成為美國的第 8 大縣。

邁阿密 - 戴德縣響應 IBM 提出的智慧化城市倡議，希望將 35 個區域自治單位與邁阿密市聚攏起來，以便做出更為明智的管理決策 —— 包括充分利用水資源、減少交通擁堵以及改善公共安全等，如圖 3-7 所示。

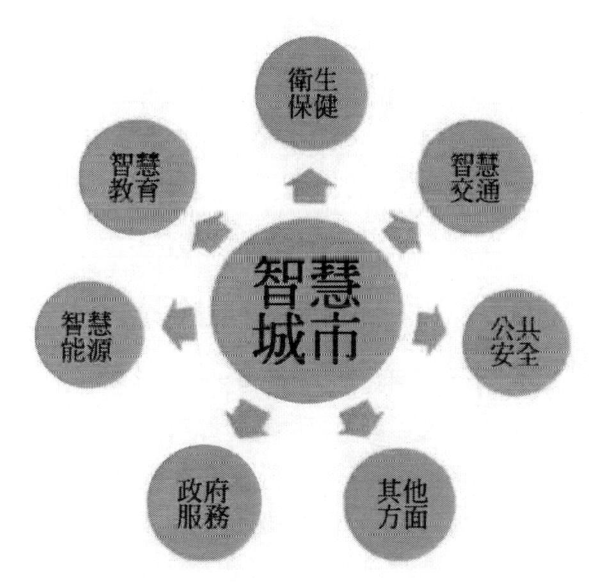

圖 3-7：智慧化城市的構成體系

為此，IBM（國際商業機器股份有限公司 , International Business Machines Corporation）透過雲端運算環境下的深層分析為該縣帶來一套情報儀表板，從而幫助各機關與部門彼此協作並實現視覺化管理。

智慧城市具有 3 項基本特徵，分別是物聯化、互聯化和智慧化。基於這 3 個特徵的 IBM 智慧地球計劃自 2008 年開始展開，並且在近年來加速，且出現了很多成功的落地專案。以 2012 年為例，IBM 先後發佈了智慧雲上的智慧交通新版本、智慧雲上的智慧運算中心新版本及智慧雲上的智慧水利新版本。基於這一系列方案，IBM 搭建了涵蓋公共安全、交通、水利等多個領域的解決方案，並搭建了智慧營運中心。

專家提醒

筆者認為，城市管理只有利用大數據，才能獲得突破性改善，諸多產業利用大數據，才能發現創新升級的機會點，進而獲得先發優勢……有了雲端運算、物聯網，但缺乏大數據分析處理的核心技術，智慧城市的「大腦」就不夠發達，「智商」就不夠高，「能力」就不夠強。

3.1.9 澳網：利用大數據分析做出決策

澳大利亞網球公開賽（Australian Open，簡稱「澳網」）是網球四大滿貫賽事之一，也是四大滿貫賽事中每年最先登場的，通常於每年 1 月的最後兩個星期在澳大利亞墨爾本市的墨爾本公園舉行。

澳大利亞網球公開賽的總獎金在 2013 年達到 3,100 萬澳元（3,260 萬美元），是四大滿貫中獎金最高的賽事。澳大利亞網球公開賽自 1905 年創辦以來，至今已經走過了一百多年的歷史，賽事目前由澳大利亞網球協會（Tennis Australia）主辦。

在平時，澳大利亞網球協會的運作狀態與普通的小型企業沒什麼差別，然而一旦到了為期兩週的澳網公開賽時期，協會瞬間就成了一家規模龐大、對資料極度渴求的大型企業 —— 他們需要不間斷地訪問準確內容、資料以及統計結果，從而進行分析並做出決策。

下面提供一組 2013 年度澳大利亞網球公開賽的統計資料：

· 684,457 名球迷到現場觀看了比賽。

· 澳網網站有 1,410 萬絕對造訪人次。

· 澳網 Social Leaderboard 追蹤到 900 多萬涉及球員的 Twitter。

· 澳大利亞網球協會在比賽期間獲取了約 60TB 的資料和影片資源，本次賽事男子抽籤 127 場比賽打了 764 盤。

目前，澳大利亞網球協會採用 IBM 的即時資料分析軟體來檢查賽程進行狀態、運動員人氣、歷史資料記錄以及社交媒體上球迷們對比賽網站提出的資料需求。根據實際需求，這項技術能夠為分析工作分配必要的計算資源。

澳大利亞網球公開賽網站上提供 IBM SlamTracker 工具，用以分析 8 年大滿貫賽事比賽的 4,100 萬個資料點，如圖 3-8 所示。除了其他方面之外，該工具還有一項功能，稱為「Keys to the Match」，可幫助球迷了解球員為了在某項特定比賽中取勝，需要做哪些工作。當一場比賽拉開帷幕時，該工具根據關鍵點測評每個球員的表現並即時更新，從而提供更深入的洞察力，包括高比例第二發球接發或者上網成功率是否有助於挑高球過人。

例如，在李娜與小威廉姆斯的比賽中，李娜一方獲得贏球的關鍵包括 3 個指標（如圖 3-8 所示）：

1. 一發（首次發球）得分率超過 69%
2. 4～9 拍相持中得分率要超過 48%
3. 發球局 30-30 或 40-40 時得分率要超過 67%。

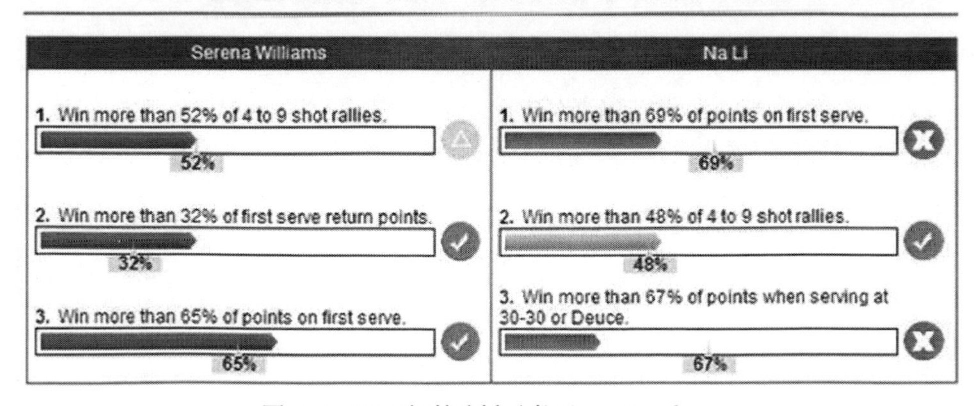

圖 3-8：IBM 智慧分析平臺 Slam Tracker

而在實際的比賽中，李娜只完成了第二項指標，相比之下，小威廉姆斯則完成了兩個指標。因此，據此分析，李娜出局主要跟一發得分率低、雙方平分時未能獲得關鍵分數有關。

為了打造完善的大數據基礎設施，澳大利亞網球協會還與 Aruba 共同構築安全可靠、靈活、可擴展的無線網路，而它所具備的環境意識功能，更可有效地管理緊湊賽程網路狀況。這意味著協會能夠非常準確預測網路連接需求尖峰的時間和地點，從而調整網路滿足所需。

據悉，在 2013 年澳網比賽的兩週內，單是 #ausope 標籤就有一百多萬條推文，澳網 Facebook 頁面增加到約 887,158。社交媒體洞察力在澳大利亞網球協會和其他機構的決策以及與客戶互動方面，具有越來越重要的作用。在該滿貫賽事期間，使用先進的 IBM 分析軟體和自然語言處理技術來評估 Twitter、Facebook、新聞網站、部落格和影片等網站上數十萬社交媒體消息分享的正面和負面情緒。

專家提醒

資料分析已經深入體育運動，並且在改變體育運動的發展模式。大數據將改變我們消費、觀看網球等體育運動以及與其進行互動的方式。那些擁護並利用該技術為業務決策以及與球迷聯絡提供相關資訊的機構，和競爭對手相比，將贏得競爭優勢。

3.1.10 DPR：結合 3D 技術與大數據

美國加州大學舊金山分校斥資 15 億美元在米慎灣興建了一座醫學中心，這也是第一座建造時間超過十年的醫學中心，承包商為 DPR Construction 公司。

DPR Construction 公司利用 Autodesk 公司的 3D 技術，幫助設計師們收集空氣流量、建築物朝向、樓體間距、環境永續性以及建築性能等資料，並將結果導入到一套單獨的虛擬模型當中。透過這種方式，建築師、設計師以及旗工隊伍能夠以視覺化方式掌握遍布整個運作環境下的數億個資料標記。

專家提醒

Autodesk 公司的 Vault 資料管理軟體可以幫助設計、工程和施工團隊組織、管理和跟蹤資料創建、仿真和文檔編制流程。借助版本管理功能，企業可以更好地控制設計資料，快速查找和重用設計資料，從而更加輕鬆地管理設計與工程資訊。使用 Autodesk Vault 後，使用者可以在一個平臺下管理所有的 CAD 和非 CAD 資料，從而提高工作效率，如圖 3-9 所示。

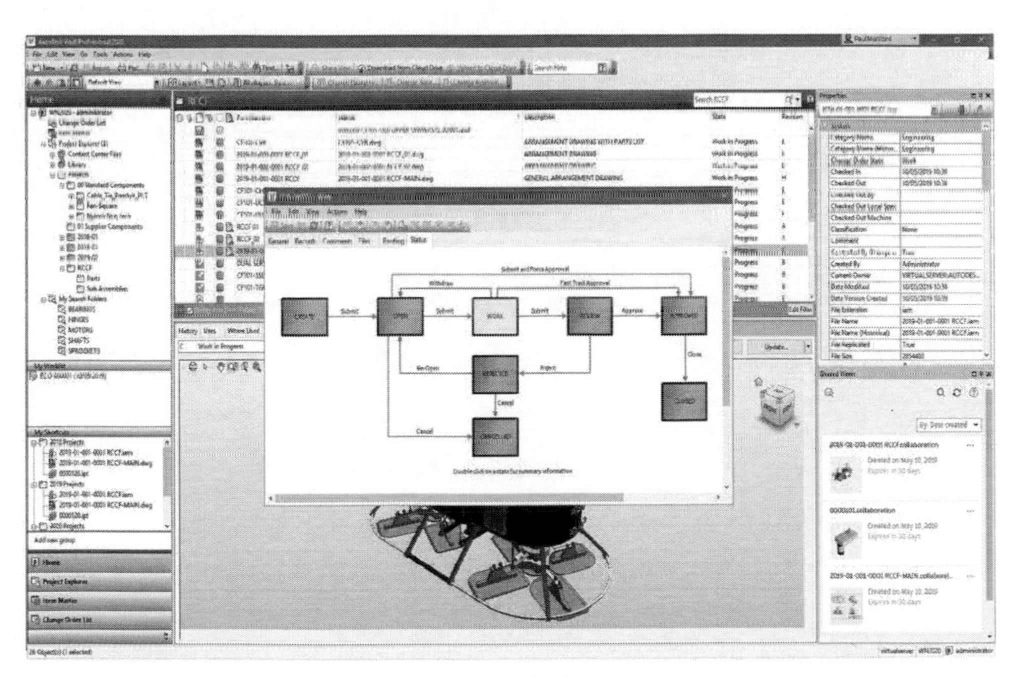

圖 3-9：Autodesk Vault

3.2 掘金紅海，10 大大數據分析平臺

「大數據」近幾年來可謂蓬勃發展，它不僅是企業趨勢，也是一個改變了人類生活的技術創新。在大數據的幫助下，警察可以透過犯罪資料和社會資

訊來預測犯罪率，部分科學家透過遺傳資料預測疾病的早期跡象。可以說，現在整個行業都非常看好大數據。

毫無疑問，在大數據時代下，企業和機構要想實現更大的業務價值，首先需要解決的就是基礎架構問題，基礎架構之中儲存又是重中之重。許多國外的科技企業將大數據看作是雲端運算之後的另一個巨大商機，很多企業開始加入到大數據的淘金隊伍中，這一領域已經成為實實在在的紅海。

本節將介紹全球 10 大著名的大數據分析平臺（注意：排名不分先後），他們是大數據領域的「時代先鋒」，他們都看到了大數據帶來的大機會。

3.2.1 IBM：大數據領域的傳統巨頭

- **企業名稱**：IBM
- **分析平臺**：InfoSphere 大數據分析平臺
- **上線時間**：2011 年 5 月
- **公司地址**：美國紐約州阿蒙克市
- **企業網址**：http：//www.ibm.com/
- **主要業務**：軟體、伺服器、儲存、IT 服務以及雲端運算等解決方案
- **業務方向**：主要面向大企業等

IBM 是一個擁有 110 年歷史的公司，總部在美國東海岸。它曾經生產打字機，還生產大型 PC 機，其產品使用開源技術進行互動操作。在 IBM 的發展過程中，很多產品都是透過一系列併購得來的。最重要的是，IBM 是一家服務公司，有著在全球各地工作的顧問團隊。

IBM 向我們展示了將大數據與企業連接的重要性和一個主流服務組織，它還展示了向業務軟體中嵌入分析功能的力量。

2011 年 5 月，IBM 正式推出 InfoSphere 大數據分析平臺。這個平臺包括 BigInsights 和 Streams，二者互補。

BigInsights 基於 Hadoop，它對大規模的靜態資料進行分析，提供多節點的分散式運算，可以隨時增加節點，提升資料處理能力。例如，丹麥能源企業維斯塔斯（Vestas）透過使用 BigInsights 大數據軟體分析 PB 位元

組級別的天氣資料，改善風力渦輪機的放置位置，從而獲得最佳能量輸出效果 —— 以前需要數週方可完成的分析現在僅需不到一個小時。

專家提醒

Hadoop 本身不提供分析的功能，因此 BigInsights 平臺增加了文本分析、統計分析工具。

Streams 採用記憶體內運算方式分析即時資料。Streams 最早是美國國土安全部和 IBM 合作的專案，國土安全部出於反恐目的，需要即時分析電話語音資訊，這個專案最終發展成為一個商用的專案。

另外，InfoSphere 大數據分析平臺還整合了資料倉儲、資料庫、資料整合、業務流程管理等元件。

3.2.2 亞馬遜：完美結合大數據與雲

- **企業名稱**：亞馬遜
- **分析平臺**：彈性 MapReduce（Amazon Elastic MapReduce）
- **上線時間**：2009 年
- **公司地址**：美國華盛頓州西雅圖
- **企業網址**：http：//www.amazon.com/
- **主要業務**：電子商務、雲服務
- **業務方向**：主要面向大企業等市場

亞馬遜的老本行是圖書音像製品銷售，但現在這只是其業務的一個組成部分，而且已經不是公司業務的核心。如今，亞馬遜已經成為一家擁有大數據，並以此獲得持續利潤的雲端運算企業。電子商務的資料，合併在這些大數據之中，僅僅是亞馬遜將資料變為現金的一種方式。

亞馬遜對於雲端運算和大數據具有先見之明，早在 2009 年就推出了「彈性 MapReduce（Amazon Elastic MapReduce）」系統。MapReduce 本身是一種編程模型，用於大規模資料集（大於 1TB）的平行運算，常用作 Web 索引、資料探勘、日誌文件分析、金融分析、科學模擬和生物資訊研究等。

然而，「彈性 MapReduce」是一項能夠迅速擴展的 Web 服務，其運行在亞馬遜彈性雲端運算（Amazon EC2）和亞馬遜簡單儲存服務（Amazon S3）上。面對資料密集型任務，例如網際網路索引、資料探勘、日誌文件分析、機器學習、金融分析、科學模擬和生物資訊學研究，使用者需要多大容量，「彈性 MapReduce」系統立即就能配置到多大容量。

對於 MapReduce，筆者認為可以將其簡單理解為：把一堆雜亂無章的資料按照某種特徵歸納起來，然後處理並得到最後的結果。

專家提醒

亞馬遜的「彈性 MapReduce」服務系統是在 AWS 平臺（AWS Enterprise BPM Platform，業務流程管理開發平臺）之上的 Hadoop 實現，它用來簡化新的 MapReduce 應用，從而讓這項技術擁有更加廣大的受眾。

3.2.3 甲骨文：高整合度大數據平臺

- **企業名稱**：甲骨文
- **分析平臺**：Oracle 大數據機
- **上線時間**：2010 年
- **公司地址**：美國加利福尼亞州紅木灘
- **企業網址**：http：//www.oracle.com/
- **主要業務**：資料庫、應用軟體以及相關的諮詢、培訓和支援服務
- **業務方向**：主要面向大企業等市場

甲骨文公司，全稱甲骨文股份有限公司，是全球最大的企業軟體公司，也是繼 Microsoft 及 IBM 後全球收入第三多的軟體公司。

伴隨大數據而至，大數據分析和管理得當與否將對企業資料中心產生極大影響。作為全球最大數據庫軟體公司，甲骨文應時而行，推出針對大數據的眾多技術產品來滿足企業需求，同時提升自身的價值。

2011 年 10 月，甲骨文正式推出了 Oracle 大數據機（Oracle Big Data Appliance）

為許多企業提供了一種處理大量非結構化資料的方法。尤其是對於那些正在尋求以更高效的方法來採集、組織和分析大量非結構化資料的企業而言，該產品具有很大的吸引力。

Oracle 大數據機同 Oracle Exadata 資料庫雲伺服器、Oracle Exalytics 商務智慧雲伺服器和 Oracle Exalogic 中間件雲伺服器一起組成了 Oracle 最廣泛的高度整合化系統產品組合，其可以幫助客戶獲取和管理各種類型的資料，並且可結合現有企業資料來分析，獲得新的見解，從而幫助客戶在充分獲取資訊的情況下做出最恰當的決策。

專家提醒

Oracle 大數據機能夠擁有強大優化企業資料倉儲的能力，主要源自其配備有 Oracle BigConnectors 軟體。Oracle 大數據機旨在幫助客戶利用 Oracle 資料庫 11g 便捷整合儲存在 Hadoop 和 Oracle NoSQL 資料庫中心的資料。

3.2.4 Google：價值無可估量的大數據

- **企業名稱**：Google
- **分析平臺**：BigQuery
- **上線時間**：2011 年
- **公司地址**：美國加利福尼亞州山景城
- **企業網址**：http：//www.google.com/
- **主要業務**：網際網路搜尋、雲端運算、廣告技術
- **業務方向**：面向各類企業市場

Google 在搜尋界的地位是無人能及的。但是，Google 的產品和服務早已不僅僅侷限於搜尋。如今，Google 的產品包括廣告（AdWords）、交流和分享（Drive 和 Hangouts）、開發資源（OpenSocial）、社群網路（Google +）、地圖（Google Maps）、支付系統（Google Play）、統計工

具（Analytics）、操作系統（Android 和 Chrome OS）、桌面和行動應用（Gmail）以及硬體（Galaxy Nexus）。因此，如果對其擁有的大量資料進行深入探勘，這對於提升 Google 搜尋乃至所有 Google 服務的價值無可估量。

BigQuery 是 Google 於 2011 年底正式推出的一項 Web 服務，透過該服務，開發者可以使用 Google 的架構來運行 SQL 語句對超大型的資料庫進行操作。即 BigQuery 可以對開發者上傳的超大型資料進行直接互動式分析，開發者無需投資建立自己的資料中心。據悉，BigQuery 引擎可以快速掃描高達 70TB 未經壓縮處理的資料，並且可馬上得到分析結果。

3.2.5 微軟：「端到端」大數據平臺

- **企業名稱**：微軟
- **分析平臺**：PDW、SQL Server 2012 資料庫平臺
- **上線時間**：2011年
- **公司地址**：美國華盛頓州雷德蒙市
- **企業網址**：http：//www.microsoft.com/
- **主要業務**：電腦軟體服務
- **業務方向**：面向各類企業市場

EMC、IBM 和甲骨文在 2011 年都大力追捧 Hadoop，於是微軟也進入這個市場就不足為奇了。如今，微軟已經具備了打造「端到端」的大數據平臺的能力。

專家提醒

「端到端」流程是從客戶需求端出發，到滿足客戶需求端去提供端到端服務，端到端的輸入端是市場，輸出端也是市場。

2011 年初，微軟發布了 SQL Server R2 Parallel Data Warehouse（PDW，平行資料倉儲），PDW 使用了大規模平行處理技術來支援高擴展性，它可以幫助客戶擴展部署數百 TB 級別資料的分析解決方案。

微軟在 2012 年上半年正式發布了 SQL Server 2012 資料庫平臺，並增加了 Hadoop 的相關服務，逐漸將資料業務延伸到非結構化資料領域。而伴隨 Windows Azure Marketplace 和 SharePoint 等工具的推出，微軟已經具備了打造端到端的大數據平臺的能力。

專家提醒

Windows Azure Marketplace 將實現大數據的共享，透過開放資料協議（OData）展現數百種來自微軟和第三方的應用程式和資料探勘算法。使用者還可以使用 SQL Server 分析服務（SSAS）的 Power Pivot 和 Power View，從結構化和非結構化資料中獲得可執行的洞察力，透過微軟提供的連接器就可以對 Hadoop 分散式文件系統中的非結構化資料進行分析與展現。

3.2.6 EMC：針對大量資料分析應用

- **企業名稱**：EMC
- **分析平臺**：EMC Greenplum Unified Analytics Platform 大數據分析平臺
- **上線時間**：2011 年
- **公司地址**：美國馬薩諸塞州（麻省）Hopkinton 市
- **企業網址**：http：//www.emc.com/
- **主要業務**：資訊儲存及管理產品、服務和解決方案
- **業務方向**：面向各類企業市場

EMC 公司是全球資訊儲存及管理產品、服務和解決方案方面的領先公司。EMC 是每一種主要計算平臺的資訊儲存標準，而且世界上最重要資訊中的 2/3 以上都是透過 EMC 的解決方案管理的。

EMC 推出了全新 EMC Greenplum Unified Analytics Platform（UAP）平臺，資料團隊和分析團隊可以在該平臺上無縫地共享資訊、協作分析。Greenplum UAP 是唯一的統一資料分析平臺，可擴展至其他工具，其獨特之處在於，它將對大數據的認知和分享貫穿於整個分析過程，實現比以往更高的商業價值。

隨著 EMC Greenplum 統一分析平臺的問世，EMC 提供關鍵技術幫助機構使用者提取大量資料的核心價值，並創造更多、更靈活、基於資料的業務機會。

專家提醒

EMC 為大數據開發的硬體是模組化的 EMC 資料計算設備（DCA），它能夠在一個設備裡面運行並擴展 Greenplum 關係資料庫和 Greenplum HD 節點。DCA 提供了一個共享的指揮中心（Command Center）界面，讓管理員可以監控、管理和配置Greenplum資料庫和Hadoop系統性能及容量。

3.2.7 英特爾：用 Hadoop 靠攏大數據

- **企業名稱**：英特爾
- **分析平臺**：Hadoop 商業發行版（Apache Hadoop Distribution）
- **上線時間**：2012 年
- **公司地址**：美國加利福尼亞州聖克拉拉市
- **企業網址**：http：//www.intel.cn/
- **主要業務**：客戶機、伺服器、網路通訊、網際網路解決方案和網際網路服務
- **業務方向**：面向各類企業市場

英特爾公司是全球最大的半導體晶片製造商，成立於1968年。1971年，英特爾推出了全球第一個微處理器，帶來了電腦和網際網路的革命，改變了整個世界。

2012 年 7 月，英特爾公司對外發布了自己的 Hadoop 商業發行版（Apache Hadoop Distribution）。Hadoop 發行版包含 Hadoop 分散式文件系統 HDFS、分散式資料庫 HBase、分散式運算框架 MapReduce、資料倉儲 Hive、資料處理 Pig、機器學習 Mahout 商業套件。

英特爾 Hadoop 發行版包含了所有的分析、整合以及開發元件，並對不同組合之間進行了更加深入的優化。此外，還增加了英特爾 Hadoop 管理器（Hadoop Manager），其從安裝、部署到配置與監控，可以提供對平臺的全

方位管理。目前，英特爾已經開放了免費下載，隨著推廣力度的不斷加大，相信英特爾的 Hadoop 還是能夠很輕鬆地在大數據市場分一杯羹的。

3.2.8 NetApp：讓大數據變得更簡單

- **企業名稱**：NetApp
- **分析平臺**：NetApp StorageGRID
- **上線時間**：2011 年
- **公司地址**：美國加利福尼亞州森尼韋爾
- **企業網址**：http：//www.netapp.com
- **主要業務**：儲存和資料管理解決方案
- **業務方向**：面向各類企業市場

Network Appliance，Inc.（簡稱 NetApp，美國網域儲存技術有限公司）是 IT 儲存業界的佼佼者，自 1992 年創建以來，不斷以創新的理念和領先的技術引領儲存行業的發展。NetApp 公司倡導向資料密集型的企業提供統一的儲存解決方案，用以整合網路上來自伺服器的資料，並有效管理呈爆炸性增長的資料。

StorageGRID 是 NetApp 的對象儲存平臺，是一個久經驗證的對象儲存軟體解決方案，設計用於管理 PB 級、全球分布的儲存庫，這些儲存庫包含企業和服務提供商的影像、影片和記錄。透過消除資料塊和文件中資料容器的典型約束，NetApp StorageGRID 提供了強大的可擴展性，它支援單個全局命名空間內的數十億個文件或對象和 PB 級容量。NetApp 目前將 StorageGRID 產品併入其 E 系列，屬於分散式內容儲存類別。

NetApp 自創建以來，市場業務表現亦出眾超群，公司一直保持了極高的成長率，並不斷擴展使用者群，其客戶領域包括通訊、金融、能源、政府、製造、教育及各類媒體、各種企業和服務提供商。

3.2.9 惠普：構建靈活的「智慧環境」

- **企業名稱**：惠普

- **分析平臺**：Vertica Analytics Platform、Information Optimization solutions
- **上線時間**：2011 年
- **公司地址**：美國加利福尼亞州帕羅奧多市
- **企業網址**：www.hp.com
- **主要業務**：影印機、數位影像、軟體、電腦與資訊服務
- **業務方向**：面向各類企業市場

惠普（HP）是一家業務機構遍及全球 170 多個國家和地區的科技公司。作為世界最大的科技企業，惠普提供影印機、個人電腦、軟體、服務和 IT 基礎設施等產品，幫助客戶解決問題。

2011 年，惠普子公司 Vertica 發布 Vertica Analytics Platform 大數據平臺，意在幫助企業迅速洞悉關鍵的業務資訊，輔助決策過程。Vertica Analytics Platform 能夠讓使用者大規模即時分析物理、虛擬和雲環境中的結構化、半結構化和非結構化資料，從而深入洞悉「大數據」。

2012 年 6 月，惠普發布資訊優化解決方案（Information Optimization solutions），旨在幫助企業充分利用爆炸性增長的營運資料、應用資料和設備資料。

2013 年初，惠普推出了最新版本惠普 Vertica 分析平臺 6.1（HP Vertica Analytics Platform 6.1），其能夠對大數據進行簡化。據了解，該平臺將幫助企業透過分析包、性能提升、加強與 Hadoop 的整合以及簡化 Amazon EC2 雲部署，從而優化大數據並將其轉化為利潤。

另外，惠普還擴展了其業界領先的數位行銷平臺，發布了全新的 Autonomy 解決方案 —— Optimost Clickstream Analytics，其在電子商務中為市場行銷人員提供客戶訪問、對話和參與情況的單一、連續的視圖，為實現「瞬捷」企業構建靈活的智慧環境。

專家提醒

在當今瞬息萬變的商業環境下，「瞬捷」企業的創新優勢在於能夠提供與時俱進的、有競爭力的產品和服務，以加快業務增長，其優化特性則是指具備更高的投資報酬率和更低的成本。

3.2.10 Sybase：徹底改變大數據分析

- **企業名稱**：Sybase
- **分析平臺**：Sybase IQ
- **上線時間**：2009 年
- **公司地址**：美國加利福尼亞州 Dublin 市
- **企業網址**：www.sybase.com
- **主要業務**：應用平臺、資料庫和應用軟體
- **業務方向**：面向各類企業市場

Sybase 公司成立於 1984 年 11 月，是全球最大的獨立軟體廠商之一，致力於幫助企業等各種機構進行應用、內容及資料的管理和發布。Sybase 的產品和專業技術服務，為企業提供整合化的解決方案和全面的應用開發平臺。

Sybase 公司推出的 Sybase IQ 是一款為資料倉儲設計的關係型資料庫。IQ 的架構與大多數關係型資料庫不同，其特別的設計用以支援大量並發使用者的即時查詢。它的設計與執行進程優先考慮查詢性能，其次是完成批量資料更新的速度。而傳統關係型資料庫引擎的設計既考慮線上的事務進程又考慮資料倉儲。

其中，Sybase IQ 15.4 是面向大數據的高級分析平臺，它將大數據轉變成可指揮每個人都行動的情報資訊，從而在整個企業的使用者和業務流程範圍內輕鬆具備大數據的分析能力。

Sybase IQ 大大節約了資料儲存成本，而且透過其強大的可擴展性為企業提供了靈活的選擇。另外，IQ 比傳統的資料庫更容易維護，不需要經常的

人工調優。簡單的擴展實現以及快速的部署時間等，都大幅度地降低了企業開發資料倉儲的成本。

3.3 大數據基礎設施應用案例

目前，很多人只將眼光盯在資料分析與處理層面，而筆者認為，使用者在嘗試大數據解決方案之前，更應從全面角度去審視自身的基礎架構是否適合大數據未來的需求與發展。簡而言之，就是「大數據實踐，基礎架構先行」。只有如此，方能在大數據浪潮之中淘得金。本節主要介紹大數據基礎設施的應用案例。

3.3.1 【案例】Streams 監控嬰兒 ICU 感染

ICU 病室是醫院主要科室之一，因其病人多來自於院內各科室，且病情危重，致使院內感染發生率在 ICU 相對增高。又因病人治癒後，又回散到原科室，使在 ICU 的耐藥菌株被攜帶到醫院各處而引起流行。由此可見，做好 ICU 病室的感染控制十分有必要。

安大略理工大學（UOIT）是加拿大最現代的公立大學，其擁有北美一流的教學設備和師資。學校目前正在使用 Streams 監控新生嬰兒，提前 24 小時預測 ICU 感染。

安大略理工大學健康資訊學首席科學家 Carolyn McGregor 博士稱，這一技術讓安大略理工大學能夠搞清楚這些資料並分析它們，如揭示敗血症的發生前兆，以及這些問題發生前的多種條件。

Streams 提供了一種操作系統實現這個功能，其在多臺電腦之間共享一個特定程式，這樣系統作為一個整體就可以在不把資料提交到硬碟的情況下生成答案，解決了針對能夠即時處理生成的大量流資料的平臺和架構的一種迫切需求。

【案例解析】：在本案例中，InfoSphere Streams 是一款滿足即時處理、過濾和分析流資料需要的應用程式。流資料包括感測器資料（環保以及工業生產感測器產生的資料、監控影片、GPS 產生的資料等）、「資料廢氣」

（如網路 / 系統 /Web 伺服器 / 應用程式伺服器日誌文件）、高速交易資料（如金融交易和呼叫詳細記錄）等。

預測分析與結構化資料未來將在醫療保健領域中被廣泛應用，以幫助降低成本，防止病人病情惡化。大數據分析平臺使醫療機構擁有更好使用這些資訊的能力，這將從本質上改變醫療保健行業的未來。

3.3.2 【案例】沃爾瑪打造商業資料中心

在 2012 年財政年度報表上，沃爾瑪記錄了 4,440 億美元的銷售額，這個數字比奧地利的 GDP 多 200 億美元。如果沃爾瑪是一個國家的話，它將是第 26 個世界最大的經濟體。

沃爾瑪為何取得如此大的成就？筆者發現，沃爾瑪其實是最早透過利用大數據而受益的企業之一，曾經擁有世界上最大的資料倉儲系統。早在 2007 年，沃爾瑪就已建立了一個超大的資料中心，其儲存能力高達 4PB 以上。《經濟學人》曾報導，沃爾瑪的資料量已經是美國國會圖書館的 167 倍。

眾所周知，沃爾瑪的供應鏈是全球零售商中最先進的。早在 1980 年代，沃爾瑪就率先開發資料交換系統（Electronic Data Interchange, EDI）與供應商資訊系統直接對接，實現了商品的自動補貨。如圖 3-20 所示為基於 EDI 的供應鏈資訊組織與整合模式。為了加強資料的共享，沃爾瑪還投資 4 億美元發射衛星進行全球資料聯網。透過全球網路，沃爾瑪數千家門市可在一小時內對每種商品的庫存、在架以及銷售盤點一遍。

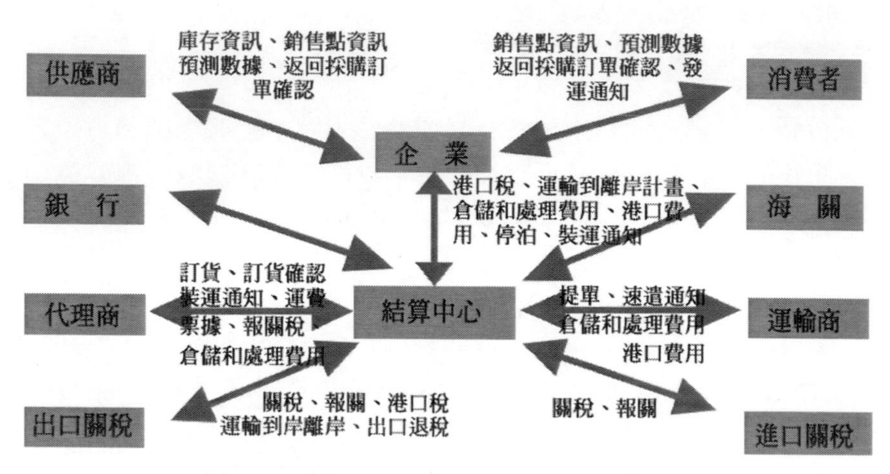

圖 3-10：基於 EDI 的供應鏈資訊組織與整合模式

沃爾瑪全球電子商務總監 Stephen O'Sullivan 稱，沃爾瑪實驗室計劃將沃爾瑪的 10 個不同的網站整合成一個，同時將一個 10 個節點的 Hadoop 叢集擴展到 250 個節點的 Hadoop 叢集。目前，實驗室正在設計幾個能將當前像 Oracle、Neteeza 這樣的開放資源的資料庫進行遷移、整合的工具。

沃爾瑪還透過先進的大數據預測分析技術發現兩個電子產品連鎖店 Source 和 Carlie Brown 的顧客的購買意向正在向高檔產品轉移，並及時調整了兩家店的庫存，一舉將銷售業績提升了 40%。大數據分析技術使得沃爾瑪能夠即時對市場動態做出積極響應。透過對消費者的購物行為等非結構化資料進行分析，沃爾瑪成為最了解顧客購物習慣的零售商，並創造了「啤酒與尿布」的經典商業案例。

沃爾瑪曾進行了一系列的收購，包括 Kosmix（沃爾瑪實驗室前身）、Small Society、Set Direction、OneRiot、Social Calenda、Grabble 等多家中小型創業公司，這些創業公司要麼精於資料探勘和各種算法，要麼在行動社交領域有其專長，由此可見沃爾瑪進軍行動網際網路和探勘大數據的決心。

【案例解析】：從沃爾瑪投入巨資開發大數據工具並推動大數據技術發展的案例中，筆者發現對大數據最熱心的企業不是 IT 廠商，而是能直接從大

數據中獲益的傳統企業，他們已經迫不及待，甚至跑到了廠商的前面。

線下零售的大量資料一旦可以整合，必將極大改變現有商業模式。零售巨頭沃爾瑪正在變革其電子商務模式，而大數據是這次變革的動因。如今，沃爾瑪在大數據上的投資已經開始產生回報。相信在沃爾瑪的帶領下，傳統行業也會慢慢意識到大數據的重要性，加速步入大數據時代。

3.3.3 【案例】Clustrix 探勘整合大量資料

Clustrix 公司創建於 2005 年，Clustrix 總部設在美國舊金山，研發中心設在西雅圖。

為打開歐洲市場，公司計劃將總部遷至荷蘭的阿姆斯特丹，還在印度設立了辦公室。2010 年，Clustrix 推出了一個可高度擴容的伸縮式資料庫解決方案 Sierra，其提供了和 SQL 資料庫相似的功能，同時還能對資料儲存進行無限制擴展。

Clustrix Sierra 被業內稱之為雲端運算時代的 MySQL，它可以幫助現在要處理大量資料的公司更快地找到資料並解決日益增長的資料擴容等問題。Clustrix Sierra 可以為 SQL 資料庫提供專利資料應用方法，幫助人們處理大量的資料，使 SQL 資料庫無限擴容成為可能。

【案例解析】：除了傳統的大企業已經開始進入大數據領域之外，還有不少的創業企業也意識到了大數據帶來的商機，紛紛推出自己的產品，以期抓住大數據時代的機遇，Clustrix 便是其中之一。

筆者在前面的章節已經介紹過，大數據的容量往往是 PB 級別，甚至有些使用者的資料量開始達到 EB 級別，這要求未來的儲存系統能夠具備容量大、易擴展的特點。對大量的、無意義的「非結構化資料」進行探勘提取，整合成結構化資料，並使之有意義或創造價值，這是很多大數據公司的根本願望。而完成這些任務有一個前提，必須構架一個大數據分析平臺，並利用該平臺從大量資料中找到你需要的那部分，這就是創業公司 Clustrix 正在做的。

3.3.4 【案例】LSI 積極創新資料中心變革

LSI 公司（LSI Corporation）是一家總部位於加利福尼亞州米爾皮塔斯（Milpitas）的半導體和軟體領先供應商，其為加速資料儲存中心與行動網路性能提供了許多領先的解決方案。

近日，LSI 對其資料中心進行了以下兩大創新：

- 為了解決快閃記憶體錯誤率高的現象，LSI 創新了新技術 LSI SHIELD。這是一種高級的糾錯方法，即便同時使用出錯率較高的廉價快閃記憶體儲存器也能實現企業級的 SSD 耐久度和資料完整性。
- 針對典型資料庫應用，透過 LSI DVC（DuraWrite Virtual Capacity，一種全新的資料壓縮技術）功能，其規劃出的虛擬容量可以達到原物理容量的三倍。可以理解為新增的虛擬容量可以顯著降低每 GB 的使用者儲存成本。

透過對資料的採集、儲存和分析三個領域的深入研究，LSI 不斷解決使用者在大數據方面的技術難點。

【案例解析】：不可否認我們已經身處大數據洪流中，無時無刻地體驗著大數據帶來的價值。面對大數據洪流，資料中心的變革已經迫在眉睫，資料中心的基石 IT 基礎架構也需要轉變。

面對大數據「多元、高速、大量」三個特點，以及未來基礎設施足夠的規模及經濟性，這些因素推動行動計算的架構向資料流架構的轉換。為了順應這種變化，本案例中的 LSI 必須有智慧的晶片解決方案，例如快閃記憶體、可共享的 DAS 架構以及異構的多核處理器，為邁進全新的資料中心時代做好全面的準備。

CH04　掌握：資料管理與探勘

學前提示

在大數據的帶動下，企業對於資料分析與檢索軟體，以及企業資料管理軟體的需求將會逐漸增溫，並需要專門設計的硬體和軟體工具來處理這些大數據。本章主要介紹大數據管理系統、資料探勘技術和流程，以及相應的應用案例。

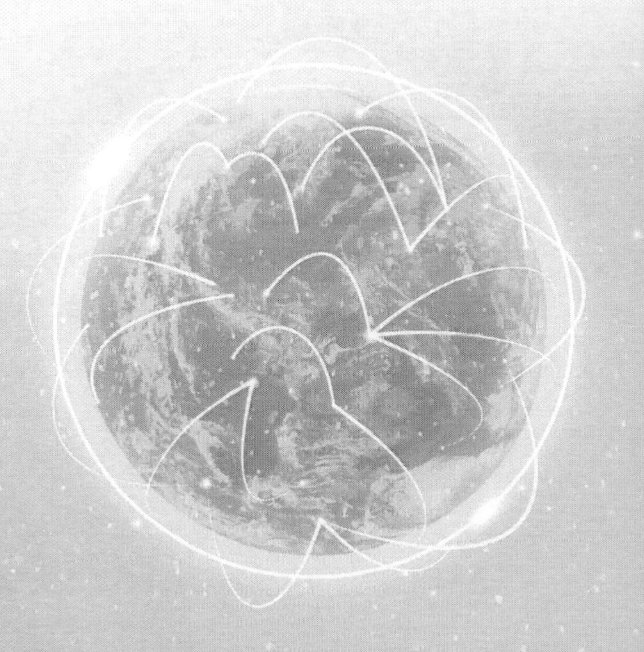

4.1 管理資料，解析開源框架 Hadoop

Hadoop 是一種分析技術，也稱「大數據」技術，其可快速收集、傳播和分析大量資料。目前，該技術已被廣泛用於 Google、Yahoo、Facebook、eBay、LinkedIn、Zynga 等網路服務。

4.1.1 Hadoop 的主要特點

Hadoop 是一個由 Apache 基金會開發的分散式系統基礎架構，使用者可以在不了解分散式底層細節的情況下，使用它來開發分散式程式，並充分利用叢集的威力進行高速運算和儲存。簡而言之，Hadoop 就是一個可以更容易開發和運行處理大規模資料的軟體平臺。

Hadoop 的主要特點如下：

· 可靠性（Reliable）。Hadoop 能自動地維護資料的多份備份，並且在任務失敗後能自動地重新部署（redeploy）計算任務。

· 擴容能力（Scalable）。Hadoop 能可靠地（reliably）儲存和處理千兆位元組（PB）資料。

· 高效率（Efficient）。透過分發資料，Hadoop 可以在資料所在的節點上平行地（parallel）處理它們，這使得處理非常快速。

· 成本低（Economical）。可以透過普通機器組成的伺服器群來分發以及處理資料。另外，這些伺服器群總計可達數千個節點。

專家提醒

Hadoop Distributed File System，簡稱 HDFS，是一個分散式文件系統。HDFS 有著高容錯性（fault-tolerent）的特點，並且設計用來部署在低廉的（low-cost）硬體上。而且它提供高傳輸率（high throughput）來訪問應用程式的資料，適合那些有著超大數據集（large data set）的應用程式。HDFS 放寬了（relax）POSIX 的要求（requirements），這樣可以流的形式訪問（streaming access）文件系統中的資料。

4.1.2 Hadoop 的發展歷史

Hadoop 的源頭是 Apache Nutch，該專案始於 2002 年，是 Apache Lucene 的子專案之一。Lucene 是一個功能全面的文本索引和查詢庫，開發者可以使用 Lucene 引擎方便地在文檔上增加搜尋功能。例如，桌面搜尋、企業搜尋以及許多領域特定的搜尋引擎使用的都是 Lucene。

Lucene、Nutch 和 Hadoop 這 3 個專案都是由 Doug Cutting 所創立的，每個專案在邏輯上都是前一個專案的演進。Doug Cutting 起初的目標是從頭開始構建一個網路搜尋引擎，這樣不但要編寫一個複雜的、能夠抓取和索引網站的軟體，還需要面臨沒有專有運行團隊支援運行它的挑戰，因為它有很多的獨立部件。Doug Cutting 意識到，他們的架構將無法擴展到擁有數十億網頁的網路。

在 2004 年左右，Google 發表了兩篇論文來論述 Google 文件系統（GFS）和 MapReduce 框架。Google 聲稱使用了這兩項技術來擴展自己的搜尋系統。具體而言，GFS 會省掉管理所花的時間，如管理儲存節點。

Doug Cutting 立即看到了這些技術可以適用於 Nutch，接著他的團隊實現了一個新的框架，將 Nutch 移植上去，即 Nutch 的分散式文件系統（NDFS）。這種新的技術馬上提升了 Nutch 的可擴展性，它開始能夠處理幾億個網頁，並能夠運行在幾十個節點的叢集上。Doug Cutting 認識到設計一個專門的專案可以充實兩種網路擴展所需的技術，於是就有了 Hadoop。

2006 年 1 月，Doug Cutting 加入雅虎（Yahoo），雅虎為他提供一個專門的團隊和資源，準備將 Hadoop 發展成一個可在網路上運行的系統。兩年後，Hadoop 成為 Apache 的頂級專案。

2008 年 2 月，雅虎宣布其索引網頁的生產系統採用了在 10,000 多個核的 Linux 叢集上運行的 Hadoop。此時，Hadoop 才真正達到了萬維網的規模。透過這次機會，Hadoop 成功地被雅虎之外的很多公司應用，如 Last.fm、Facebook 和《紐約時報》。

Hadoop 這個名字不是一個縮寫，它是一個虛構的名字。為軟體專案命名時，Doug Cutting 似乎總會得到家人的啟發。Lucene 是他妻子的中間名，也是她外祖母的名字。

他的兒子在咿呀學語時，總把所有用於吃飯的詞叫成 Nutch，後來兒子又把一個黃色大象毛絨玩具叫做 Hadoop。Doug Cutting 說：「我的命名標準就是簡短，容易發音和拼寫，沒有太多的意義，並且不會被用於別處。所以，我嘗試生活中以前沒有人用過的各種詞彙，而孩子們很擅長創造單詞。」

4.1.3 Hadoop 的主要用途

得益於市場的宣傳，企業使用者對於「大數據」這一概念的接受程度越來越高，作為一個較為廉價並且開源的大數據解決方案 —— Hadoop，也越來越受到使用者的關注。

那麼，選用 Hadoop 系統能夠為我們帶來什麼作用呢？

首先，Hadoop 的方便和簡單讓其在編寫和運行大型分散式程式方面占盡優勢。Hadoop 採用分散式儲存方式來提高資料讀寫速度和擴大儲存容量；採用 MapReduce 整合分散式文件系統上的資料，保證高速分析處理資料；與此同時還採用儲存冗餘資料來保證資料的安全性。

即使是在校的大學生也可以快速、廉價地建立自己的 Hadoop 叢集。另一方面，它的健壯性和可擴展性又使它勝任雅虎和 Facebook 最嚴苛的工作。這些特性使 Hadoop 在學術界和工業界都大受歡迎。如圖 4-1 所示為 Hadoop 的主要用途。

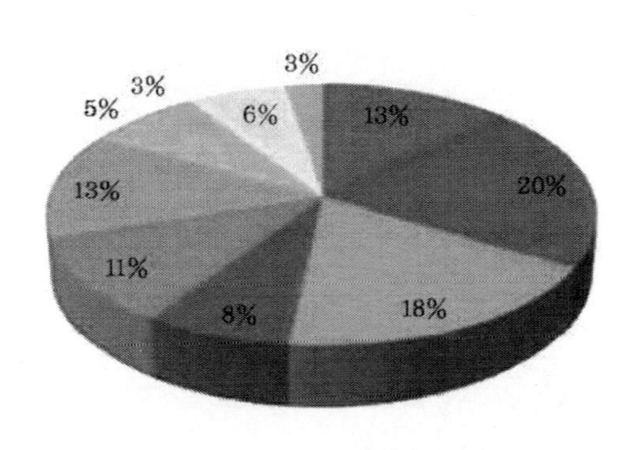

圖 4-1：Hadoop 的主要用途

專家提醒

Hadoop 中的 HDFS 具有高容錯性，並且是基於 Java 語言開發的，這使得 Hadoop 可以部署在低廉的電腦叢集中，同時不限於某個操作系統。Hadoop 中 IIDFS 的資料管理能力、MapReduce 處理任務時的高效率以及它的開源特性，使其在同類分散式系統中大放異彩，並在眾多行業和科學研究領域中被廣泛應用。

4.1.4 IIadoop 的專案結構

近幾年分散式系統的發展越來越快，而 Hadoop 整套專案也造成了推波助瀾的作用，而且 Hadoop 已經發展成為包含很多專案的集合。

Hadoop 專案包括 3 部分：Hadoop Distributed File System（HDFS，分散式文件系統）、Hadoop MapReduce 模型和 Hadoop Common。雖然其核心內容是 MapReduce 和 Hadoop 分散式文件系統，但與 Hadoop 相關的 Common、Avro、Chukwa、Hive、HBase 等專案也是不可或缺的。它們提供了互補性服務或在核心層上提供了更高層的服務。Hadoop 的專案結構如圖 4-2 所示。

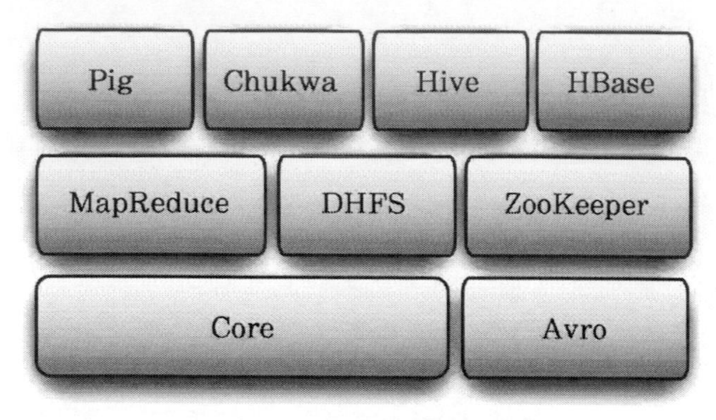

圖 4-2: Hadoop 的專案結構

下面對 Hadoop 的各個關聯專案進行更詳細的介紹。

- **Pig**：一種編程語言，它簡化了 Hadoop 常見的工作任務。Pig 可加載資料、表達轉換資料以及儲存最終結果。
- **Chukwa**：Chukwa 是一個開源的用於監控大型分散式系統的資料收集系統，其可以用於監控大規模（2000 ＋以上的節點，每天產生資料量在 TB 級別）Hadoop 叢集的整體運行情況並對它們的日誌進行分析。Chukwa 是構建在 Hadoop 的 HDFS 和 MapReduce 框架之上的，繼承了 Hadoop 的可伸縮性和魯棒性。Chukwa 還包含了一個強大和靈活的工具集，可用於展示、監控和分析已收集的資料。
- **Hive**：Hive 是基於 Hadoop 的一個資料倉儲工具，可以將結構化的資料文件映射為一張資料庫表，並提供簡單的 SQL 查詢功能，其可以將 SQL 語句轉換為 Map Reduce 任務進行運行。Hive 的優點是學習成本低，可以透過類 SQL 語句快速實現簡單的 MapReduce 統計，不必開發專門的 MapReduce 應用，十分適合資料倉儲的統計分析。
- **HBase**：HBase 是一個分散式的、面向列的開源資料庫，類似 Google BigTable 的分散式 NoSQL 列資料庫。HBase 不同於一般的關係資料庫，它是一個適合於非結構化資料儲存的資料庫。
- **MapReduce**：MapReduce 是一種編程模型，用於大規模資料集（大於 1TB）的平行運算。MapReduce 極大地方便了編程人員的工作，即使在不了解分散式平行編程的情況下，也可以將自己的程式運行在分散式系統上。MapReduce 在執行時先指定一個 Map（映射）函數，其把輸入鍵值對映射成一組新的鍵值對，經過一定處理後交給 Reduce（化簡），Reduce 對相同 key 下的所有 value 進行處理後再輸出鍵值對作為最終的結果。

- **HDFS**：HDFS 是一個分散式文件系統。HDFS 原本是開源的 Apache 專案 Nutch 的基礎結構，最後它卻成為了 Hadoop 基礎架構之一。HDFS 放寬了對可移植操作系統介面（Portable Operating System Interface, POSIX）的要求，這樣可以實現以流的形式訪問文件系統中的資料。
- **ZooKeeper**：ZooKeeper 是一個針對大型分散式系統的可靠協調系統，提供的功能有配置維護、名字服務、分散式同步、組服務等。ZooKeeper 的目標就是封裝好複雜易出錯的關鍵服務，將簡單易用的介面和性能高效、功能穩定的系統提供給使用者，提供類似 Goole Chubby（分散式鎖服務）的功能。
- Core（酷睿）：酷睿是一款由英特爾設計的節能新型微架構，設計的出發點是提供卓然出眾的性能和能效，提高每瓦特性能，也就是所謂的能效比。
- **Avro**：Avro 是用於資料序列化的系統，其提供了豐富的資料結構類型、快速可壓縮的二進制資料格式、儲存持久性資料的文件集、遠端調用 RPC 的功能和簡單的動態語言整合功能。其中代碼生成器既不需要讀寫文件資料，也不需要使用或實現 RPC 協議，它只是一個可選的對靜態類型語言的實現。

專家提醒

Common 是為 Hadoop 其他子專案提供支援的常用工具，它主要包括 FileSystem、RPC 和串行化庫。它們為在廉價硬體上搭建雲端運算環境提供基本的服務，並且會為運行在該平臺上的軟體開發提供所需的 API。在 Hadoop 0.20 及以前的版本中，包含 HDFS、MapReduce 和其他專案公共內容，從 0.21 開始 HDFS 和 MapReduce 被分離為獨立的子專案，其餘內容為 Hadoop Common。

4.1.5 Hadoop 的體系結構

Hadoop 的整個體系結構主要是透過 HDFS 來實現對分散式儲存的底層支援，並且透過 MapReduce 來實現對分散式平行任務處理的程式支援。可以說，HDFS 和 MapReduce 是 Hadoop 的兩大核心體系結構。

1．HDFS 的體系結構

HDFS 是一個主從結構（Master/Slave）模型，一個 HDFS 叢集是由一個 NameNode 和若干個 DataNode 組成的。如圖 4-3 所示為 HDFS 的體系結構。

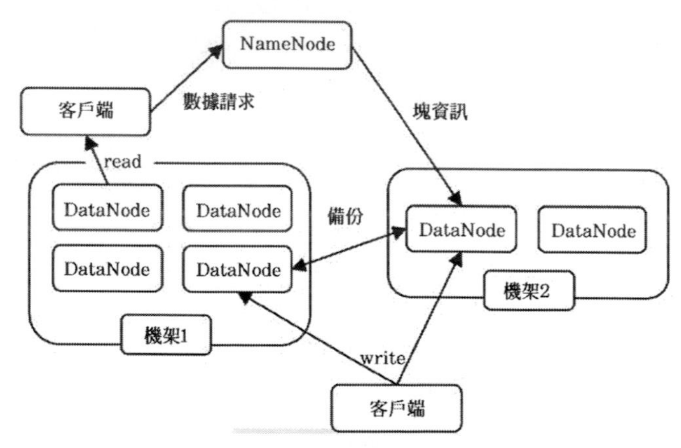

圖 4-3：HDFS 的體系結構

- NameNode（名稱節點）：NameNode 作為主伺服器，管理文件系統的命名空間和客戶端對文件的訪問操作。
- DataNode（資料節點）：叢集中的 DataNode 管理儲存的資料。HDFS 允許使用者以文件的形式儲存資料，從內部來看，文件被分成若干個資料塊，而且這若干個資料塊存放在一組 DataNode 上。

NameNode 執行文件系統的命名空間操作，例如，打開、關閉、重命名文件或目錄等，它也負責資料塊到具體 DataNode 的映射。DataNode 負責處理文件系統客戶端的文件讀寫請求，並在 NameNode 的統一調度下進行資料塊的創建、刪除和複製工作。

2．MapReduce 的體系結構

MapReduce 是一種平行編程模式，這種模式使得軟體開發者可以輕鬆地編寫出分散式平行程式。MapReduce 框架是由一個單獨運行在主節點上的 Job Tracker 和運行在每個叢集從節點上的 Task Tracker 共同組成的。當一個 Job 被提交時，Job Tracker 接收到提交作業和其配置資訊之後，就會將配置資訊等分發給從節點，同時調度任務並監控 Task Tracker 的執行。

很多人也許看不明白，下面筆者舉個簡單的例子來說明 MapReduce 結構的作用。

假設你是幼兒園的老師，帶著一群小朋友做一個加減乘除的遊戲，你給每一個小朋友出一道題目，然後讓他算好後給你報告答案，你再給他出一道題目，週而復始如此做。如果只有十幾個小朋友在算，相信你可以輕鬆應付；如果上了一百個小朋友，估計每個人都會爭著表現，叫嚷著讓你出題，這時你肯定會感到不堪重負。

面對這樣的場景，我們通常的經驗是「再拽的算法也難以抵擋大量的資料或任務」。

因此，應對方法主要還是增加資源，其次才是優化算法，而且兩者可並行。即小朋友在增加的同時，我們也相應地增加老師的數量，透過這樣的途徑來緩解每個老師的壓力。

與這種場景類似，MapReduce 結構也面臨類似的問題。越來越多的 Task Tracker（小朋友）會讓有限的 Job Tracker（老師）很有壓力，以至於 Task Tracker 有很多時，Job Tracker 不能及時響應請求，很多 Task Tracker 就讓資源空閒著，等待 Job Tracker 的 response（響應）。因此，如何優化 MapReduce 結構，也是各個大數據分析平臺急需解決的難題。

總之，HDFS 和 MapReduce 共同組成了 Hadoop 分散式系統體系結構的核心。HDFS 在叢集上實現了分散式文件系統，MapReduce 在叢集上實現了分散式運算和任務處理。

HDFS 在 MapReduce 任務處理過程中提供了對文件操作和儲存等的支援，MapReduce 在 HDFS 的基礎上實現了任務的分發、跟蹤、執行等工作，並收集結果，二者相互作用，完成了 Hadoop 分散式叢集的主要任務。

4.2 探勘資料，大數據如何去蕪存菁

資料探勘（Data Mining）是資料庫知識發現（Knowledge-Discovery in Databases, KDD）中的一個重要步驟。資料探勘一般是指從大量的資料中透過算法搜尋隱藏於其中資訊的過程。資料探勘是透過分析每個資料，從大量資料中尋找其規律的技術，其一般流程如圖 4-4 所示。

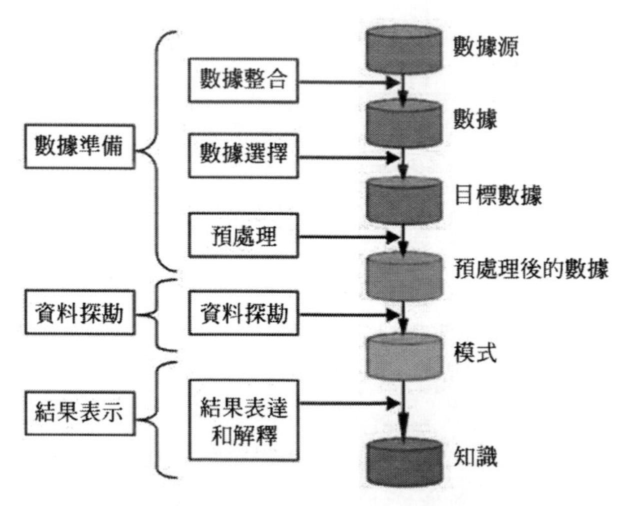

圖 4-4: 資料探勘的一般流程

4.2.1 準備資料

資料準備是指從相關的資料源中選取所需的資料並整合成用於資料探勘的資料集，如表 4-1 所示。

表 4-1：準備資料的流程

準備步驟	具體內容
第一步：選擇資料	探索所有與業務對象有關的內部和外部資料資訊，必從中選擇出用於資料探勘的資料
第二步：預處理資料	研究資料的品質，未進一步的分析做準備，並確定將要進行的探勘操作的類型
第三步：轉換資料	將資料轉換成分析模型，這個分析模型是針對探勘演算法建立的。建立一個真正適合探勘演算法的分析模型是資料探勘成功的關鍵

4.2.2 探勘過程

資料的探勘過程是指對所得到的經過轉換的資料進行探勘，其一般流程如表 4-2 所示。

表 4-2：資料探勘的流程

探勘步驟	具體內容
第一步：建模 (Modeling)	在這個階段，可以選擇和使用不同的模型技術，模型參數被調整到最佳的數值。一般情況下，有些技術可以解決同一類的資料探勘問題。有些技術在資料形成上有特殊要求，因使需要經常跳回資料準備階段
第二步：評估 (Evaluation)	到專案的這個階段，你已經從資料分析的角度建立了一個高品質的模型。在最後部署模型之前，重要的事情是徹底地評估模型，檢查構造模型的步驟，確保模型可以完成業務目標。這個階段的關鍵是確定是否有重要業務問題沒有被充分地考慮。在這個階段結束後，必須達成一個使用資料探勘結果的決定
第三步：部署 (Deployment)	通常，模型的創見步是專案的結束。模型的作用是從資料中找到知識，獲得的知識需要重新組織和展現，便於使用者使用。根據需求，這個階段可以產生簡單的報告，或是實現一個比較複雜的、可重複的資料探勘過程。在很多案例中，這個階段是由客戶而不是資料分析人員承擔部屬的工作

專家提醒

在客戶生命週期的過程中，各個不同的階段包含了許多重要的事件。資料探勘技術可以應用於客戶生命週期的各個階段以提高企業客戶關係管理能力，包括爭取新的客戶，讓已有的客戶創造更多的利潤，保持住有價值的客戶等。

4.2.3 結果表示

結果表示是指根據客戶的決策要求，對探勘出的資訊進行分析，抽取出最有價值的部分，透過決策支援工具提交給決策者。結果表示的一般流程如表 4-3 所示。

表 4-3：結果表示的流程

探勘步驟	具體內容
第一步: 結果分析	解釋並評估結果，其使用的分析方法一般應視資料探勘操作而定，通常會用到視覺化技術，如圖 4-5 所示
第二步： 知識的同化	將分析所得的知識整合到業務資訊系統的組織結構中

在資料探勘中發現的知識可直接用於指導 OLAP 的分析處理，而 OLAP 分析得到的新知識也可以直接補充到系統的知識庫中。為增強資料探勘的效率，可以將粗糙集（Rough Sets）理論與神經網路、遺傳算法、模糊數學、決策樹等方法相結合。一般情況下，粗糙集理論用於產生確定規則，神經網路用於產生非確定規則，粗糙集理論的使用提高了系統的運算速度，同時神經網路則使產生的規則集泛化能力提高。

大數據是一種具有隱藏法則的「人造自然系統」，尋找大數據的科學模式將帶來對研究大數據之美的一般性方法的探究，儘管這樣的探索十分困難，但是如果我們找到了將非結構化、半結構化資料轉化成結構化資料的方法，已知的資料探勘方法將成為大數據探勘的工具。

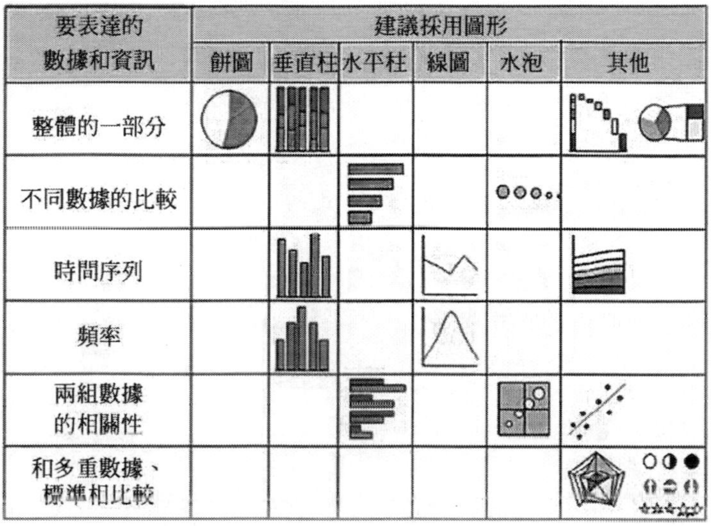

要表達的數據和資訊	建議採用圖形					
	餅圖	垂直柱	水平柱	線圖	水泡	其他
整體的一部分						
不同數據的比較						
時間序列						
頻率						
兩組數據的相關性						
和多重數據、標準相比較						

圖 4-5：視覺化的展現

專家提醒

隨著企業資訊化水平的不斷提高，採用基於資料倉儲的決策支援系統，能增強管理者的決策能力，獲取更好的管理效果和企業競爭優勢。

資料探勘對企業來說究竟有何意義，不妨先看看以下幾個事件。

- **事件 1**：當你在網路搜尋一條飛往臺北的航班資訊時，同時看到網站上出現了臺北晶華酒店的打折資訊。
- **事件 2**：你正在觀賞的一部電影，採用了以幾十萬 GB 資料為基礎的電腦圖形影像技術。
- **事件 3**：被經常光顧的商店在對顧客行為進行資料探勘的基礎上可獲取最大化的利潤。
- **事件 4**：用算法預測人們購票需求，航空公司以不可預知的方式調整價格。
- **事件 5**：智慧手機的 APP 應用識別到你的位置，因此你會收到附近餐廳的服務資訊。

這些都是對大量資料進行探勘分析的結果。筆者覺得一個資料庫只要有幾十萬條以上的記錄，就有資料探勘的價值。本節主要介紹大數據管理與探勘的應用案例，希望對你有一定的啟發和學習價值。

4.3.1 【案例】用資料探勘篩查高危病人

通常情況下，醫生會透過一系列檢查來確定人們的健康情況。然而，麻省理工學院的研究者約翰· 古塔格（John Guttag）和柯林· 史塔茲（Collin Stultz）創建了一個電腦模型來分析心臟病患者被棄用的心電圖資料，如圖 4-6 所示。

圖 4-6：約翰· 古塔格（John Guttag）和柯林· 史塔茲（Collin Stultz）

他們利用資料探勘和機器學習的方法在大量的資料中篩選，發現心電圖中出現三類異常者一年內死於第二次心臟病發作的機率比未出現者高一至二倍。這種新方法能夠識別出更多的、無法透過現有的風險篩查技術來探查的高危病人。

【案例解析】：如何應對「大數據」，是擺在醫院 IT 部門面前的一個「大考驗」。如果處理不好，「大數據」就會成為「大包袱」、「大問題」；反之，如果應用得當，「大數據」則會為醫院帶來「大價值」。而這一切，都離不開科學地規劃和部署儲存架構。

當每個老百姓都可以隨時管理、查詢自己的健康醫療資料時，而且這樣的資料將不侷限於體檢結果、就診記錄，還可以衍生到你的基因資料，你的日常健康行為監測資料，醫療大數據的價值才能真正發揮，人類對自身的認識也將上一個新的臺階。

4.3.2 【案例】資料探勘助力 NBA 賽事

美國著名的國家籃球隊 NBA 的教練，利用 IBM 公司提供的資料探勘工具臨場決定替換隊員。想像你是 NBA 的教練，你靠什麼帶領你的球隊取得勝利呢？當然，最容易想到的是全場緊逼、交叉掩護和快速搶斷等具體的戰術和技術。

如今，資料探勘成了 NBA 教練們的新式武器。據悉，大約 20 個 NBA 球隊使用了 IBM 公司開發的資料探勘應用軟體 Advanced Scout 來優化他們的戰術組合。Advanced Scout 是一個資料分析工具，教練可以用可攜式電腦在家裡或在路上探勘儲存在 NBA 中心的伺服器上的資料。每一場比賽的事件都被統計分類，如得分、助攻、失誤等。因為有時間標記，教練可非常容易地透過搜尋 NBA 比賽的錄影來理解統計發現的含義。

例如，魔術隊利用 Advanced Scout 系統分析顯示：先發陣容中的兩個後衛安芬利· 哈德威（Anfernee Hardaway）和布萊恩· 蕭（Brian Shaw）在前兩場中被評為 -17 分，這意味著他倆在場上，本隊輸掉的分數比得到的分數多 17 分。然而，當哈德威與替補後衛達雷爾· 阿姆斯壯（Darrell Armstrong）組合時，魔術隊得分為 +14 分。因此，魔術隊在下一場比賽中特意增加了阿姆斯壯的上場時間。

結果顯而易見，阿姆斯壯得了 21 分，哈德威得了 42 分，魔術隊以 88 比 79 獲勝。因此，魔術隊在第四場繼續讓阿姆斯壯先發，再一次打敗了熱隊。在第五場比賽中，這個靠資料探勘支援的陣容沒能拖住熱隊，但 Advanced Scout 畢竟幫助了魔術隊贏得了打滿 5 場，直到最後才決出勝負的機會。

另外，教練們透過 Advanced Scout 系統，可以在對方球員與自己的隊員在「頭碰頭」的瞬間分解雙方接觸的動作，進而設計合理的防守策略。

【案例解析】：Advanced Scout 的開發人員布罕德瑞表示：「教練們可以完全沒有統計學的培訓經歷，但他們可以利用資料探勘制定策略」。開發者還可以繼續開發出與 Advanced Scout 相似的資料探勘應用，增加其功能，可以讓教練、廣播員、新聞記者及球迷探勘其他資料統計。

專家提醒

需要注意的是，所有電腦系統都有其侷限性，因此你不要期望這樣的資料探勘可以幫助一支球隊找到贏得足球世界盃的策略。

4.3.3 【案例】用資料探勘控制鮮花庫存

Pro Flowers 是美國著名的鮮花線上預訂網站，有四萬多家連鎖花店提供配送服務。其網站也製作得相當精美，不同主題的鮮花圖片非常地賞心悅目，如圖 4-7 所示。

圖 4-7：Pro Flower 網站首頁

由於鮮花極易枯萎，Pro Flowers 不得不均勻地削減庫存，否則可能導致一種商品過快售罄或庫存鮮花瀕於凋謝。

另外，由於日交易量較高，Pro Flowers 的網站管理人員需要對零售情況進行大量的分析，例如，轉換率，也就是多少頁面瀏覽量將導致銷售產生。例如，如果 100 人中僅有 5 人看到玫瑰時就會購買，而盆景的轉換率則為 100 比 20，那麼不是頁面設計有問題，就是玫瑰的價格有問題。此時，Pro Flowers 就要迅速對網站上的玫瑰價格進行調整。對於可能過快售罄的商品，Pro Flowers 通常不得不在網頁中弱化該商品或取消優惠價格，從而設法減緩該商品的銷售。

過去，這一工作通常由人工來完成，效率極其低下。Pro Flowers 行銷副總裁 Chrisd』Eon 表示：「自己分析資料是浪費時間。我們需要一種瀏覽資料的方式，能夠讓我們即刻採取行動。」

因此，Pro Flowers 採用了 WebSideStory 推出的資料探勘 ASP 服務——HitBox，其可以使企業的計劃者在業務尖峰日也能夠對銷售情況做出迅速反應。WebSideStory 為 700 多家公司提供多種線上訪客頁面點擊的跟蹤服務，每月為公司分析超過 300 億個網頁。採用 HitBox 後，Pro Flowers 的網站管理人員可以借助便於閱讀的視覺化界面來了解銷售資料和轉換率，節省了工作效率。

HitBox 是分析領域的新突破，它將 WebSideStory 專業的、即時的資料收集體系架構與探勘資料的能力整合在一起，結果得到快速反應的、精確到秒的訪問效果，使業務人員大幅提高了線上活動的能力。

作為一種完全託管的 on-demand 服務，HitBox 可即時收集訪問者或客戶的行為資訊，並透過簡便的 Web 瀏覽器界面提供定製資料，這種服務不需要軟硬體投資，可以在數天內實施。

【案例解析】：對於商業型企業來說，透過收集、加工和處理涉及消費者消費行為的大量資訊，確定特定消費群體或個體的興趣、消費習慣、消費傾向和消費需求，進而推斷出相應消費群體或個體下一步的消費行為，然後以此為基礎，對所識別出來的消費群體進行特定內容的定向行銷，這與傳統的不區分消費者對象特徵的大規模行銷手段相比，大大節省了行銷成本，提高了行銷效果，從而為企業帶來更多的利潤。

4.3.4 【案例】探勘人類頭腦裡的大數據

人類連接組專案（Human Connectome Project）是美國國立衛生院 NIH 2009 年開始資助的一個 5 年專案，不同的幾個大學 / 研究所分成兩組進行。第一組由聖路易斯華盛頓大學（Washington University in Saint Louis）為首，預計投資 3000 萬美元。另一組由哈佛大學、麻省總醫院以及 UCLA（University of California，Los Angeles，加利福尼亞大學洛杉磯分校）組成，預計投資 850 萬美元。

人類連接組專案旨在透過掃描 1200 名健康成年人的大腦，比較他們大腦各區域神經連接的不同以及如何由此導致認知和行為方面的個體差異，最終描繪出人類大腦的所有神經連接情況。2012 年 12 月 21 日出版的美國《科學》雜誌將人類連接組計劃列為 2013 年六大值得關注的科學領域之一。

據悉，人類連接組專案使用 3 種磁共振造影觀察腦的結構、功能和連接。根據聖路易斯華盛頓大學的連接組專案辦事處的資訊學主任丹尼爾·馬庫斯（Daniel Marcus）的預期，資料收集工作完成之時，連接組研究人員將埋首於大約 100 萬 GB 資料中工作。

一旦繪製出精細的大腦結構、功能圖，就可以進一步研究神經環路的構造，大腦隨發育、年齡增長的變化，大腦的網路屬性，神經 / 精神疾病的根源；還可以研究出大腦多大程度上由基因決定，以及不同的大腦功能 / 結構和行為的關係，從而給其他所有的類似研究提供最完美的「金標準」對照。

如圖 4-8 所示，為 20 名健康人受試者處於休息狀態下接受核磁共振掃描，得到的大腦皮層不同區域間新陳代謝活動的關聯關係，並用不同的顏色表現出來。

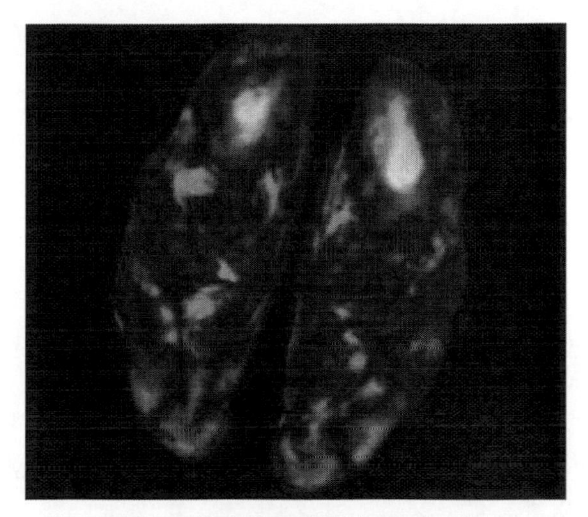

圖 4-8：核磁共振掃描出的人類大腦

馬庫斯說：「我們將擁有 1200 個人的資料，因此我們可以觀察到個體之間腦區分布的差別，以及腦區之間是如何關聯的。」

專家提醒

除了連接組，人類的身體裡面還有很多充滿資料的「組」。

- **基因組**：由 DNA 編碼的全部基因資訊，或者由 RNA（核糖核酸）編碼的（例如病毒）全部基因資訊。
- **轉錄組**：由一個有機體的 DNA 產生的全套 RNA「讀數」。
- **蛋白質組**：所有可以用基因表達的蛋白質。
- **代謝組**：一個有機體在新陳代謝過程中的所有小分子，包括中間產物和最終產物。

【案例解析】：意識從何而來？思維和智慧是如何出現的？這些終極問題都蘊藏在人類的大腦裡面。人腦是終極的電腦器，也是終極的大數據困境，因為在獨立的神經元之間有無數可能的連接。

人類連接組專案是一項雄心勃勃的試圖繪製出不同腦區之間相互作用的計劃，是一項對大腦進行的逆向工程研究，目的是充分探勘大腦裡的有效資料，借此明白「大腦」

是怎麼被建造的，而後就可以再建模擬的「大腦」，從而真正地實現人造智慧。

4.3.5 【案例】資料探勘助力銀行的行銷

蒙特婁銀行（Bank of Montreal）是根據加拿大《國會法》於 1817 年 11 月 3 日建立的，是加拿大歷史最悠久的銀行，也是加拿大的第三大銀行，至今已有 180 多年的歷史。

20 世紀 90 年代中期，行業競爭的加劇導致蒙特婁銀行需要透過「交叉銷售」來鎖定 1800 萬客戶。「交叉銷售」是指借助 CRM（客戶關係管理），發現顧客的多種需求，並透過滿足其需求而銷售多種相關服務或產品的一種新興行銷方式。

「交叉銷售」展現了銀行的一個新焦點 —— 客戶，而不是商品。銀行應該認識到客戶需要什麼產品以及如何推銷這些產品，而不是等待人們來排隊購買。然後，銀行需要開發相應商品並進行行銷活動，從而滿足這些需求。

在應用資料探勘之前，銀行的銷售代表必須於晚上 6 點至 9 點在特定地區透過電話向客戶推銷產品。但是，正如每個處於接受端的人所了解的那樣，大多數人在工作結束後對於兜售並不感興趣。因此，在晚餐時間進行電話推銷的反饋率非常低。

為了改變這種不利的局面，銀行開始採用 IBM DB2 Intelligent Miner Scoring 系統，基於銀行帳戶餘額、客戶已擁有的銀行產品以及所處地點和信貸風險等標準來評價記錄檔案，這些評價可用於確定客戶購買某一具體產品的可能性。另外，該系統能夠透過瀏覽器窗口進行查看，這使得管理人員不必分析基礎資料，因此非常適合於非統計專業的人員。

蒙特婁銀行的資料探勘工具為管理人員提供了大量資訊，從而幫助他們對從行銷到產品設計的任何事情進行決策。現在，當進行更具針對性的行銷活動時，銀行能夠區別對待不同的客戶群，以提升產品和服務品質，同時還能制定適當的價格和設計各種獎勵方案，甚至確定利息費用。

【案例解析】：「交叉銷售」的核心是向原有顧客銷售多種相關的產品和服務，但並不是簡單地將顧客還沒有購買的本企業的產品和服務推銷給顧客，而是透過對顧客資料的分析和應用，發現顧客的不同需求並滿足其需求的行銷方式。

企業進行「交叉銷售」首先要分析現有顧客消費行為的資料，進行顧客營利性分析（透過顧客細分對顧客進行營利性分析），使用資料探勘進行交叉規則的提取並鎖定目標顧客，如圖 4-9 所示。

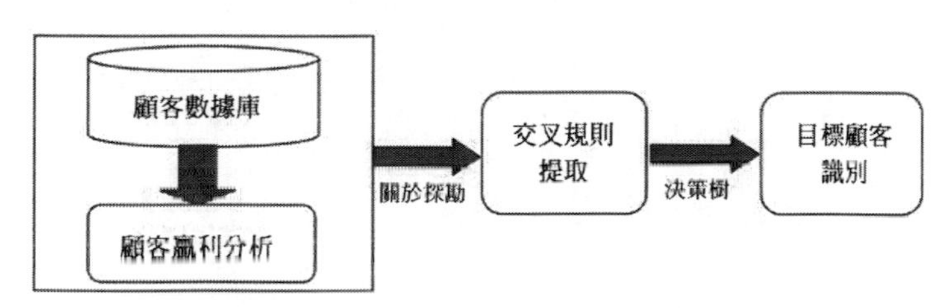

圖 4-9:「交叉銷售」的資料探勘過程

專家提醒

資料探勘技術在企業市場行銷中得到了比較普遍的應用，它是以市場行銷學的市場細分原理為基礎的，其基本假定是「消費者過去的行為是其今後消費傾向的最好說明」。企業透過長期對顧客關係管理工具和資料庫的投資，積累了大量顧客資料。對這些資料的深度探索是企業深入了解和掌握現有顧客群的關鍵，也是實現行銷精細化的基礎。

4.3.6 【案例】星系動物園裡的資料探勘

星系動物園是英國研究機構開展的天文學研究中一次規模最大的普查活動。志願者利用網路的圖片對 100 萬最明亮的「疑似」星系進行識別，分辨出圖中究竟是漩渦星系還是橢圓星系，或者根本就不是星系。

星系動物園計劃上線 5 年以來，已經有超過 65 萬名來自世界各地的天文愛好者參與其中，這些資訊幫助科學家發表了多篇高品質的論文。

如圖 4-10 所示，為星系動物園的志願者們發現的差不多 2,000 個背光星系之一。它被其後方的另一個星系照亮，來自背後的光令前景星系中的塵埃清晰可辨。星際塵埃在恆星的形成中扮演了關鍵的角色，但它本身也是由恆星形成的，因此檢測其數量和位置對於了解星系的歷史至關重要。

圖 4-10: 志願者發現的背光星系

下面筆者帶你體驗一下這個過程：進入 galaxyzoo.org 網站後，註冊一個使用者名並登錄。接受一些簡單培訓後，就可以在網站上逐個識別照片中的星系，如圖 4-11 所示。每個星系照片將由多人反覆識別，以減少差錯。如果志願者對某一星系的識別結果不同，天文學家將做出最後判斷。

星系動物園積累志願者們的龐大數據，使之成為電腦學習分類的理想材料，這種動物園方法在 zooniverse.org 網站上得到了複製和優化。zooniverse.org 是一個運行著大約 20 個專案的機構，這些專案的處理對象包括熱帶氣旋、火星表面和船隻航行日誌上的氣象資料等。

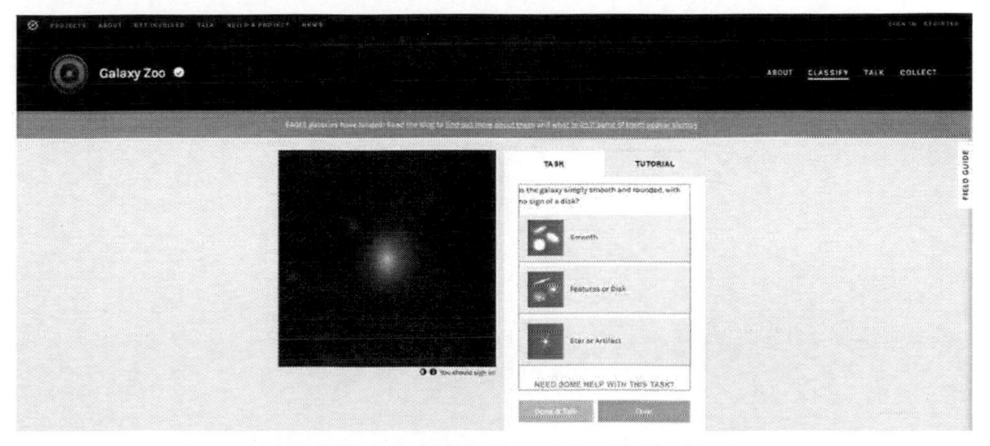

圖 4-11：在 galaxyzoo.org 網站上逐一識別照片中的星系

【案例解析】：人腦相比電腦優勢在於，合理分類的同時不至於剔除掉那些不規則的、怪異的和令人驚奇的形態。星系動物園專案打破了大數據的規矩：它沒有對資料進行大規模的電腦資料探勘，而是把影像交給活躍的志願者，由他們對星系做基礎性的分類。

星系動物園專案依賴統計學、眾多觀察者以及處理、檢查資料的邏輯。假如觀察某個特定星系的人增加時，而認為它是橢圓星系的人數比例保持不變，這個星系就不必再觀察了。如果將來中國天文學研究也有大量資料需要探勘和處理，筆者覺得也可以借鑑這一模式。

CH05　管理：用資料洞察一切

學前提示

對於大數據，不僅要從資料探勘、資料分析的層面去解決「大」的問題，更重要的是如何將探勘與分析的結果直觀呈現出來，轉換為使用者真正需要的有價值的洞察力。本章將結合企業管理和能源管理，釋放一切資料的力量，做到真正的智慧化管理。

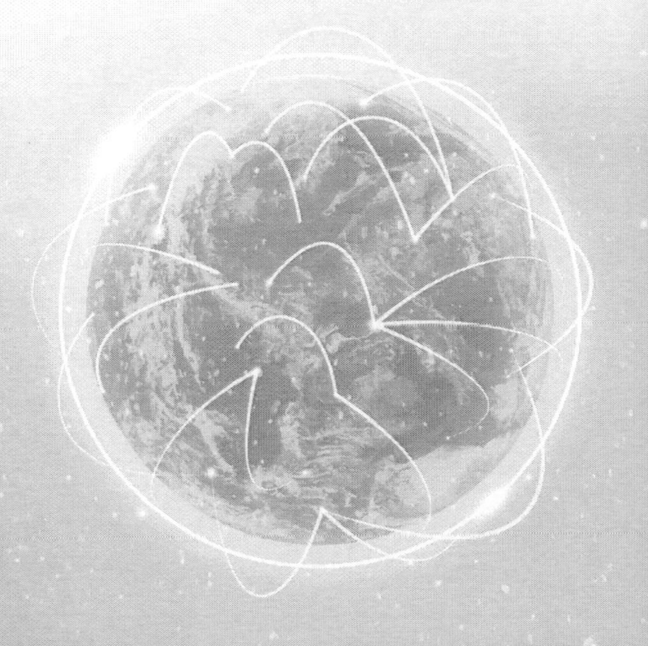

5.1 不能再等，大數據時代的思維變革

「大數據時代」帶來了思維模式、商業模式和資料管理控制方式等方面的重大改變，需要我們樹立新理念，運用「多平臺融合」的資訊處理方法，努力對資訊進行動態和視覺化的呈現。

5.1.1 利用所有的資料

在大數據時代，我們要改變以下 3 個思維：

· 在做資料分析時，不能再僅僅依靠一小部分資料採樣，而要利用所有的資料。

· 面對快速的、多源的、結構複雜的大量資訊，我們一定要樂於接受，要不斷擴大數據的分析量。

· 改變思考問題的方向，應關注事物之間的相關關係，而不再探求難以捉摸的因果關係。

隨著科技的發展，我們可以處理的資料量已經大大地增加，而且未來會越來越多。甚至在某些方面，我們已經擁有了能夠收集和處理更大規模資料的能力。

例如，ZestFinance 是一個利用「機器學習＋大數據分析」為 payday loan 行業（發薪日貸款，類似高利貸的短期高利息借款）提供客戶品質分析的平臺。ZestFinance 平臺與傳統的分析方式不同，其可同時營運多個模型對所有的大量資料進行分析來判斷各種可能性，再加上越來越多的資料來源和種類，然後這些資訊被轉化為幾萬個可對借貸者行為做出測量的指標，如詐騙機率、長期和短期內的信用風險和客戶的償還能力等。

最後，各模型的結果被整合成最終結果，可在幾秒內為使用者提供最可靠的結果。

在數位化時代，資料處理變得更加容易、更加快速，人們能夠在瞬間處理成千上萬的資料。因此，面對過去小資料採樣的思維方式，我們一定要及時轉變過來，要利用所有的資料來思考問題。

5.1.2 充分利用這些資料

在大數據分析尚未被主流接受的時代，有超過三分之一的受訪者表示，他們所在的企業結合大數據，實行了某種形式的先進的分析。在大多數情況下，他們僅僅採用非常簡便的方法，例如資料抽樣。

三百多年前，英國約克大學統計學家約翰· 葛蘭特（John Graunt）採用樣本分析法推算出鼠疫時期倫敦的人口數，這種方法就是後來的統計學。這個方法不需要一個人一個人地計算，可以利用少量有用的樣本資訊來獲取人口的整體資料。

專家提醒

約翰· 葛蘭特首次提出透過大量觀察，可以發現新生兒性別比例具有穩定性以及不同死因的比例等人口規律，如男嬰出生多於女嬰；並且第一次編制了「生命表」，對死亡率與人口壽命作了分析，從而引起了普遍的關注。約翰· 葛蘭特的研究清楚地表明了，統計學作為國家管理工具的重要作用，其他被認為是人口統計學的主要創始人之一。

在收集和分析資料都不容易時，隨機採樣就成為應對資訊採集困難的辦法。透過收集隨機樣本，人們可以用較少的花費做出高精準度的推斷。因此，隨機採樣很快就被應用於公共部門和人口普查，甚至被用來在商業領域監管商品品質。隨機採樣取得了巨大的成功，成為了現代社會、現代測量領域的主心骨。

其實，隨機採樣一直都有較大的漏洞，它只是在不可收集和分析全部資料的情況下的無奈選擇。統計學家們證明，採樣分析的精確性隨著採樣隨機性的增加而大幅提高，但與樣本數量的增加關係不大。筆者認為這種觀點是非常有見地的，為我們開闢了一條收集資訊的新道路。

這就是我們要改變的思維，雖說隨機採樣是一條捷徑，但它也只是一條捷徑。隨機採樣方法並不適用於一切情況，因為這種調查結果缺乏延展性，即調查得出的資料不可以被重新分析以實現計劃之外的目的。如果企業沒有考慮逐步淘汰抽樣調查和其他過去的所謂最佳實踐的「神器」，他們真的是後知後覺了。

5.1.3 大量資料替代採樣

在資訊處理能力受限的時代，世界需要資料分析，卻缺少用來分析所收集資料的工具，因此隨機採樣應運而生，採樣技術（sampling technique）被譽為 20 世紀最偉大的成就之一。採樣技術最通俗的解釋是，從統計調查總體（population）中抽取樣本（sample）進行調查，獲取資料，然後對總體數量特徵作出推斷的技術，其流程如圖 5-1 所示。採樣的目的就是用最少的資料得到最多的資訊。

如今，計算和製表不再像過去一樣困難。感應器、手機導航、網站點擊和 Twitter 被動地收集了大量資料，而電腦可以輕易地對這些資料進行處理。當我們可以獲得大量資料的時候，採樣技術也就隨之失去了它的優勢。

然而，採樣一直有一個被我們廣泛承認卻又總有意避開的缺陷，現在這個缺陷越來越難以忽視了。採樣忽視了細節考察。雖然我們別無選擇，只能利用採樣分析法來進行考察，但是在很多領域，從收集部分資料到收集盡可能多的資料的轉變已經發生了。如果可能的話，我們要收集所有的資料，即將專案的整體數量當作樣本來審核、測試、分析。這樣，我們能對資料進行深度探索，而採樣幾乎無法達到這樣的效果。

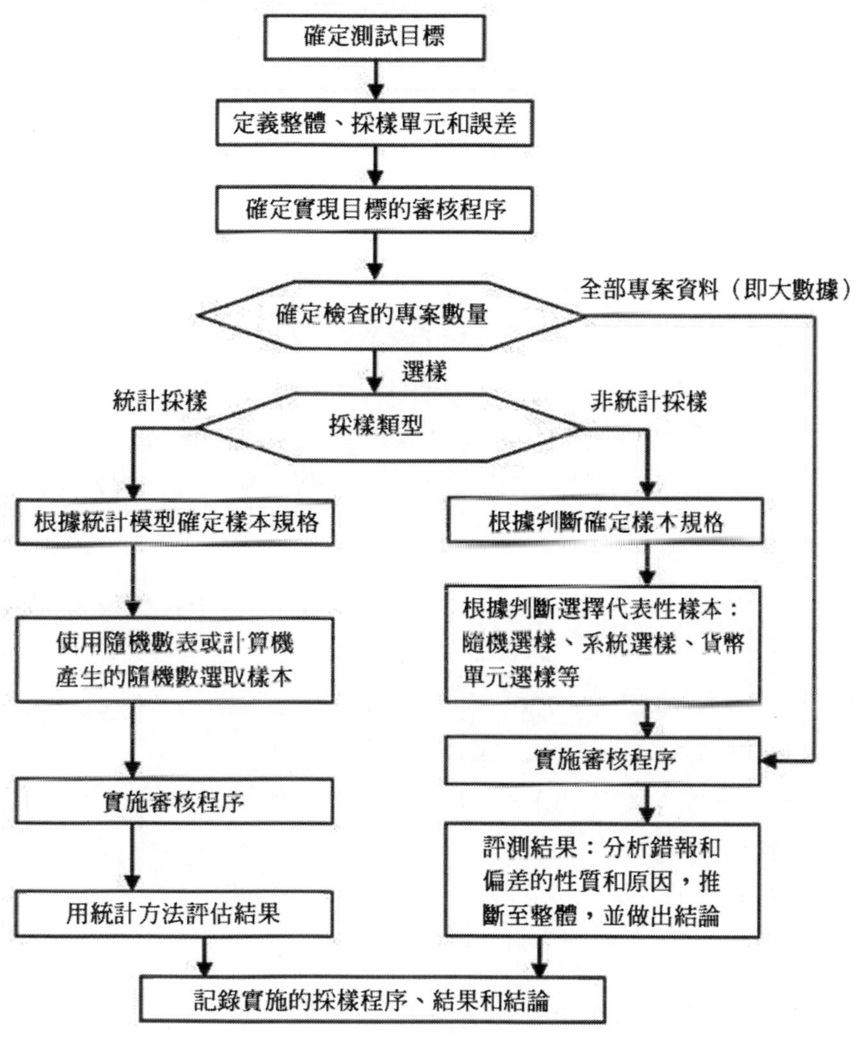

圖 5-1：採樣流程

透過使用所有的資料，我們可以發現如若不然則將會在大量資料中被淹沒掉的資訊。例如，信用卡詐騙是透過觀察異常情況來識別的，只有掌握了所有的資料才能做到這一點。在這種情況下，異常值是最有用的資訊，你可以把它與正常交易情況進行對比。這是一個大數據問題。而且因為交易是即時的，所以你的資料分析也應該是即時的。

隨機採樣只是一個暫時性的資料，隨著你收集的資料越來越多，你的預測結果會越來越準確。資料處理技術已經發生了翻天覆地的改變，但我們的方法和思維卻沒有跟上這種改變。所以，我們現在要儘量放棄樣本分析這條捷徑，選擇收集全面而完整的資料。

專家提醒

當然，想要用大量資料來代替採樣也不是那麼容易的，我們需要足夠的資料處理和儲存能力，也需要最先進的分析技術。同時，簡單廉價的資料收集方法也很重要。過去，這些問題中的任何一個都很棘手。在資源有限的時代，要解決這些問題需要付出很高的代價。但是現在，解決這些難題已經變得簡單了。曾經只有大公司才能做到的事情，現在絕大部分的公司都可以做到了。

5.2 知已知彼，資料分析的演變與現狀

以往的資料分析主要停留在結構化資料探勘的階段，例如行動、金融等企業內部的資訊收集。目前，隨著大量非結構化資料的產生，例如人的行為、富媒體、氣候變化等內容，已經對業界提出嶄新的挑戰，一切事物都可以用大數據來分析。

5.2.1 大數據分析的商業驅動力

資料的應用與價值由來已久，隨著網際網路時代的發展，資料的開放為創新和價值生產的繁盛提供了一個平臺，為商業不斷打開了新的大門。新的商業模式、形態、傳播該如何更好地利用資料，相信大家都仍在摸著石頭過河。

因此，為了實現新的成本節省和增長計劃，大量企業和機構在商業智慧方案上投入重金，深入探勘電子錶格和各種不同系統（遺留系統、內部孤島、客戶關係、供應商、合作夥伴等）中的資料，以期獲得接近即時的可操作分析結果（包括歷史分析和未來預測）。

任何企業只要擁有正確的資料資訊，就能較為精確地了解受眾，知曉受眾如何與你進行互動，知曉他們對於你的品牌有怎樣的期待與回應。同時，資料還能幫助你更好地與受眾進行針對性的互動與回應。因此，筆者認為，資料的關鍵價值在於其有效性。它能在定義受眾市場、接觸受眾、與受眾溝通等各階段給予你有效的指引，並最終助推你的銷售。

隨著企業管理走向「資訊驅動」，商業智慧將成為企業資訊計劃的核心。大數據市場在未來五年將保持 58% 的驚人複合增長速度，會帶來一場新的工業革命，如表 5-1 所示，而作為與大數據相關的商業智慧平臺和應用也將受益。

表 5-1：大數據分析帶來新的工業革命

進程	第一次工業革命	第二次工業革命	第三次工業革命
時間	1760 年代～ 1840 年代	1870 年代～ 20 世紀初	21 世紀
能源	蒸氣	電力	計算
材料	金屬	化學	資料
工藝	機器製造	精密儀器	分析論證
特徵	規模化	自動化	個性化

5.2.2 大數據分析環境的演變

「大數據」這個概念從 2008 年 9 月正式提出以來已經發展了 5 年多了，2012 年是大數據發展最快的時期，主要原因是，在 IBM 等多方廠商及政府的共同努力下，才使得「大數據」在中國變成一個流行概念。大數據分析的環境演變過程如表 5-2 所示。

表 5-2：大數據分析環境的演變過程

分析環境	大數據分析 1.0	大數據分析 2.0	大數據分析 3.0
資料來源	自身業務需求產生大量資料	收集與目標業務直接或間接關聯的大量異質資料	對資料源的品質、價值、權益、隱私、安全等產生充分認識，推出量化與保障措施

分析論證	利用這些資料，通過深入的分析和論證，優化相關業務	建立複雜的分析和預測模型，產生針對目標業務的輸出	資料營運商出現，資料市場形成，資料產品豐富，資料客（Dacker）活耀，促使分析論證方法進一步完善
資料價值	用資料指導決策	資料即決策	學術團體、企業和政府透過大量異質資料和資料產品產生科學、社會、經濟等方面的新價值
應用案例	沃爾瑪、亞馬遜	Google Flu Trends（流感趨勢）、Zest Finance、Google Powermeter（用電偵測軟體）	大數據實驗室（Big Data Lab）

1．大數據分析 1.0 —— 商業智慧時代

在大數據分析 1.0 時代，資料管理已經有了實質性的發展，其能夠客觀分析和深入理解重要的商業現象，並且幫助管理者基於客觀事實決策，而不是僅憑直覺。在商業實踐中，生產流程、銷售、客戶互動乃至更多的資料，第一次被存錄、整合和分析。

大數據分析 1.0 時代具有以下特點。

- **建立企業級資料倉儲**：最初，大公司憑藉其雄厚資本可以定製資料系統；隨後資料系統很快被商業化，可以由外部供應商以更通用的方式提供給更多公司。這就是企業級資料倉儲的時代，系統可以捕捉資料，然後利用軟體進行商業智慧分析，最後可以進行資料查詢和結果交付。
- **資料管理出現新問題**：體量相對較小、流轉速度較低時，資料組可以在資料倉儲中分別儲存並用於分析。但是，在資料倉儲中進行資料準備和排序依然是一個難題。資料分析師往往要花大量的時間用在準備資料上，只剩下相對很少的時間用在資料分析上。
- **資料分析的週期過長**：資料分析師只能選擇對幾個非常關鍵的問題進行資料分析，因為分析需要數週甚至數月的時間，其過程艱難且緩慢。
- **大數據無法預測未來**：作為商業智慧最重要的部分 ——「資料匯報系

統」只描述過去所發生的事情，既無法解釋過去，也無法預測未來。

在大數據分析 1.0 時代，人們會把分析視為競爭優勢的來源。但很少有人會使用類似「人才競爭」或「成本競爭」這樣的方式來表述「分析競爭」。因此，企業應及時調整大數據分析的方向，將核心競爭優勢放在更有效的營運基礎上，也就是在關鍵節點上做出更好的決策，從而提高公司業績。

2．大數據分析 2.0 —— 大數據時代

2005 年初，Google、eBay 等矽谷的網際網路公司和社群網路開始大規模儲存和分析新類型資訊，儘管此時還沒有產生「大數據」一詞，但現實情況快速地改變了資料和分析師在企業內的角色。

大數據分析 2.0 時代具有以下特點。

- **資料量明顯增大**：大數據明顯有別於系統內部產生的交易類「小」資料，它們是來自公司外部、網際網路、感測器、各種公開發布的資料（例如人類基因組計劃），還包括來源於音頻和影片的資料。
- **出現新型商業模式**：當大數據分析進入 2.0 時代，人們對於強大的新型分析工具的需求以及透過提供工具來獲利的機會，很快就顯而易見了。所有企業都忙於發展新能力和爭取新客戶。第一個「吃螃蟹」的企業很容易占得先機，獲得令人印象深刻的宣傳效果，並且會快速地研發出新產品。
- **創新技術如雨後春筍般湧現**：例如，Hadoop 平臺應運而生，其可以用來快速批處理大數據；新型資料庫 NoSQL 可以處理相關的非結構化資料，使大量的資訊可以在公有或者私有雲端運算環境裡儲存和分析；機器學習（半自動模型的研發、測試）則用於從即時動態的資料中迅速生成資料模型；色彩鮮明、立體效果的資料視覺化替代了單調的白紙黑字。
- **對分析人才提出了更高的要求**：新一代的資料分析師被稱為資料科學家，他們不僅要具備計算能力還要掌握分析能力。資料科學家已不再滿足於被藏在公司內部，他們希望接觸客戶以開發新產品，並為公司出謀劃策，甚至是創造新的商業形態。

3．大數據分析 3.0 —— 富化資料的產品時代

在大數據分析 2.0 時代，一些敏銳的觀察者已經洞察到即將來臨的下一個大時代 —— 大數據分析 3.0 時代。

大數據分析 3.0 時代具有以下特點。

- **大企業紛紛介入大數據**：例如，矽谷的大數據先驅公司開始投資面向客戶產品、服務和功能領域的資料分析。他們透過大數據分析吸引更多的訪客登錄他們的網站，這些辦法包括更佳的搜尋算法、朋友和同事推薦產品、購買建議以及針對性極高的定向廣告等。
- **大數據的應用範圍變得更廣泛**：如今，不僅僅是 IT 公司或者電子商務公司利用資料分析創造新產品和新服務，任何行業的任何公司都在這樣做。無論企業屬於製造類、運輸類、零售類，還是服務提供類，這些商業活動都會產生大量的資料，任何設備、運輸工具和客戶都會留下痕跡，如果能夠分析這些資料集，就可以更好地幫助積累客戶和分析市場，幫助管理者做出適當的商業決策。
- **帶來了全新的機遇和挑戰**：新的思維方式正在湧現，能掌握優勢的新方法正在確立，新的參與者開始出現，競爭格局也隨之發生變化，新的技術必須被熟練掌握，人才也應配置於最令人興奮的新工作上。那些能首先洞察到大數據分析 3.0 時代的公司，將會在引領行業變革的趨勢中占據最佳位置。

5.2.3 大數據分析與處理方法

要知道，大數據已不再僅僅是資料量大，最重要的現實就是對大數據進行分析，只有透過分析才能獲取更多智慧的、深入的、有價值的資訊。

如表 5-3 所示，是筆者對大量資料的處理方法進行了一個一般性的總結，當然這些方法並不能完全覆蓋所有的問題，但是這樣的一些方法也基本可以處理遇到的絕大多數問題。

表 5-3：大數據分析與處理方法總結

分析方法	適用範圍	基本原理及要點
Bloom filter	可以用來實現資料字典，進行資料的重判，或者集合求交集	採用雜湊函式的方法，將一個元素映射到一個 m 長度的陣列上的一個點，當這個點是 1 時，那麼這個原物在集合內，反之不在集合內
Hashing	用於快速查找刪除的資料結構，通常需要把全部的資料放入記憶體	例如，在大量的日誌資料中提取出某日訪問網站次數最多的那個 IP，IP 的數目還是有限的，最多 2 的 32 次方個，所以可以考慮使用 hash 演算法將 IP 直接存入記憶體，然後進行統計
bit-map	可進行資料的快速查找，判斷，刪除	使用 bit 陣列（樹狀陣列）來表示某些元素是否存在，即將原資料劃分為多個區間，當要查詢或更新某個資料或某段資料時，只需更新到各個區間不必細化到具體的各個元素
堆	可進行資料的快速排序	從大量資料中找出前 N（N 為筆大量資料小的數）個資料，例如，從一億個資料裡，找出前 100 個最大的
雙層桶劃分	用於確定資料的範圍	面對一堆大量的資料我們無法處理時，可以將其分成一個個小的單元，然後根據一定的策略來處理這些小單元從而達到目的。另外，如果需要用一個小範圍的資料來構造一個大數據，也可以利用這種思想，相比之下不同的，只是其中的逆過程
資料庫索引	大量資料的增加、刪	利用資料的設計實現方法，對海量資料進行增加，刪除、修改和查詢處理
Inverted index	搜尋引擎，關鍵字查詢	Inverted index（倒排來引）是一種索引方法，被用來儲存在全文檢束搜尋下，某個單詞在一個文件或者一組文件中的儲存位置的映射。 以英文爲例，下面是要被索引的文学： TO="it is what it is" TI="what is it" T2="it is a banana" 透過倒排索引方法就能得到下面的反向文件索引： "a"：{2} "banana"：{2} "is"：{0, 1, 2} "it"：{0, 1, 2} "What"：{0, 1} 檢索的條件 "What"、"is" 和 "it" 將對應集合的交集

外排序	大數據的排序	外排序 (ExternalStarting) 處理的資料通常不能一次裝人記憶體，只能放在讀寫較慢的外儲存器（通常是硬碟）上。外排序通常採用的是一種「排序一合併」排序階段，先讀入能放在記憶體中的資料，將其排序輸出到一個臨時文件，依序進行，將待排序資料組織爲多個有序的臨時文件。然後在合併階段，將這些臨時文件組合爲一個大的有序文件，即爲排序結果
tree 樹	用於統計，排序和保存大量的字串，經常被搜尋引擎系統用於文字詞頻統計	用学串的公共前綴來減少杏詢時間，最大限度地減少無謂的字串比較，查詢效率比雜湊表高

如今，越來越多的應用涉及大數據，這些大數據的屬性，包括數量、速度、多樣性等都呈現了大數據不斷增長的複雜性，所以，大數據的分析方法在大數據領域就顯得尤為重要，可以說是最終資訊是否有價值的決定性因素。

專家提醒

需要注意的是，儘管大數據已經有了長足的進步，但不要指望它能給予你長期的競爭優勢。那些想要在新的資料經濟中獲得成功的企業，必須從根本上重新考慮如何利用資料分析為自己和客戶創造價值。因此，我們要用全新的視角看待大數據「分析」的價值和作用，這意味著策略重點的轉移。

5.3 企業管理中的大數據分析應用案例

關於資料分析對管理的重要性，在《孫子兵法》中已有深刻的描述：「夫未戰而廟算勝者，得算多也。」意思是說，拉開戰鬥序幕之前，就已「廟算」（古時戰前君主在宗廟裡舉行儀式，商討作戰計劃和預測戰爭形勢）周密，即充分估量了有利條件和不利條件，開戰之後就往往會取得勝利。

同樣，預測在企業中有重要的意義，在大數據時代，預測的準確度或許能夠更上一個臺階，這將促進企業健康發展。因此，企業只有找到將資料科學與傳統技能完美結合的方式，才能打敗對手。不是所有的贏家都會將大數據用於其決策制定，但資料告訴我們，這樣確實勝算最大。本節主要介紹大數據分析在企業管理中的應用案例，希望對讀者有一定的啟發和學習價值。

5.3.1 【案例】機場用大數據管理節省數百萬美元

美國的里克· 哈茲班德阿馬里洛國際機場（Rick Husband Amarillo International Airport）簽署了 PASSUR 大數據解決方案合約，該方案旨在透過優化的機場管理為營運商提供最經濟的營運。

PASSUR 公司研究機場的航班時間發現，大約 10% 的航班實際到達時間與預計到達時間相差 10 分鐘以上，30% 的航班相差 5 分鐘以上。為了提高服務品質，PASSUR 公司透過蒐集天氣、航班日程表等公開資料，結合自己獨立收集的其他影響航班因素的非公開資料，綜合預測航班到港時間。例如，由於天氣原因造成延誤時，應儘量讓飛機在登機門處等候，而不是浪費燃油長時間在停機坪上等候。

里克· 哈茲班德阿馬里洛國際機場航空部主管 Scott C. Carr 表示：「在當前的環境下我們非常注意的是，機場必須把兩種價值作為最重要的事項：謹慎的財務監督和高效安全且經濟的機場管理。PASSUR 是實現這些關鍵業務目標的理想合作夥伴。」

PASSUR 公司從美國聯邦航空局處得到飛行計劃、即時資訊和每個航班的首個航點。隨後工作人員會給每個航班分配 15 分鐘進行排序。無論何種原因，如果空中交通指揮塔臺延長了計劃時間，則所有的航空公司得到的配額時間都會相應減少。營運商可以在他們分配到的時間裡更換自己的飛機。

目前，PASSUR 公司已經擁有超過 155 處無源雷達接收站，每 4.6 秒就收集一次探測到的每架飛機的一系列資訊，這會持續地帶來大量資料。使用 PASSUR 公司的服務後，里克· 哈茲班德阿馬里洛國際機場大大縮短了飛機預計到達時間和實際抵達之間的時間差。航空公司依據 PASSUR 公司為他們提供的航班到達時間做計劃，每年節省數百萬美元。

專家提醒

企業管理學界因觀點不同而分為眾多派系，但是「不會量化就無法管理」的理念卻是共識。這一共識足以解釋近年來的數位大爆炸為何無比重要。有了大數據，管理者可以將一切量化，從而使公司業務盡在掌握中，進而提升決策品質和業績表現。

【案例解析】：在進入大數據時代後，如何更好地利用資訊爆炸時代產生的大量資料為管理服務和利用資料創造財富是不可迴避的命題。成本領先策略、差異化策略、集中化策略是企業在市場競爭中可以選取的三大策略。在資訊大爆炸時代，第四種競爭策略 —— 大數據策略成為原三大競爭策略的支撐，其將改變企業決策、價值創造和價值實現的方式。管理決策日益基於資料和分析而作出，而並非基於經驗和直覺，這對企業正確地制定發展計劃與合理安排企業資源有重要的意義。

從上面的案例可以看出，對航空服務業來說，時間的精準就是優質的服務，尤其是航班抵達時間精準，這正好應了大數據策略的典型特點 —— 預測變得更為精確。

5.3.2 【案例】迪士尼樂園用大數據提升遊客樂趣

迪士尼是孩子和童心未泯的成人的天堂，每個樂園裡都有 100 多個專案，但每一個專案前等待的排隊人群常常令人興致大減。為此，迪士尼公司使用 10 多年的歷史資料，結合天氣、旅遊等資料，預測每一條隊伍每一天每一小時所需的排隊時間，遊客可以參考這個分析結果安排自己在園區內的遊覽次序。另外，迪士尼公司還收集了 Twitter 資料更新每一條隊伍的排隊等候時間，來處理突發的情況。

迪士尼公司的大數據策略，使每位遊客平均每人節省 4 個小時，從而提升了遊客們進園遊玩的樂趣。

在大數據策略上取得初次成功後，迪士尼公園又準備投資數十億美元打造渡假計劃系統 MyMagic，其核心支撐元素是它對每年到主題公園遊玩的幾千萬旅客的資料進行收集的能力，這種技術是前所未有的。

MyMagic 系統將使迪士尼能夠追蹤遊客去了樂園裡的哪些地方、如何進行消費、在什麼時候用餐和喜歡吃什麼。迪士尼計劃用這些資訊制定出更細緻和更個性化的行銷方案，這樣一來，該渡假公園針對每位潛在使用者所傳達的資訊和所制定的價格都是不同的。

MyMagic 系統的核心技術是腕帶，官方命名為「MagicBands」（魔法帶），其中嵌有無線射頻識別晶片，其能與遍布迪士尼樂園的無線射頻掃描設備進行通訊，如圖 5-2 所示。有些短距資料讀取器安裝在明顯的位置，在購買紀念品或打開酒店房間時，遊客可以在上面揮一揮自己的腕帶。也有一些長距的讀取器安裝在隱蔽位置，遊客無需進行任何操作，這些設備也能讀取資料。

圖 5-2：MyMagic 系統的核心技術－ MagicBands

迪士尼將 MyMagic 的分析功能視為第二個增收工具。首要增收工具是鼓勵遊客提前安排好行程細節，以使他們在公園裡呆更長時間以及透過更便捷的非現金支付手段來進行消費。例如，某個園區的一家餐廳在某個時間段有開店儀式，那迪士尼就可以透過 MyMagic 系統知道哪些在這個園區的遊客在該時間段沒有預訂「FastPass」服務，然後向這些遊客發送該餐廳的即時折扣。

【案例解析】：毋庸置疑，迪士尼是一個巨大的娛樂公司，但是當它涉及大數據平臺，這位娛樂巨頭看起來更像是一個初創公司。很多小公司，依靠堅強的意志和不凡的智慧，憑藉一個小小的團隊，使用 Hadoop、NoSQL 資料庫和其他開源技術，完全能夠創造出一個特有的大數據平臺。

迪士尼能否有效地透過收集和利用資料來獲利，很大程度上決定了該公司在 MyMagic 專案投入近 10 億美元是否值得，以及它能否成為該公司的主題公園和渡假區業務（年收入近 130 億美元）的增長引擎。

從迪士尼的案例中可以看出，基於資料的競爭將提高組織的日常營運效率，找出可以省錢的地方和機會；基於資料的分析結果可提高決策速度和品質、增強預測能力，從而更好地理解客戶和市場需要。因此，企業要學會計算資料的投資回報 —— 資料價值和資料成本的比值。筆者可以毫不忌諱地說，降低資料成本和增加優質資料價值都是企業管理者要關心的方向。

5.3.3 【案例】Farmeron 用大數據促成農業增產

農業市場的潛力是巨大的，據國外調查統計可知，全球範圍內中型企業規模農場的市場價值已經達到 120 億美元，但截止至今，這些農場仍大多依照的是傳統陳舊的運行系統。

Farmeron 是美國加州山景城的一家創業公司，Farmeron 看到了傳統農業生產管理中的諸多不足，試圖顛覆傳統，成為世界上首批農業 SaaS（Software-as-a-service，基於網際網路提供軟體服務的軟體應用模式）公司之一。Farmeron 開發了一款類似於 Google Analytics 的資料跟蹤和分析服務產品，旨在幫助全世界農民線上管理其產品資訊，使用統計方法進行自動農場運作狀況分析，幫助農民提高工作效率。

Farmeron 打造了一個分析工具包，農民可在其網站上利用這套工具，記錄和跟蹤自己飼養的動物的情況（飼料庫存、消耗和花費，每頭動物的出生、死亡、產奶等資訊，還有農場的收支資訊）。就像我們在 Facebook 或者 Twitter 上有一個主頁一樣，每個動物也都有一個自己的頁面，這可以讓農場主不僅看到整個農場的表現，還可以看到每一隻動物的情況，如圖 5-3 所示。

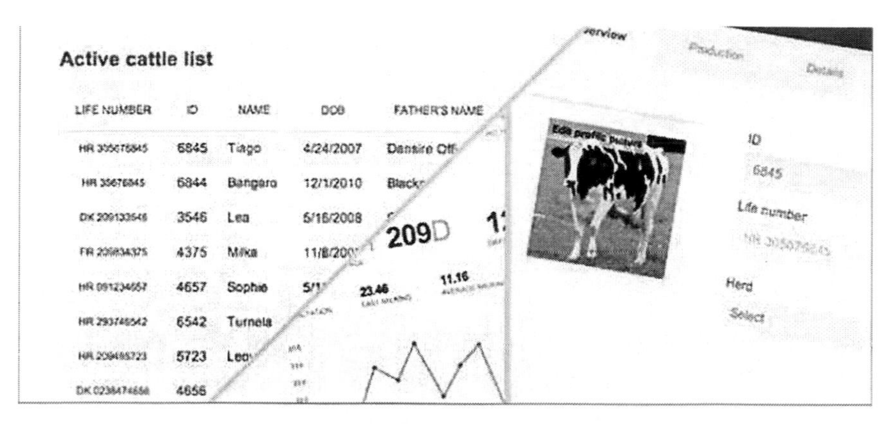

圖 5-3：農場管理工具 Web 頁面

Farmeron 的創始人馬蒂亞· 科皮克（Matija Kopic）來自克羅地亞一個農場主家庭，不過他最終與父母走上不同的道路，成為一名程式員，他希望用一種現代化的方式來減輕農場主的工作負擔。多數軟體創業公司的創始人整日對著電腦測試代碼，馬蒂亞· 科皮克卻常在畜棚度日。

馬蒂亞· 科皮克專注於使分析報告和操作界面便捷易用，像個人理財網站 Mint 一樣省心。過去一位奶牛場經理需要花幾天時間來輸入和分析幾個月來的奶牛進食與醫療資料，如今結論立等可取。

少年時期的馬蒂亞· 科皮克在製作奶酪上很有一套，但這一興趣並未影響他的另一項激情 —— 到薩格勒布大學攻讀電腦科學。如今，他帶著自己的創業公司 Farmeron 回到了這片土地。

自 2011 年 11 月成立至今，Farmeron 已在 14 個國家建立起農業管理平臺，目前已有超過 600 家企業化農場使用該產品，其中 45% 都位於北美，最大的一家擁有 4,000 頭牲畜。2013 年 5 月，Farmeron 又與在 30 多個國家開展業務的大型德國設備商 Neelsen Agrar 達成協議，由後者向客戶銷售 Farmeron 軟體。另外，Farmeron 已經在其發起的種子輪融資中獲得了 140 萬美元的投資資金。

一位管理著一個擁有近 400 隻牛的奶牛場獸醫表示，Farmeron 幫助他滿足了動物資訊追蹤和銷售方面的需求，該工具還有助於及時向保險公司匯報牲畜死亡情況。獸醫還用 Farmeron 管理日常飼料配給及飼料採購，並不斷進行微調，這相當重要，因為飼料成本佔到了他這個奶牛場總成本的 70%。「只要能省一點錢，我們都努力去省，」獸醫表示，「我經常能夠看到飼料中某個成分不符合計劃，從而可以迅速作出反應。」

【案例解析】：農民們一向擁有大量資訊，但他們既沒有可用於分析的工具，也沒有接受過相關訓練。在本案例中，由於 Farmeron 從很多農場那裡收集資料，它可以就何種方法有效得出適用範圍很廣的結論，並建議如何提高產量。Farmeron 幫農民把支離破碎的農業生產記錄整理到一起，用先進的分析工具和報告，幫農民達成農業生產計劃。目前，世界人口總數已突破 70 億，這也就迫使農業必須變得更加高效，而這也正好能夠促進 Farmeron 的發展。

使用大數據分析，還可以幫助農場針對市場上競爭對手的市場策略進行即時的反應並調整價格。筆者認為，Farmeron 可以使用大數據來為農場提供個性化的線上服務，滿足個性化的需求，這樣銷售額和利潤的增長會更加見效。

5.3.4 【案例】西爾斯著眼於大數據以降低成本

全球 500 強企業之一的西爾斯控股公司（Sears Holding），這家幾乎與西方現代零售業同齡的老古董公司，曾經雄居美國零售業榜首近一個世紀。但是，最近幾年，這個零售巨頭的日子卻是江河日下，並在 2018 年破產。

有兩方面的原因導致西爾斯的規模下滑：一是西爾斯公司近幾年一直在大規模地關店，但同時也有新店開張，而且整體門市數量有波幅的上漲；第二點，也是讓西爾斯更絕望的，就是其門市可比銷售負增長，而且近幾年全部出現負增長。

為了改變企業管理方式，抑制不良形勢的繼續發展，西爾斯控股公司首席資訊官 Keith Sherwell 曾為該零售企業規劃了一幅全面的技術革新藍圖，而這幅藍圖要想成為現實，則要依賴於 Hadoop、開源以及進一步削減管理維護成本。

西爾斯公司收集其專售的三個品牌——Sears、Craftsman、Lands End 的客戶、產品以及銷售資料，從這些大量資訊中探勘價值。大數據潛在價值巨大，但探勘和分析這些資料的困難也很大。

- **資料量龐大**：首先需要對這些資料進行超大規模分析，且這些資料分散在不同品牌的資料庫與資料倉儲中，不僅數量龐大而且支離破碎。
- **分析時間長**：西爾斯公司需要 8 周時間才能制定出個性化的銷售方案，但往往做出來的時候，它已不再是最佳方案了。

西爾斯公司首席資訊官 Keith Sherwell 作了一份關於大型零售集團企業的技術革新計劃。Sherwell 的規劃思路來自於一次由 Cowen 公司主辦的關於大數據的公開會議。顯然，Cowen 公司的分析師 Peter Goldmacher 將大數據的發展規劃草圖有效地傳達給了 Sherwell，並被帶進了西爾斯公司。

此後，西爾斯公司開始使用叢集（cluster）收集來自不同品牌的資料，並在叢集上直接分析資料，而不是像以前那樣先存入資料倉儲。為了避免浪費時間，西爾斯公司先把來自各處的資料分析之後再做合併，這種調整讓公司的推銷方案變得更快、更精準。

專家提醒

簡單地說，叢集（cluster）就是一組電腦，它們作為一個整體向使用者提供一組網路資源。其中，單個的電腦系統就是叢集的節點（node）。

【案例解析】：最好的大數據供應商，是那些能將資料以最合適的形式呈現出來的供應商。從本案例可見，西爾斯公司力求擁有零售行業中規模最大的 Hadoop 叢集，該企業在開源上下了很大的賭注。

傳統的企業管理流程是出現問題、邏輯分析、找出因果關係、提出解決方案，從而使問題企業成為優秀企業，這是逆向思維模式。大數據競爭策略諮詢流程是收集資料、量化分析、找出相互關係、提出優化方案，從而使企業從優秀到卓越，這是正向思維模式，如圖 5-4 所示。

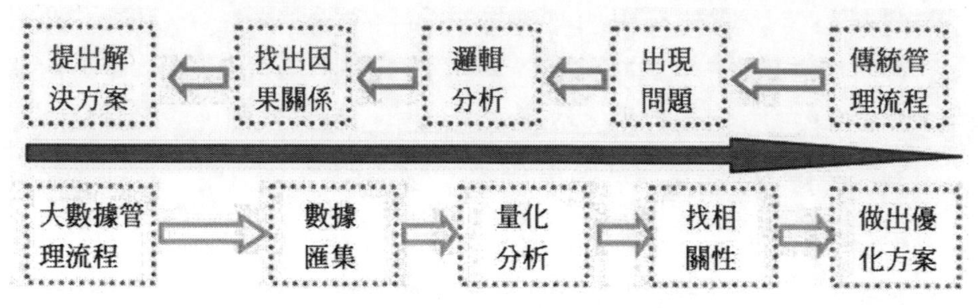

圖 5-4：大數據管理與傳統管理的思維模式區別

筆者認為西爾斯公司不是星星點點的個案，而是代表了整個商業的一次根本性經濟轉型。筆者確信，大數據運用帶來的這一轉型已經觸及了商業活動的方方面面，沒有誰能置身其外。

5.4 能源管理中的大數據分析應用案例

眾所周知，自從三次科技革命以來，能源成為了國家經濟的命脈。然而，地球上的能源是有限的，於是在各個大國之間引發了一些與石油有關或純粹是為了石油的戰爭。

為了爭奪對世界資源與能源的控制權，導致了兩場世界大戰的爆發。

- 第一次世界大戰中，31 個國家 15 億人口捲入了戰爭，傷亡人數達 3,100 萬，其中死亡 1,000 萬人，軍費支出與戰爭損失共計 3,877 億美元。
- 第二次世界大戰中，7 年的戰爭中有 60 個國家參與，總傷亡人數達 9,000 萬人，死亡了 5,000 萬人，直接軍費支出 1,117 億美元，物質損失 3 萬億美元。第二次世界大戰後美國和蘇聯兩個超級大國為了爭奪資源與能源展開了 40 多年的冷戰。

如今，對中東石油、南非的黃金和金剛石、薩伊的銅礦等資源的爭奪戰還在延續，可以說，能源戰爭將愈演愈烈。能源費用與日俱增，這促使很多商業機構和行業企業開始考慮透過技術節省能源開支。要想準確預測能源消耗並採取及時有效的節能措施，需要進行大量的資料分析。本節主要介紹大數據分析在能源管理中的應用案例，希望對讀者有一定的啟發和學習價值。

5.4.1 【案例】用「大數據」預測風電和太陽能

近日，IBM 宣布了一項先進的結合了大數據分析和天氣建模技術的能源電力行業先進解決方案，將其命名為「混合可再生能源預測」（HyRef），旨在幫助全世界電力能源行業，提高可再生能源的可靠性。

HyRef 技術採用了天氣建模能力、高級雲成像技術和雲圖拍攝機來追蹤雲層運動，同時使用安裝在渦輪上的感測器對風速、溫度和風向進行監測，如圖 5-5 所示。透過與分析技術相結合，這個以資料同化（Data-Assimilation）為基礎的解決方案，能夠為風電廠提供未來一個月區域內的精準天氣預測或未來十五分鐘的風力增量。

另外，HyRef 可以透過整合這些當地的天氣預報情況，預測每個單獨的風力渦輪機的性能，進而估算可產生的發電量。HyRef 充分利用大數據的洞察力，使能源電力公司可更好地管理風能和太陽能的多變特性，更準確地預測發電量，並且使其可以被覆位導向到電網或儲存。同時，HyRef 也可使能源組織更好地同時使用可再生能源與其他傳統能源，例如煤炭和天然氣。

HyRef 由 Deep Thunder 等創新技術發展而來，是氣候建模技術領域內的一項高新成果。由 IBM 所開發的 Deep Thunder 技術可為特定區域內的氣候狀況提供高清微型預測，覆蓋範圍可從單一城市擴大至整個省份，並可達到平方公里的計算精確度。Deep Thunder 與商業資料結合後，可為商業使用者和政府提供定製化服務，更改路線並加裝設備，來降低重大天氣事件所帶來的影響，從而降低成本、提高服務品質，甚至是避免人身危險，將重大氣象引發的意外事件機率降到最小。

圖 5-5：HyRef 的基本原理

【案例解析】：在本案例中，使用分析結果並有效利用大數據，將可使電力公司有能力應對可再生能源的間斷特性並對太陽能和風能的產量做出合理預測，這是一種前所未有的創新模式。HyRef 使能源電力公司可將更多的可再生能源併入電網，減少碳排放量，給消費者與企業提供更多的清潔能源。

目前，全球的能源公司都在使用一系列策略將可再生能源整合到各自的系統中，以期在 2025 年前達到可再生能源在整體能源投資組合中 25% 的佔有率的基本目標。筆者可以預見，不久的將來，隨著工業化和資訊化的融合，大數據將深刻地影響能源行業和能源企業。

5.4.2 【案例】石油公司用大數據追求最大利益

美國赫斯公司（Hess Corp, Hess）是一家綜合石油公司，總部設在美國紐約，主要從事勘探、生產、購買及銷售原油和天然氣，勘探和生產活動遍布美國、英國、挪威、丹麥、印度尼西亞、泰國及其他國家。

Hess 公司的 CIO Gary Lensing 表示：「我們做的任何事都是資料說了算；價值的量化亦全仰賴資料。」在過去幾年裡，Hess 不斷地致力於建立基於大數據分析平臺的 BI 系統，以盡可能地即時追蹤從勘探到生產這條價值鏈上的所有資料。

Hess 公司的 BI 系統旨在能夠查看 Hess 在挪威、丹麥、英國、美國、泰國以及非洲各地所有資產的活動。例如，非洲赤道幾內亞的 4 座油田產量，今天是否達到預期？

美國紐澤西州的煉油廠，是否已用最大產量在生產？或是能否在月底前出產更多桶石油？某個時間點內，其 1,370 家的加油站銷售情況如何？

財務分析方面，Hess 主要是運用 Hyperion 的工具進行分析。為了估計他們的油井可以出產多少石油或天然氣，Hess 在該地區為油田地形開發了一套模型。

為了查看油井生產的特徵，Hess 運用了在製藥公司很普遍使用的一款工具 —— Tibco 公司的 Spotfire 產品，讓分析人員可以透過圖形、圖表，以及其他影像來顯示資料，使用者於其中查詢即可深入分析這些資料。

Hess 還安裝了 OSIsoft 績效管理軟體，用於收集操作上面的資料，例如，用來衡量鑽井平臺與儲油槽的運作效率如何。同時，Hess 每天都透過 FTP 傳輸、接收其合資企業上載的績效報表。

如今，鑽井平臺的工作人員能夠與公司總部的人員進行即時對話，並且處理同一筆資料。例如，一位在美國德州休士頓的工程師，可以對位於西非地區的鑽井活動進行監控，查看鑽頭鑽入海床時有無任何異常，並且可以透過衛星傳輸資料給休士頓的工程師，他們可以檢視此視覺化的資料，然後發送電子郵件提出如何調節該機器的措施。

【案例解析】：理論上來說，大數據平臺為 Hess 帶來了更大量與更快速的產出，這意味著 Hess 可以在市場價格高漲時，更快速地賣出更多的原油或提煉產品。

「石油工業是資訊工業」，很少有其他工業領域像石油工業這樣更依賴於資料。對油氣資源的認識和掌握主要透過大量的資料來實現，「大數據」往往意味著「大油氣」，透過對資料的探勘和應用，可以提高決策的準確性和全面性，實現新的油氣增產。就像石油、礦山對於工業革命一樣，大數據正在成為資訊社會最重要的策略資產，散發出令人難以抗拒的財富氣息。

5.4.3 【案例】大數據管理更準確、一致、及時

中國農業部資訊中心是國家農業部直屬事業單位，負責承辦農業部網站，是農業部的資訊集散中樞和網路中樞，其主要任務是為農業部和黨中央、國務院進行農業決策與管理提供資訊服務，為各部行政機關提供通訊、網路和資訊支援，為全國農業系統及其農產品生產者、經營者提供資訊社會化服務。

為了更好地利用資料資源，農業部資訊中心決定建立統一的資料倉儲平臺，將各業務系統資料進行面向分析的整合，為管理人員提供更準確、一致、及時的決策支援資訊。

經過細緻的考察、調查研究和選型，農業部資訊中心選擇了 CA 公司的資料倉儲解決方案。

專家提醒

CA 公司（CA Technologies，CA）是全球最大的 IT 管理軟體公司之一，其專注於為企業整合和簡化 IT 管理。CA 公司創建於 1976 年，總部位於美國紐約長島，服務於全球 140 多個國家的客戶。

CA 公司是全球領先的 IT 管理軟體和解決方案供應商，其產品和技術涵蓋 IT 的所有方面，從主機到分散式系統，從虛擬化到雲。農業部資訊中心的 CA 資料倉儲專案可以分為資料倉儲的設計、構造和前端展現 3 個階段，其中，每一個階段都採用了不同的工具，如表 5-4 所示。

表 5-4：中國農業部資訊中心的 CA 資料倉儲專案流程

流程	專案內容	主要功能
第一階段	設計資料倉儲	用户需求分析及資料倉儲模型設計
第二階段	構造資料倉儲	採用 CA 的資料轉換工具 Advantage Data Transformer，支援各種關係資料庫和 ODBS 資料源，對資料進行完整的提取、映射、轉換，提供完善的程式設計能力已制定複雜的轉移規則
第三階段	資料倉儲前端展現	CleverPath OLAD 線上分析、報表和決策支援系統

農業部資訊中心資料倉儲專案包括以下軟體工具和模組：資料倉儲建模工具、資料倉儲資料轉移工具、資料倉儲 OLAD 分析及前端展現工具、決策支援 / 高級領導資訊系統構造工具、生產報表工具。

目前，農業部資訊中心資料倉儲專案已驗收成功並正式投入營運。CA 公司資料倉庫解決方案對農業部的業務管理作用是顯而易見的，農業部資訊中心已經充分利用資料倉儲，建立起農產品貿易資料集市、農產品價格資料集市和氣象資料集市，同時，定期由資料倉儲自動生成農產品貿易資訊和價格資訊，在網際網路上發布，為廣大的中國農業資訊網使用者提供便利的資訊服務。

【案例解析】：在本案例中，農業部資訊中心透過資料倉儲系統，可以使各級管理人員、資訊分析人員非常方便地採用 C/S 和 B/S 模式對資料進行分析和查詢，其快速的分析過程、準確可靠的分析結果，使工作人員的工作效率和品質大為提高。

專家提醒

C/S（Client/Server）模式是 20 世紀 90 年代管理資訊系統（MIS）中較為先進的技術，C/S 應用系統基本運行關係展現為「請求 / 響應」的應答模式。每當使用者需要訪問伺服器時就由客戶機發出「請求」，伺服器接受「請求」，並「響應」，然後執行相應的服務，把執行結果送回給客戶機，由它進一步處理後再提交給使用者。

隨著資訊技術的發展，C/S 模式已無法完全滿足人們的需要，而且靜態網頁也無法提供充分的互動功能，動態資訊發布相對較困難，這就需要將資料庫與 Web 伺服器連接起來，供使用者查詢或更新，而發布動態資訊還可以簡單到只需改動一下資料庫的若干記錄或字段就可以實現。這樣，B/S（Browser/Server）模式在管理資訊系統中開始大量應用。B/S 結構體系多了 Web 伺服器，使用者使用 Web 瀏覽器訪問 Web 頁，從資料庫獲取的資訊能以文本、影像、表格或多媒體對象的形式在 Web 頁上展現，使用者透過 Web 頁上顯示的表格與資料庫即可及時進行互動操作。

5.4.4 【案例】大數據幫助消費者提高能源效率

Pecan Street 是一個非營利性組織，由德克薩斯大學、相關技術公司和公用事業提供商組成，它們共同協作在智慧電網技術領域進行測試、試運行和商業化營運工作。

Pecan Street 的核心工作是研究一種終端設備到雲的架構，其能夠捕獲多個來源的資料，並進行儲存以供分析和視覺化之用。

Pecan Street 主要透過一些系統收集電力資料，還透過使用無線閘道器的公用事業量表收集燃氣和水的資料。例如，Pecan Street 透過記錄消費者的行為，會自動修改其家庭中的環境控制方式（如空調系統等），或者調整其能源資訊查看方式等。Pecan Street 還計劃收集來自高級恆溫器、家庭自動化系統、家庭安保系統、運動探測器以及新能源技術（如太陽能板和電動汽車充電站）的資料。

Pecan Street 採用了 EMC 公司的 Greenplum 大數據解決方案。Greenplum 系統採用了大量平行處理（MPP）架構，可幫助 Pecan Street 利用針對結構化和非結構化資料的模組化解決方案來處理和分析資料。

Pecan Street 除了要尋求合適的大數據分析方法外，收集的資料完整性也是一大問題。例如，資料系統中的無效信道或者居民寬頻連接中斷都會提供不可靠的值。因此，Pecan Street 透過生成已知完好資料的合格資料集來解決此問題，將這些資料標記為極高品質，並指引研究人員使用這些資料。

當前，Pecan Street 已經透過德克薩斯州奧斯丁市 Mueller 社區 200 多個家庭中的感測器系統，收集了近兩年的能耗資料。利用大數據分析，Pecan Street 可以更好地了解人們的能源消費方式及其希望的能源管理方式。此外，Pecan Street 可以向公用事業公司提供洞察業務，幫助他們在電網改造領域進行最佳投資。

【案例解析】：大數據分析可產生大量的價值，正如大多數有價值的工作一樣，大數據專案在一開始可能會困難重重，但它絕對值得我們投入時間和精力去探勘其中的價值。在本案例中，Pecan Street 專案的主要目的是推

動在消費者能源管理領域發現新的產品、服務和經濟機會。

筆者認為，Pecan Street 的研究將可以向人們提供管理和減少其能耗的知識和工具，以幫助消費者提高能源效率，使其家庭生活更舒適。此外，公用事業公司將能夠利用此類資料更好地管理電網，並投資更佳的基礎設施改造工作。同時，筆者建議 Pecan Street 以及其他相關企業再接再厲，利用大數據分析進一步完善其「智慧電網」系統，解決電網營運的 4 大核心問題，如圖 5-6 所示。

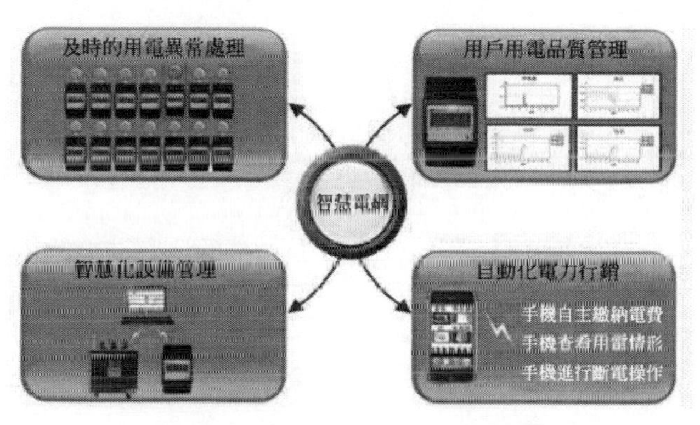

圖 5-6：電網營運的 4 大核心問題

CH06　案例：擺脫大數據風險

學前提示

我們在談論大數據的美好前景時，當然不能完全忽略它可能帶來的風險。很多人目前只關注大數據化帶來的後果，如資訊安全，而沒有關注如何看待大數據本身的風險。本章將就當前尤其中國技術環境下，進入大數據時代所面臨的風險和存在的問題做簡要分析。

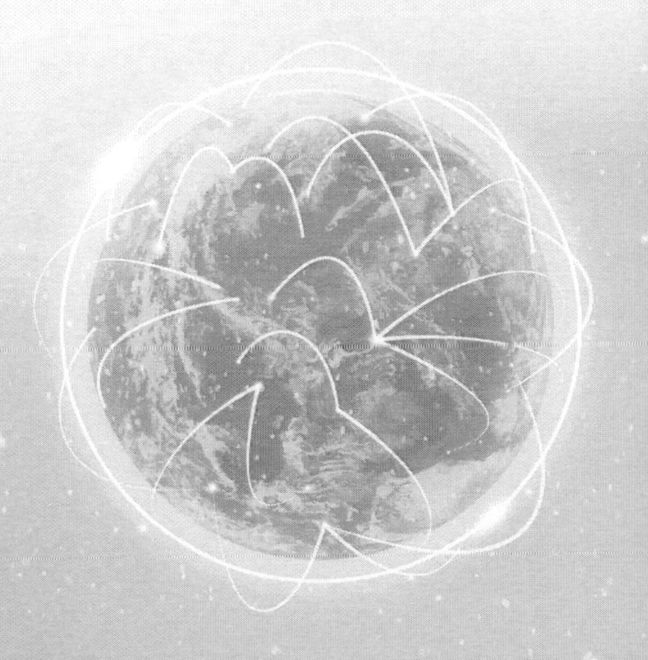

6.1 問題凸顯，大數據存在 5 大風險

對於大多數企業來說，大數據已經成為左右戰局的決定性力量，安全風險也隨之更加凸顯。企業已經蒐集並儲存了所有的資料，接下來他們該幹些什麼？他們如何對這些資料進行保護？而且最為重要的是，他們如何安全合法地利用這些資料？

當然，任何事物都是把雙刃劍，大數據正在變成生活的第三隻眼，它敏銳地洞察卻也正監控著我們的生活。想一想，亞馬遜監視著我們的購物習慣，Google 監視著我們的網頁瀏覽習慣，臉書和 IG 似乎對我們和我們朋友的關係無所不知。

大數據的確改變了我們的思維，更多的商業和社會決策能夠「以資料說話」。不過除了這所有利好，如何讓大數據不侵入我們的隱私世界，也是與之伴生並需嚴肅考慮的問題。

6.1.1 風險 1：個人隱私泄露

正被美國全球通緝的史諾登不久前「闖入」上海一場大數據研討會。確切地說，研討會的多位發言者都提到被史諾登捅破的「稜鏡門」。從純技術角度觀察，「稜鏡」是一個典型的透過分析大量通訊資料獲取安全情報的大數據案例，但它也引發了思考：大數據時代，個人隱私該何處安放？

在大數據時代的背景下，你可以想像一些場景，如圖 6-1 所示。

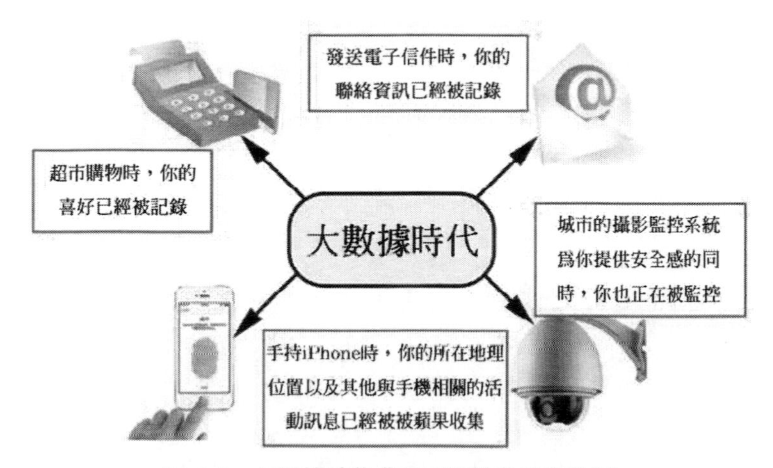

圖 6-1：大數據時代背景下的隱私洩漏途徑

在大數據的時代背景下，一切都資料化了，我們平常上網瀏覽的資料，我們的醫療、交通、購物資料，通通都被記錄下來，這就是大數據的起源。在這個時候，我們每個人都成了一個資料產生者，資料貢獻者。大數據的神奇之處在於，透過對大數據的分析，其他人甚至能夠在很大程度上精確地知道你是誰。

人的行為看似隨機無序，但實際上是存在某種規律的。社群網路如此發達的今天，大數據把人的行為進行放大分析，從而能夠相對準確地預測人的性格和行程。所以，不排除有這樣一種可能：在忙完了一天的工作之後，你還沒有決定要去哪兒，資料中心卻先於你預測了你接下來的目的地。

隨著產生、儲存、分析的資料量越來越大，隱私問題在未來的幾年也將愈加凸顯，例如透過手機軟體竊取使用者隱私資訊的情況也越來越多，如圖 6-2 所示。所以，新的資料保護要求以及立法機構和監管部門的完善應當提上日程。

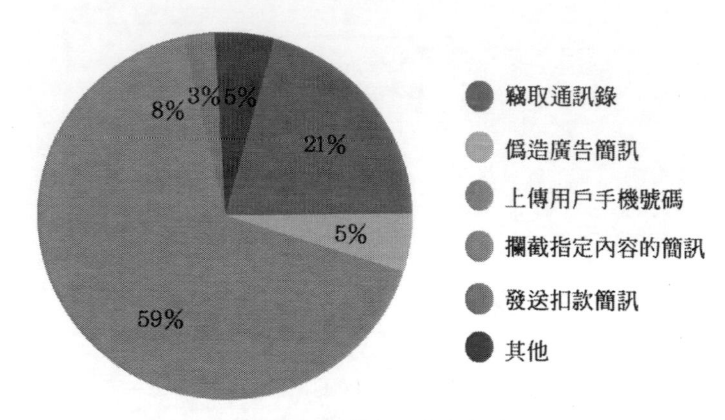

圖 6-2：惡意竊取隱私行為

6.1.2 風險 2：資料管理困難

大數據除了有隱私方面的憂患外，它的危險還包括它將會誘使企業管理進入史詩般的同質性。收集足夠的資料，每個人的統計開始看起來都是一樣的。應用標準的分析，然後所有的結論也開始看起來都是一樣的。正如行銷人員們開始認為他們真正地知道他們所做的事情，但是他們會發現他們正在做的事情是其他人也正在做的。現在這不僅僅是沒有創造力的問題了，而是積極地反創造力的問題。

無論從企業儲存策略與環境來看，還是從資料與儲存操作的角度來看，大數據帶來的「管理風險」不僅日益突出，而且如果不能妥善解決，將肯定會造成「大數據就是大風險」的可怕後果。

事實上，很多企業並沒有真正理解什麼是大數據，也沒有部署相關工具去有效地管理它們。最近，LogLogic 與 IT 安全研究公司 Echelon One 共同完成了一項大數據管理調查，此次調查的對象是 207 位來自各行各業的主管或主管級別以上的個人，調查結果如圖 6-3 所示。

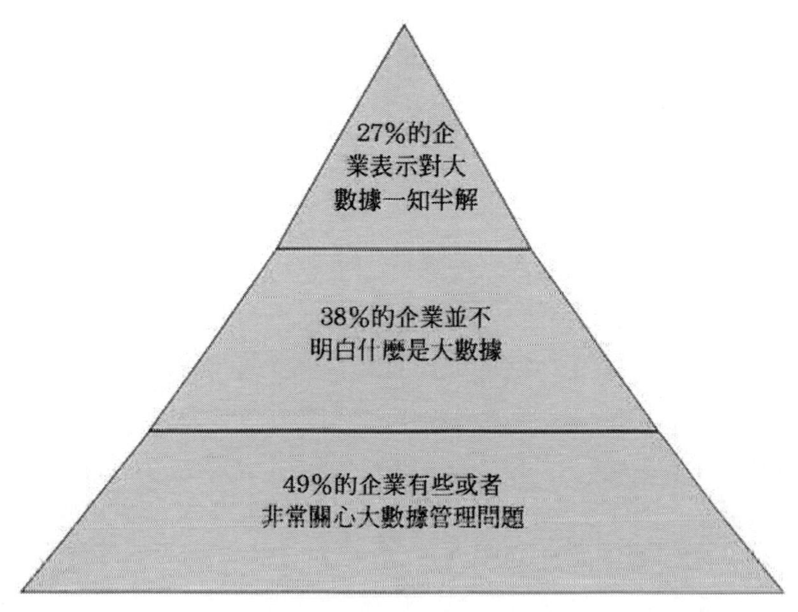

圖 6-3：大數據管理調查結果

此外，調查還發現，59% 的企業沒有部署相關工具來管理 IT 系統中的資料，而是轉向獨立系統和其他系統，甚至使用電子錶格。

如果正確使用大數據，它將為你提供夢寐以求的情報和洞察力，從而幫助企業做出明智的決定。在安全方面，它可以讓你看到網路中正在發生的事情，以保護企業免受高持續性威脅和惡意軟體。同時，它還能透過優化伺服器和供應鏈管理來提高企業營運效率，甚至還可以幫助你處理法規遵從的問題。

專家提醒

企業控制大數據的關鍵之一是日誌管理，日誌管理能夠整合來自企業範圍內的所有日誌，建立索引儲存庫，並以常見的使用者界面顯示。因此，企業想要利用這些資料，就需要具備資料規範化和關聯化以及報告和發送告警的能力。

6.1.3 風險 3：成本難以控制

隨著時間的推移，企業產生的資料量已經越來越大了，這些資料包括客戶購買偏好趨勢、網站訪問和習慣、客戶審查資料等。傳統的商業智慧（BI）工具在處理企業大量資料時已經有點能力不夠了。屆時，你需要面對的是大量的支出：額外的人員和技術資源用以管理整體環境，例如系統管理及監控；透過不同業務系統而來的附加軟體；以及管理叢集的工具等。

例如，零售業巨頭沃爾瑪每小時處理超過一百萬條客戶交易，輸入資料庫中的資料預計超過 2.5PB —— 相當於美國國會圖書館書籍存量的 167 倍。通訊系統製造商思科預計，到 2013 年網際網路上流動的資料量每年將達到 667EB，資料增長的速度將持續超過承載其傳送的網路發展速度。

另外，來自淘寶網的資料統計顯示，淘寶一天內產生的資料量即可達到甚至超過 30TB，這僅僅是一家網際網路公司一日之內的資料量，處理如此體量的資料，首先面臨的就是技術方面的問題。大量的交易資料、互動資料使得大數據在規模和複雜程度上超出了常用技術按照合理的成本和時限抓取、儲存及分析這些資料集的能力。

如圖 6-4 所示，可以看出資源利用率低、擴展性差以及應用部署過於複雜是現今企業資料系統架構面臨的主要問題。其實，大數據的基礎架構首要考慮的就是前瞻性，隨著資料的不斷增長，使用者需要從硬體、軟體層面思考需要怎樣地架構去實現它。因此，具備資源高利用率、高擴展性並對文件儲存無障礙的文件系統必將是未來的發展趨勢。

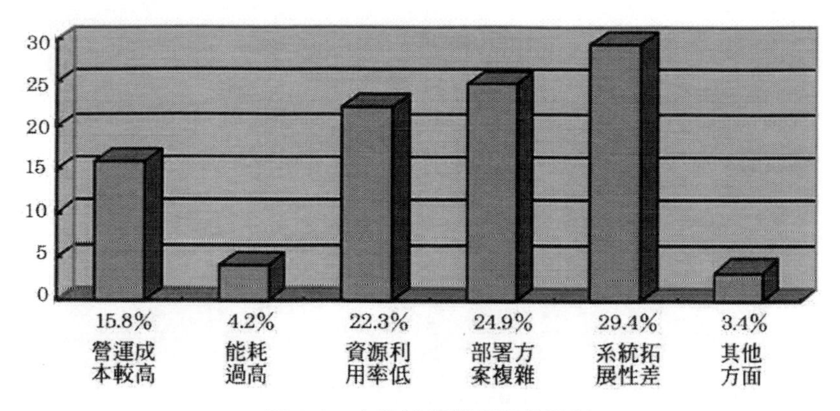

圖 6-4：大數據架構面臨的問題

由此可見，大數據對企業來說可能並不全是機遇，還意味著財政支出，原因是針對大數據儲存或者探勘的成本也很高。對此，筆者認為企業可以將重點放到透過最新收集的資料帶來更多價值，減少非重點資料帶來的儲存硬體與軟體的成本。

6.1.4 風險 4：網路安全漏洞

以前，只有 IT 部門那些最懂技術的工作人員才明白資料安全。在 IT 部門的辦公室之外，病毒、木馬、蠕蟲這些詞都不會被提及，管理層也並不關心駭客和殭屍機，董事會根本不清楚什麼是零日攻擊，更不用說零日攻擊能帶來多大的危害了。然而，現在，大數據以及隨之而來的各種威脅幾乎成為每一個單位日常的一部分，大數據的網路安全也慢慢地變成了一個被廣泛關注的商業問題。

隨著越來越多的交易、對話、互動在網路進行，這種刺激使得網路犯罪分子比以往任何時候都要猖獗。影響和帶來網路故障和安全事件的因素，主要來源於如圖 6-5 所示的幾個方面。

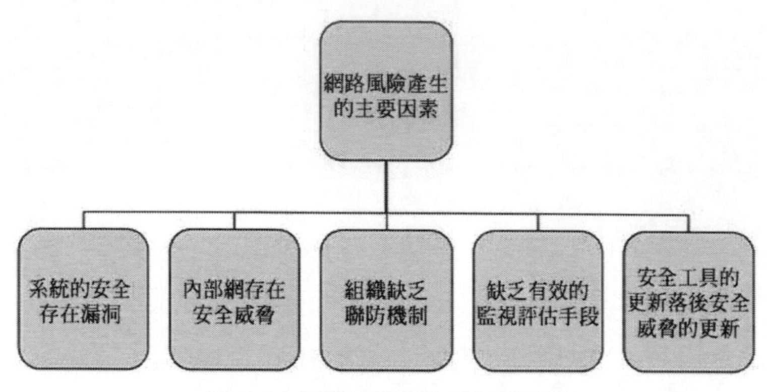

圖 6-5：網路風險產生的主要因素

國際上，網路安全已開始從資訊安全轉向資訊保障，從被動的預防向主動保護過渡。中國的資訊保障雖已提上日程，但從理論走嚮應用還需要一個過程，這個過程的長短和企業資訊化的進程息息相關。總的來說，網路安全系統以策略為核心，以管理為基礎，以技術為實現手段。

專家提醒

很顯然，保證資料輸入以及大數據輸出的安全性是個很艱巨的挑戰，它不僅影響到潛在的商業活動和機會，而且有著深遠的法律內涵。我們應該保持敏捷性並在問題出現前對監管規則作出適當的改變，而不是坐等問題的出現再亡羊補牢。

6.1.5 風險 5：資料人才缺乏

如今，大數據市場已經逐漸繁榮起來，但不少企業發現，目前對於最新的一些產品不能配備足夠的人手。據塔塔諮詢服務公司（TCS）的調查顯示，IT 行業人才缺乏，符合條件的大數據分析人士很少，這也是許多企業在尋求打造與部署大數據系統所面臨的困難之一。

如圖 6-6 所示，在大數據時代，企業面臨的挑戰可以從中看出一些端倪。缺乏專業的大數據人才成為企業面臨的最大挑戰，其次是非結構化資料的分析和處理、傳統技術難以處理大數據以及新技術門檻過高。

例如，阿里巴巴支付寶使用者價值創新中心是支付寶大數據業務的核心部門，這個只有 7 個人的團隊負責為公司開發出可以銷售的商業化大數據產品。雖然阿里巴巴各類業務產生的資料為資料分析創造了非常好的基礎條件，然而這個團隊卻因為應徵不到合適的資料科學家而在研發上進展緩慢。

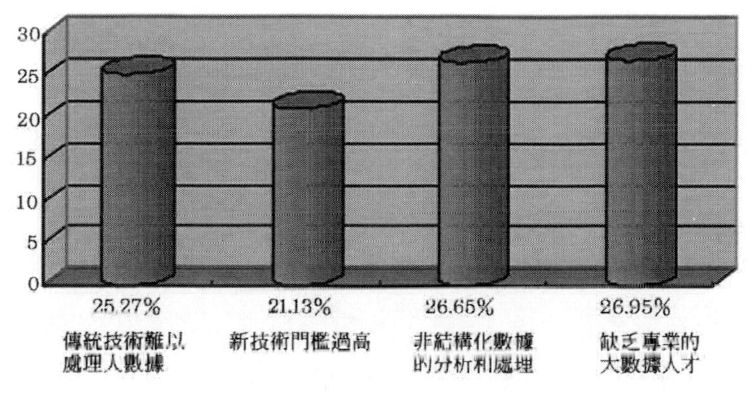

圖 6-6：企業在大數據時代面臨的挑戰

不僅僅是阿里巴巴在面對大數據發展時遭遇人才瓶頸，多家諮詢機構也都預測了大數據的快速增長和人才需求規模。據 Gartner 預測，到 2015 年，全球將新增 440 萬個與大數據相關的工作職務，且會有 25% 的組織設立首席資料官職位。

在歐美國家，資料分析人員的工資水平可以排在前列，但臺灣資料分析人員整體遜於國外分析人員。筆者認為，大數據相關人才的欠缺將會成為影響國內大數據市場發展的一個重要因素。

大數據職位相關的技能主要包括數學、統計學、資料分析、商業分析和自然語言處理，資料科學家是複合型人才，需要對數學、統計學、機器學習等多方面知識綜合掌控。目前，人才市場上很難招募到優秀的資料分析人員。

因此，如果你正在尋找的是高端資料人才，這個任務無疑是很困難的。不過在你發出「我找不到人才」這樣的歇斯底里之前，確定好你的需求和培訓的規模，然後和當地一所大學建立聯繫，這樣或許你的問題會變得更容易解決。

6.2 步步小心，大數據專案 7 大盲點

大數據分析可以給組織帶來很大的商業價值，但是如果你不小心，不從其他公司犯的錯誤中吸取教訓的話，它也可以帶來災難。因此，應謹記本節提到的幾個問題，切莫成為大數據分析專案的反面典型。

6.2.1 盲點 1：盲目跟風

由於「大數據（Big Data）」近兩年來是資訊技術領域最時髦的詞彙，因此，很多人甚至還沒明白什麼是大數據，就眼高手低地開始部署大數據專案，妄圖趕上大企業的步伐，想走捷徑，結果往往是鑽入了「牛角尖」。

很多企業或機構在開發他們的第一套資料倉儲或者 BI 系統時經常會犯「盲目跟風」的錯誤。太多時候，大數據分析專案管理者被技術炒作所迷惑，忘記了他們首要的任務是商業價值，過分追求資料分析技術，卻不知那僅僅是一個用來產生商業價值的工具。

現在應對大數據，可以用高可靠性、高可擴展性的基礎架構和高性能的分析系統來應對，然而，談大數據的風險，談資料探勘，它的效果到底多好？事實上是需要得到驗證的。

筆者認為，儘管大數據是個值得重視和關注的方向，但目前技術上並不成熟，各企業不要盲目上馬大數據專案、建大數據中心，以免重蹈雲端運算過熱的覆轍。另外，雲端運算發展幾年來成效並不顯著，很多地方建的雲端運算中心利用率不高，不少還僅僅是資料庫，沒有提供雲服務的能力。

大數據分析的支援者們不應該盲目地採用產品，他們首先需要判斷該技術所服務的業務目標，以便建立業務案例，然後為手頭工作選擇正確的大數據分析工具。如果沒有對業務需求的深刻理解，會存在很大風險，專案團隊最終可能將創建出一個毫無用處的「大硬碟」。

因此，規避大數據的風險，不能盲目跟風，特別要明確實施大數據的目標，要有切實可行的規劃，此外要有品質足夠好的資料。尤其是發展大數據產業需要有明晰的產業規劃，建大數據中心要有明確的用途和服務對象。

專家提醒

筆者再次提醒，大數據時代確實給我們帶來了很大的誘惑，我們可以透過資料分析得到預知未來甚至穿越過去的效果，但是我們也不要盲目跟風，適合自己的才是最好的。

6.2.2 盲點 2：思路太過僵硬

很多情況下，企業的大數據專案採用「放羊式」管理：尋找到一片草地，就把羊趕出去，任羊自己去尋找水源和青草。結果往往是：聰明的羊膘肥身圓，遲鈍點的羊瘦骨伶仃。這是由於萬物生存法則——「適者生存」所導致的。

通常，人們總是不斷嘗試他們過去的做法，即便當他們面對不同的場景時也會這樣。從而導致在大數據情況下，一些企業會想當然地認為所謂「大」只是意味著更多的交易和更大的資料量。這種觀點可能是正確的，但是許多大數據分析策略會涉及非結構化和半結構化資訊，需要以完全不同於企業應用程式和資料倉儲中結構化資料的方式管理和分析。

因此，企業管理者不僅要讓「大數據正確地做事」，更需要「引導大數據做正確的事」，最好有一套新的方法和工具來進行大數據的捕獲、清洗、儲存、整合和訪問。正如一個好棋手，走一觀二想三，深謀遠慮才能保證在大數據道路上不斷前進。

專家提醒

創新性思維為我們提供了科學的思維依據和方法，將其融會貫通後定會提高大數據分析問題的能力和解決問題的能力，促進企業快速發展。

6.2.3 盲點 3：不注重他人的經驗

在做大數據專案時，有些人會走向另一個極端，認為大數據中的一切都是完全不同的，他們必須從頭開始，從而不知不覺地走進了盲點。對於大數據分析專案的成功，這種錯誤甚至比認為沒有不同更要命。

俗話說：「失敗是成功之母。」每個人都熟悉的這句話，同樣可以運用於大數據專案。

其實，資料分析大師是經過無數次失敗才換來成功的。因此，各企業的大數據專案往往只是分析的資料結構不同，而資料管理的基本原則卻都大同小異，完全可以借用，這樣才能更節省時間和精力。

6.2.4 盲點 4：把大數據當「門面」

現實中，有些企業喜歡追求熱門，只是將大數據專案當作「噱頭」來吸引業務，認為自己有了大數據專案就是新型科技企業，卻不看重大數據的實際價值。據國外報告顯示，多數企業只用了收集到的資料總量的 0.5% 來進行決策，這意味著絕大多數的資料被浪費掉了。

在這些企業中，衡量大數據分析專案的成功僅僅是透過資料收集和分析來進行。而事實上，收集和分析資料只是開始。如果結合了業務流程，並促使業務經理們和使用者為改善組織績效和業績而付諸行動，之後，分析才能產生商業價值。要獲得真正的效率，就需要把分析專案納入反饋閉環，以便於交流分析結果，然後基於經營業績提煉分析模型。

大數據的應用不僅僅停留在 IT 領域，在醫藥、科學、製造以及氣象等行業，都將出現大量的資料應用，如果能合理地利用這些資源，其將對行業產生巨大的推動，但目前來看，大數據應用還遠遠不夠。多數企業仍然是扔掉的資料比保留的多，如何去篩選資料，資料留存多久，這一系列問題都是需要企業與監管部門面對的，但現在仍然缺少一個大數據應用的框架。

6.2.5 盲點 5：過度誇大數據成果

近日，筆者聽到兩個朋友抱怨。

朋友 A 說：「我們的領導不乾脆。外部門踢過來的工作，不說接也不說不接，搞得下面的人做也不是不做也不是。對下屬的求助也是模棱兩可，總是說，『這個事兒，再搞搞，再看看，再研究研究，』很多都明確了的事兒還是要一拖再拖，不決策。」

朋友 B 說：「我們的領導不懂業務，又喜歡攬活，經常胸脯一拍說，『這個事兒我來幹！』回來就丟給下面的人做。但是實際上這個活兒與我們部門是『風馬牛不相及』，根本就無法完成，強出頭的結果往往是費力不討好。」

這樣的對話每天都在發生，這樣的領導也比比皆是。不承諾和過度承諾，已經成為管理者們常見的一個現象。究其根源，往往是不了解業務、流程及對責任感的錯誤理解所致。其實，許多大數據分析專案陷入了這樣的一個盲點：過度宣揚他們部署的大數據系統會有多麼快，業務會獲得多麼重大的益處。

企業對大數據專案的「過度承諾」需要在銷售過程中向客戶明示，這種「過度承諾」

在客觀上使該專案成為「賣點」，刺激了客戶購買慾，增加了相關的商品銷量和擴大了營業額。但是，長此以往，結果往往卻不樂觀。過度的承諾和交付的不足，必然導致業務與技術的分離，造成該組織會在很長時間內推遲特定技術的選用 —— 即便其他許多公司已經使用該技術獲得了成功。此外，如果你設定了很輕鬆、很快就能獲益的預期，業務主管就有一種認識傾向，容易低估了需要參與和承擔義務的程度，當足夠資源不能兌現時，預期的收益就很難達到了，那麼你的大數據專案基本就貼上了「失敗的標籤」，甚至還要承擔客戶的損失。

6.2.6 盲點 6：想要獲得所有資料

我們正生活在一個前所未有的大數據時代當中，我們從來都沒有像現在這樣能夠獲得如此多的資料。在如今的工業化社會中，平均每個人一天所消費的資訊量超過了生活在十五世紀的人一生所消費的資訊量。

很多企業為了探勘大數據，不斷地構建、升級自己的 IT 系統，妄圖獲得所有的資料。

其實，目前還沒有一個人或一家公司能夠儲存和檢索關於某一特定主題的全部資料，更不要說是所有資料了，包括 Google 在內。Google 索引的只是表層網中的資訊，而不是深層網中的資訊。專家估測，後者的規模是前者的 25 倍。因此，在我們進行搜尋時，我們所獲得的資訊量僅僅是網際網路資訊量中的 4% ～ 6%。

筆者認為，錢必須要用才有價值，資料也是一樣。只有不停地使用資料，探勘資料背後的關係和價值，才能如滾雪球一般，使資料之間的相互關係更豐富和完善。

6.2.7 盲點 7：認為軟體是萬能的

很多人構建一個大數據專案，是希望他們部署的軟體會神奇地實現一切功能，把所有的問題都丟給分析軟體，不再願意親自去動腦思考。當然，人們應該明白希望總是比現實更美好。軟體確實會帶來幫助，有時幫助還會很大，但是大數據分析的效果取決於被分析的資料和使用工具的分析技能。

大數據在某種意義上只能作為一個工具，不能代替人類自己的分析，如果把所有的事情都交給大數據來處理很可能就會陷入一個非常大的困境。例如，現在很多影視公司在製作影視作品時，透過大量的資料分析來指導創作，這看起來似乎是合理的，但是實踐結果往往並非如此。中國一家知名的影視資料分析公司的影視劇都是在大量的資料分析基礎之上進行創作的，包括什麼樣的題材、什麼樣的演員、什麼時間投放都經過了非常精密的計算，可是最終理性地看市場效應，在業內有影響力的作品並不多。

由此可見，在應用資料軟體指導商業行為的時候，依然存在著很多不確定性。這就需要大家回過頭來思考另外一個問題，即大數據對商業行為的產生或產生的影響展現在什麼地方。筆者認為其更多是在行銷領域，透過一個軟體分析消費者的主要需求，然後根據需求選擇相應的商品進行生產。同時，也可以根據消費者的需求對已有的商品進行修改完善。所以，從這個意義上講，大數據對各個領域的影響肯定是巨大的，如果能夠很好地運用，對於企業的發展有非常大的作用，但是過於迷信也可能會變成謬誤。

專家提醒

當然，筆者並不是說，因為存在不確定性，大數據就不能為我們提供幫助了，不能將減少不確定性和消除不確定性混為一談。大數據能夠幫助我們消除不確定性的這一天還沒有到來，可能這一天永遠也不會到來。對大量非結構化資料進行分析或許能夠幫助公司更好地理解客戶的情緒，但不要誤認為大數據能夠為我們排除所有的可能性，生命的無常和業務的起伏將會破壞我們制訂出的完美計劃。

6.3 踏雪無痕，徹底逃離大數據監視

美國作家艾伯特 - 拉斯洛· 巴拉巴西的新書《爆發》中有一個這樣的片段：「我點擊了自己的名字，頁面上出現了一張熟悉的照片——是我穿著一件藍色襯衫的照片，旁邊配有我的基本履歷資料……我點開了一個最近更新的連結，地點是波士頓的馬薩諸塞大街……兩秒鐘後，我在影片中看到了自己推開了地鐵站那厚重的大門……每次看到自己出現在影片中，我都會渾身不自在。但現在可好，我的一舉一動已經被 LifeLinear 網的系統給記錄了下來……」

書中的「LifeLinear 系統」只是作者杜撰出來的，並非真實存在。但是作者同時認為，在科技發達的今天，借助大數據的平臺，「LifeLinear 系統」並非不能實現。這樣的場景又讓人毛骨悚然，如果真有這樣一套系統面世，我們的隱私豈不是要暴露在光天化日之下？

大數據堪稱一把雙刃劍，不論是企業還是個人，都會因大數據的爆發獲益匪淺，但同時個人隱私也無處遁形。如今，人們在網路上的每一次活動，都會留下蛛絲馬跡。雖然我們無法完全躲避「大數據」的監視，卻也可以踏雪無痕、隱遁無形，逃離那些祕密網路跟蹤。

6.3.1 碼頭：讓網路行為一目瞭然

「碼頭」專案及其監控手段是 NSA（美國國家安全局）所實行的監控專案中最鮮為人知的一個，即使是那些參與其中的情報專家對專案整體也知之甚

少。「碼頭」專案所監控的電子郵件、網路聊天系統以及其他借助網際網路交流的媒介使用頻率在當下遠勝於普通的電話或者手機。

美國在 2001 年「9·11」恐怖襲擊發生後不久啟動了「中繼資料」專案，NSA 將這些「中繼資料」視為「數位網路資訊」。這一專案收集網際網路「交通」原始資料，被稱作「碼頭」專案，也稱為「大塊網際網路中繼資料」專案，其包含網際網路資訊發送雙方的地址，包括可以顯示發送或接受資訊者所在確切位置的 IP 地址。專案啟動之初以一方為美國境外的人或外國人之間的通訊為限定範圍，但 2007 年拓寬至美國公民以及居民。

「碼頭」專案的 IP 記錄功能就像是一個導航記錄，你曾經看過的內容，曾經在網路上發過的貼文等，只要它了解你的 IP 記錄，它就像在看日記一樣地了解你的行為。對於這些資訊的追蹤及分析，能切實知曉一個普通的美國民眾是否與一個臭名昭著的恐怖分子有所聯繫。同樣，基於這些資訊，個體的健康狀況、政治或者宗教信仰、涉密的商業談判，甚至是否存在婚外情等狀況，都能一目瞭然。而這恰恰是美國民眾最為擔心的，也是美國政府極力迴避的所在。

6.3.2 上游：截取全球網際網路資料

與「碼頭」類似的監視專案，還有「上游」（Upstream）專案，其透過美國周邊的海底光纜蒐集情報，截取全球網際網路資料。美國《華盛頓郵報》2013 年 7 月 10 日公布了一張美國國家安全局的機密幻燈片，其中對「稜鏡」計劃以及與之平行展開的「上游」計劃有所介紹，如圖 6-7 所示。

在這一張最新公布的演示圖中，上半部分藍色框內是「上游」專案，顯示了從美國東西海岸延伸至世界各地的深海光纜路線，意思是從海底光纜等基礎設施截取資料。海底光纜對世界範圍內的資料傳播極為重要，對美國及其盟友的監控專案也有舉足輕重的影響。

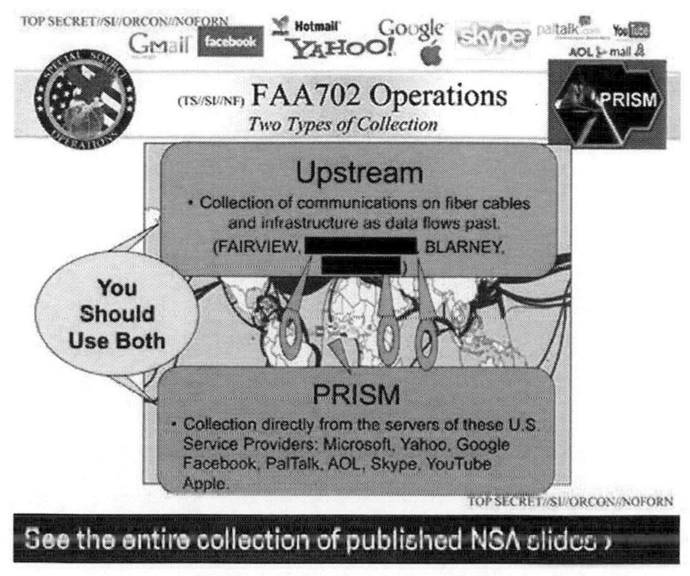

圖 6-7：美國「上游」監視專案

圖片下半部分綠色框內解釋了「稜鏡」計劃，它透過 Google、微軟、臉譜、雅虎、Skype、PalTalk、Youtube、蘋果和美國線上等 9 家網際網路企業探勘資料，其中的文字介紹是「直接從伺服器上蒐集資訊」。

幻燈片還用黃色圓圈提醒國家安全局人員「應利用兩個專案」。為保障「上游」專案的順利實施，美國國家安全局和國防部等機構在 2003 年與美國環球電訊公司簽署《網路安全協議》。據悉，環球電訊公司的海底光纜覆蓋全球四大洲的 27 個國家和地區。在過去 10 年中，有更多的電訊公司簽署了類似合作協議。

專家提醒

每個人都期待獲得個性化服務。但是，在大數據時代，想要獲得個性化服務，就一定會在某種程度上犧牲自己的隱私。

6.3.3 稜鏡：備份全球網際網路資料

美劇《疑犯追蹤》裡有這麼一件「神器」：它幾乎無所不能，全天候監視所有人的行蹤，聰明地預測出誰是危險分子，誰會遭遇不測……美國政府用它攻擊恐怖分子，開發者則用它拯救普通人。這不只是一部科幻劇，它也出現在現實的世界裡，即美國的「稜鏡」專案。

首先讓我們回顧下轟動 2013 年的「稜鏡門」事件。2013 年 6 月，美國前中情局（CIA）職員愛德華· 史諾登將兩份絕密資料交給英國《衛報》和美國《華盛頓郵報》，並告之媒體何時發表。按照設定的計劃，2013 年 6 月 5 日，英國《衛報》先扔出了第一顆輿論炸彈，即美國國家安全局有一項代號為「稜鏡」的祕密專案，要求電信巨頭威訊通訊（Verizon）公司必須每天上交數百萬使用者的通話記錄。2013 年 6 月 6 日，美國《華盛頓郵報》披露稱，過去 6 年間，美國國家安全局和聯邦調查局透過進入微軟、Google、蘋果、雅虎等 9 大網路巨頭的伺服器，監控美國公民的電子郵件、聊天記錄、影片及照片等祕密資料。

「稜鏡」計劃是「上游」專案的兄弟，相當於「下游」專案，其收集的是經過科技公司加工的資料。根據報導，代號為「稜鏡」的監視專案從 2007 年開始實施，從未對外公開過。接入網際網路公司的中心伺服器可以讓情報分析人員直接接觸到所有使用者的資料，透過音頻、影片、照片、電郵、文件和連接日誌等資訊，跟蹤網際網路使用者的一舉一動，以及他們的所有聯繫人，如圖 6-8 所示。

圖 6-8.「稜鏡」監視的網路資訊類型

專家提醒

從技術角度看，稜鏡是正宗的大數據武器。雖然還不如《疑犯追蹤》裡的機器萬能，但足以讓大家擔心個體隱私不保。人們更害怕政府擁有大數據後，權力和能力膨脹，必然滋生腐敗。資料如萬川歸海般途經美國，「山姆大叔」便可架網撈魚，坐收漁利。稜鏡資料監測的原理也是如此，就像三稜鏡把自然光分成紅、橙、黃、綠、藍、靛、紫七色，在光纖上接入「稜鏡」，可以讓光纖傳輸的信號一覽無餘，透過大數據系統進行分析探勘。

在過去 6 年中，「稜鏡」專案經歷了爆炸性增長，眼下美國國家安全局約七分之一的情報報告依靠這一專案提供原始資料。可以說，「稜鏡」專案以近乎即時備份的方式，備份了整個全球網際網路的全部資料。利用這些備份資料，可以拼出一個人一生的網路足跡。

由此可見，因為具備足夠資金、技術和不受限的權力，政府機構等大組織是大數據的最大受益者，可肆意窺探個體的網路活動和關聯網路。不過，現有的大數據技術，擅長利用歷史記錄來預測已有事物在未來是否出現，並不擅長判斷從來沒有先例的事物。

要防範大數據技術濫觴，需要發揮個體的創造性，不要成為機器眼裡可以預測的循規蹈矩者。

6.3.4 星風：監視全球通訊大數據

史諾登揭開的「稜鏡」專案只是美國政府祕密監視系統的「冰山一角」。據《華盛頓郵報》爆料稱，史諾登曝光的「稜鏡」專案，源自此前從未公開的「星風」（STELLARWIND）祕密監視計劃。

「星風」計劃成立於 2004 年，不過由於當時的法律程式等敏感問題，時任小布希政府被迫做出讓步，縮減在美國本土的監聽專案。與此同時，為了避免「星風」計劃的夭折，小布希政府將其拆分為「稜鏡」（PRISM）、「主幹道」（MAINWA Y）、「碼頭」（MARINA）以及「核子」（NUCLEON）4 大專案，均交由美國國家安全局（NSA）執掌，如圖 6-9 所示。

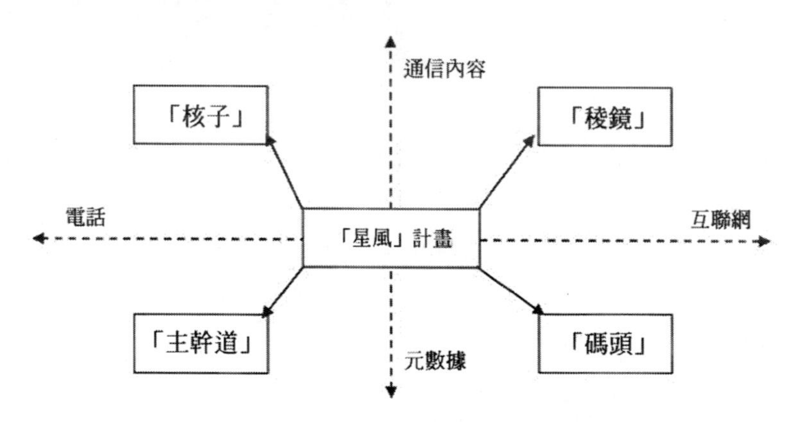

圖 6-9:「星風監視」計畫的主要內容

時至今日，「星風」計劃對於很多美國人來說是待解之謎，而唯一能大致確認的則是由「星風」計劃拆分出的 4 個監視專案，它成功幫助小布希和歐巴馬政府對全球範圍內的現代通訊資料實行了有效監控。

《華盛頓郵報》表示，「主幹道」和「碼頭」祕密監視專案分別對通訊和網際網路上數以億兆計的「中繼資料」進行儲存和分析。「主幹道」專案負責祕密監視電話資訊，包括通話或通訊的時間、地點、使用設備、參與者，但不會竊聽通話內容。從 2009 年一份流出的機密材料來看，美國國安局花費了 1.46 億美元的反恐基金購買硬碟等設備，用於儲存「主幹道」祕密監視專案上的中繼資料。另外兩個「規模小得多」的「稜鏡」和「核子」祕密監視專案則負責截取內容。其中，用來截獲電話通話內容及關鍵字的叫「核子」祕密專案。

儘管按照美國情報部門的說法，這些祕密監視專案的目標都是「外國人」，但事實上，四大情報蒐集計劃牽涉的範圍極為廣泛，從某種程度上說，幾乎可觸及每一個美國家庭。

專家提醒

中繼資料（Metadata）是指在地理空間資訊中用於描述地理資料集的內容、品質、表示方式、空間參考、管理方式以及資料集的其他特徵的資料，它是實現地理空間資訊共享的核心標準之一。例如，在對電話和網際網路監視的語義下，中繼資料主要指通話或通訊的時間、地點、使用設備、參與者等，不包括電話或郵件的內容。在美國，法律對於中繼資料的保護很少。而根據新技術，監視機構有效探勘中繼資料的能力，已經比竊聽和截取通訊內容更加重要。

6.3.5 小甜餅：竊取個人網路隱私

2014 年新年即將到來，筆者好友張莉經常瀏覽汽車網站，準備買臺新車回老家過年。不久，張莉便發現，在看了幾個汽車網站後，即便是在與汽車無關的頁面，也看到了比過去更多的汽車廣告。這就是 Cookies 在「作怪」，電腦中的 Cookies 記錄了張莉對汽車的興趣，便向她推播相關的廣告。

Cookies（暱稱為「小甜餅」）也被稱為 HTTP Cookies、網路 Cookies 或瀏覽器 Cookies，它是當使用者瀏覽網頁時，網路伺服器以文本格式儲存在使用者電腦硬碟上的少量資料。Cookies 的主要目的在於幫助網站記憶使用者之前可能進行的操作，自 1993 年問世至今已經過去了整整 20 年。

對普通使用者來說，Cookies 主要用來判定註冊使用者是否已經登錄網站，這樣可以免去使用者重複登錄網站的麻煩，試想如果你刷新一次臉書都需要重新登錄，想必就沒有多少人願意上網了。Cookies 的另外用途是網路購物的「購物車」功能。使用者可能會在一段時間內在同一家網站的不同頁面中選擇不同的商品，這些資訊都會寫入 Cookies 以方便最後網購結帳。

但是，某些第三方廣告公司往往透過採取在網站加代碼的方式竊取使用者的 Cookies，這些 Cookies 幾乎覆蓋了所有網民群體，並透過分析 Cookies 來收集使用者的 IP 地址、帳號、身分、聯繫方式等資訊，用於廣告行銷，但這顯然沒有充分尊重使用者的知情權和選擇權。

Cookies 的存在最初是為了方便使用者使用，然而被一些有商業企圖的機構在使用者並不知情的情況下，採集並加以商業運作，那就是不折不扣的違法行為，正是這種「網路臭蟲」的存在，讓 Cookies 有了隱患，危及到使用者的隱私安全。

「網路臭蟲」透過在使用者廣泛訪問的網頁上放置一個像素大小的圖片（代碼），而使用者根本看不到這張圖片。「網路臭蟲」的工作就是透過獲取 Cookies 來獲知使用者的瀏覽習慣，進行隱蔽的跨網站跟蹤行為。這個頁面一天內如果有 1000 萬人訪問，那麼該公司一天就獲取了 1000 萬份個人資訊。更可怕的是，網路駭客可以透過木馬病毒盜取使用者的 Cookies，直接騙取網站信任，無需輸入使用者的帳號和密碼即可登錄網站。

針對這個問題，許多瀏覽器還提供了隱私保護瀏覽器模式以及 Cookies 清理功能。例如微軟在 IE 10 瀏覽器中預設開啟 DNT（Do Not Track，直譯也就是「不追蹤」）「禁止跟蹤」功能，可以有效阻止某些網站的 Cookies 跟蹤和跨站跟蹤行為。同時，許多瀏覽器軟體推出的多項清理功能，也無疑給使用者提供了自主保護個人隱私的工具。

儘管如此，筆者建議使用者還應從自身做起，不要在不清楚來源的網頁上填寫任何個人資訊，例如你的年齡、性別、收入等，你在不同網站填寫的資訊很可能會被其他人獲取後整合得到你的全部資訊。

6.3.6 間諜軟體：讓我們無處藏身

在大數據時代，聰明人已經極端地依靠網際網路來達到各種目的，其中最重要的就是:發現使用者、研究使用者、最終控制使用者。網際網路之父，英國南安普敦大學的電腦科學教授伯納斯·李曾經說過：「我很擔心透過蒐集線上資料描繪網路使用者特徵和詳細了解使用者的習慣。避免這種窺探行為是非常重要的。」

隨著網民數量的急遽增長和行動網路的普及，網民在電腦或手機設備上儲存的帳號、密碼等機密資訊也越來越多，以竊取使用者機密文件和個人隱私為目的的「間諜」軟體已經超過傳統意義上的病毒成為網民的最大威脅。

「間諜軟體」是一個概括性的術語，用來描述通常未事先適當徵求使用者同意便執行某些行為的軟體。間諜軟體能夠在使用者不知情的情況下，在其電腦上安裝「後門」，蒐集、使用並散播使用者的個人資訊或敏感資訊，如圖 6-10 所示。

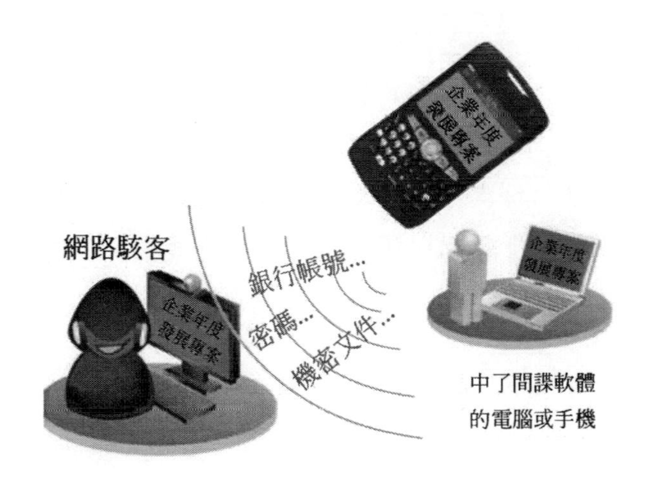

圖 6-10：間諜軟體的作用

據悉，英國網路安全公司 ScanSafe 推出一項新型的間諜軟體封鎖管理服務，在對該軟體進行的 10 周示範運行時，公司發現從受感染電腦發出的間諜軟體通訊流量能佔到總網路流出流量的 8%。此外，間諜軟展現在變得越來越狡猾了，它們把其外出流量夾雜在正常的網路流量之中。對於電腦使用者來講，感染上這些間諜軟體會導致他們電腦中的私人資訊失竊。

ScanSafe 公司稱，目前間諜軟體共占網路盜竊事件的 20%，目前還有增長的趨勢。一些惡意程式如 CoolWebSearch 現在採用新開發的 root-kit 結構，可以躲過殺毒掃描。

對付間諜軟體是一場永遠不可能結束的戰爭。這已經成為現代計算環境中一道「亮麗」的風景線。而且像所有的戰爭一樣，與間諜軟體的戰爭也涉及防禦和進攻的策略問題。正確運用下面的一些技巧可以幫助你免受惡意程式設計人員和駭客的危害。

- **防火牆**：防火牆就像站在你的電腦或私有網路門口的一位「警衛員」，它會阻止進入或發出的不符合設定標準的資料通訊。
- **反間諜軟體**：主要用於搜出電腦內隱藏的間諜軟體、特洛伊木馬、蠕蟲等，是迎戰駭客和間諜程式的有利武器。同時，要保證你的反間諜軟體程式擁有自動更新特性。
- **查看郵件要小心**：在多數情況下，查看電子郵件需要特別當心。最起碼不要打開來自並不認識的人或組織的附件，還要提防那些「道貌岸然」的像是來自某個官方網站的郵件，它們可能向你索要關鍵資訊。
- **正常關機**：為了保護你自己，在不想用電腦時可將其關閉。如果你實在不願意關閉電源，可以在不使用網路時，透過防火牆或其他方式關閉網路連接。

6.4 有備無患，做好大數據風險管理

避免大數據的管理風險的第一要務，並非是技術或產品上的實施與部署，最重要的應該是策略與理念上的轉變：大數據首先不是機遇而是挑戰，首先需要著手解決的不是資料分析、利用，而是將資料更好地儲存與管理起來，這才是大數據時代首先要做的事情。

6.4.1 風險管理利器 1：IBM StorWize V7000

在資料管理時，將所有資料放在一個地方是有很大風險的，為了資料的安全，資料應該儲存於不同的地方。如數值資料可以儲存在資料庫裡，非結構化的資料則可以儲存在文檔或者表格里。這樣將風險資訊可能的來源進行了細分，意味著我們可以迅速了解綜合風險狀況。

在如今的儲存管理環境下，打破複雜性升高和資料爆炸式增長的循環可能是一大挑戰，購買和管理儲存設備的老辦法已變得不那麼有效。IBM StorWize V7000 是 IBM 最新發布的一款中端儲存產品，在發布這款新產品之前，IBM 特意為其製作了具有強烈神祕感的廣告，並宣稱這將是「改變儲存遊戲規則」的產品。

確實，IBM 一直是主打性能穩定的招牌，其中這款 IBM StorWize V7000 作為目前熱賣的磁碟陣列，它可充分保護企業的資料安全，該機支援 12 塊 3.5 英吋磁碟驅動器，使用者在不中斷系統運行的情況下，可以將資料遷出現有儲存設備，從而簡化實施流程並且可最大限度地避免使用者服務中斷。

IBM StorWize V7000 為使用者提供了與虛擬化伺服器環境互為補充的虛擬化儲存系統，其具有無與倫比的性能、可用性、先進的功能和高度可擴展的容量。配置的方面，IBM StorWize V7000 高速快取達到 8GB，每個機櫃可以組合 12 個 SAS 驅動器，支援 RAID 0、1、5、6 和 10 介面，並且硬碟轉速達到 10000rpm、近線 7200rpm，可謂是性能強悍。

通常情況下，在多套儲存系統中，統一執行儲存層的資料災難備份可以說是難上加難的工作，不僅需要分別購置和部署每套儲存上的遠端複製功能，而且很難協調不同儲存間的資料一致性關係。當不同陣列都歸在 IBM StorWize V7000 下時，一切又恢復到比較簡單、類似單臺儲存做災備的環境。

傳統模式下，一個資料中心起步階段採用低端小儲存，隨著業務量增加，不斷更新到更高端的儲存上。這樣不僅投入較大，而且每次升級對應用系統會帶來一定風險及停頓（如資料從低端遷移到高端）。然而，IBM

StorWize V7000 可以從低端起步，透過橫向擴容（叢集）的方式，增加控製器及容量，其可隨資料及業務量的增長，平滑有序地升級成更高端儲存系統。另外，IBM StorWize V7000 的外置虛擬化能力也帶來極大升級空間，最大 32PB 的虛擬化空間足以滿足大部分雲儲存的需求。

6.4.2 風險管理利器 2：EMC VNX 系列

從數量上來看，大數據的「可怕」之處首先就在於它的「大」，也就是資料的規模化效應，以現有的手動和人工的方式自然是不能夠很好應對的，因此，重要的是要有高度自動化的解決方案來應對。

筆者注意到，市場上很多的產品都開始在簡化管理界面、加強自動化與智慧策略管理上下工夫，無論是如今正當主流的 IBM StorWize V7000 還是 EMC 推出的 VNX 系列，自動化程度都非常高。

EMC VNX 系列有兩個分系列，分別是 VNXe 系列和 VNX 系列，VNXe 系列適用對象是中小型企業，VNX 系列的使用對象是大中型企業。因定位的不同，它們在所支援的協議、可擴展的介面、儲存處理器 CPU 和記憶體（及快取）、最大硬碟數和對複製軟體的支援上都會有所不同。

EMC 發布的產品 VNXe 是一款整合程度更高的系統，它採用了新版本的 VNOX 操作系統，配備了一款雙核英特爾處理器和 4GB RAM；在設定上更加簡單，同時增加了 CLARiiON 和 Celerra 源技術所不具備的各項管理和支援功能。

專家提醒

以往，人們認識的資料修復技術往往是「回存」技術，就是要把備份資料介質倒回生產系統中，然後等待恢復的效果和業務的啟動，這種技術存在眾多風險。首先是在漫長的資料恢復之前，完全無法預料恢復時間和恢復可靠性。其次，一旦恢復成功，卻發現恢復的資料並非自己需要的時間點資料，或者需要的資料不存在，這時已完全無法回退到初始狀態，系統將進入更為嚴重的不可控狀態。

VNXe 的易用性很強，配備了 Unisphere 嚮導設定程式、針對應用程式優化的管理功能以及 EMC 所說的一鍵幫助和支援功能，即使用者只需一步操作即可進入自動診斷、服務狀態及進入自助式使用者社區。VNXe 產品以非常直觀的管理界面，讓使用者可以透過七八步，在 2 分鐘內為 500 個 Exchange 郵箱或 1TB 的 Vmware 資料儲存配置好儲存容量。

其中，VNXe 3100 採用 2U 或 3U 標準工業設計的機架式機箱，標配系統中除了附帶用於 SAS 和 iSCSI 連接的 1Gbps 的以太網連接，還有 FlexI/O 插槽，其可提供額外的 1Gbps 端口，為擴展連接更多的設備並提高性能提供了先決條件。並且在容量方面，還提供簡單的容量擴展，最大可增加 96 個 SAS 驅動器，按 1TB 的 SAS 驅動器容量計算，其最大可擴至 96TB 的儲存容量。

自動化、塊資料與文件資料的統一儲存及虛擬化帶來的儲存系統整合，這些方法都能夠有效降低資料儲存尤其是大數據儲存的風險。

6.4.3 風險管理利器 3：戴爾 EqualLogic 平臺

如今，資料資訊成為了商業價值的核心部分。由於即時獲取資料、企業行動計算和虛擬化普及等需求的推動，預計從現在一直到 2020 年，企業儲存每年將以 60% 以上的速度增長，這一數字並不令人感到意外。平均來講，每 18 個月企業資料便會翻一番。但實際上，似乎多數企業對管理資料增長做得不夠好，而要依靠不見增長的預算來完成這一任務，這其中就存在很大的風險。

因此，使用者可以考慮採用戴爾 EqualLogic 平臺，其無縫擴展的架構和智慧陣列軟體，可以與企業第一層應用和虛擬環境自然整合，從而幫助企業高效地管理資料，卻不會增加複雜性。EqualLogic 的自動化功能可以幫助企業每年將常見儲存任務的管理時間大幅降低，將虛擬機（VM）部署提速超過 70% 以上。

例如，EqualLogic FS7500 是唯一針對中小規模部署進行過優化的橫向擴展統一儲存體系結構，借助它可以無中斷地增大塊和文件的容量。

專家提醒

大數據災備系統的有效性問題涉及災備建設的實際目標和符合目標的災備技術路線，要清楚認識災備系統的有效性問題，人們必須領悟到一個更深層次的道理：災備系統的建設要求災難防禦全方位，不能只防小機率的自然災害，更要防止機率大的設備故障和邏輯故障，嚴密的多方位防護網才是取勝之道。

未來與儲存密切相關的兩個挑戰：一是非結構化資料的迅猛增長對於全球的企業使用者而言都是一個相當頭疼的問題；二是企業資料中心面臨著向虛擬化、雲端運算轉型的需求。毫無疑問，戴爾 EqualLogic 作為戴爾最重要的儲存平臺，必須要能完美地幫助企業迎接這些挑戰，這樣才能贏得自身的勝利。

6.4.4 風險管理利器 4：NetApp FAS 平臺

NetApp FAS 系列產品的控製器承擔了所有工作，包括 RAID、文件系統、網路 IO、雙機叢集（HA）系統等，它是一個完整的、一體的產品。

下面以 NetApp 入門級 FAS2000 系列中的成員 NetApp FAS2240 為例，介紹 NetApp FAS 系列產品的主要特點，如表 6-1 所示。

表 6-1：NetApp FAS 矽品的主要特點

主要特點	細節說明
性能和可擴展性	NetApp FAS2240 的性能比以往產品提升了兩到三倍，因而靈活性也得以提高，便於客户最大限度地利用儲存資源，支援要求苛刻的工作負載，並根據業務需求的變化增加增強功能
精簡性	該管理工具簡單、易於使用並隨附於購買的系統中，其可幫助使用者提高儲存服務效率以及生產率，並減少儲存管理對有限 IT 資源的影響
NetApp Data ONTAP	FAS2000 系列運行最新版本的 Data ONTAP 作業采統，可為使用者提供一個支援多種工作負載且具備高靈活性的可擴展統一下臺，幫助他們滿足不斷增長的業務需求

可擴展的統一架構	NetApp 提供真正統一且可擴展的架構，支援客户輕鬆且經濟地升級到更先進的系統和新功能，而無需執行「堆高機式」升級。NetApp 的創新型統一本臺可幫助使用者建構高效震活的可擴展基礎架構，滿足目前和未來的需求
行業領先的效率	NetApp 可提供行業領先的效率，因此中型企業的用户可從中受盒。其他儲存供應商只提供一兩種儲存效率技術，而 NetApp 提供 9 種整合的技術，可以幫助使用者節省大量資金

6.5 大數據風險管理應用案例

大數據時代的來臨，對各國來說面臨安全管理能力、儲存及處理能力、應用能力和人才培養能力等多方面的新挑戰。對於很多企業來說，大數據並不意味著機遇或是商業上的無限潛力，在他們能夠很好地管理資料之前，大數據只意味著風險和無窮無盡的煩惱。那麼，如何解決大數據的風險和煩惱呢？本節主要介紹大數據風險管理的應用案例，希望對讀者有一定的啟發和學習價值。

6.5.1 【案例】「閃電計劃」為資料護航

不久前，EMC 發布了傳說已久的「閃電計劃」，並推出了 VFCache，其旨在透過利用快閃記憶體的快速讀寫優勢來加速資料流通速度，加強伺服器與外部儲存系統之間的聯繫。特別是針對關鍵應用環境中具有渦輪增壓性能的伺服器快閃記憶體快取解決方案，透過提供線內重複資料消除功能，設立了企業快閃記憶體效率的新標竿。

同時，EMC 透過實現 VFCache 與 VMware® vSphere® vMotion 之間的新的可互動運作性，使得虛擬機可在由 VFCache 加快的環境中實現無縫、靈活地行動，這擴展了其在 VMware 環境的領導地位。EMC 繼續投資於業界最全面的快閃記憶體產品組合，在保持網路儲存的高可用性、災難恢復、資料完整性和可靠性等優點的同時，提供快閃記憶體具備的所有性能優勢。

在儲存界中，磁碟陣列中採用 Flash 技術的磁碟通常被稱為 SSD，隨著對高性能的要求和 Flash 技術的價位的快速拉低引發了「caching tier（緩衝層）」。緩衝層是一個使用 Flash 技術的大容量第二級 cache，它位於伺服器與儲存磁碟之間。

EMC 的 VFCache 是一個面向伺服器的 Flash-cache 解決方案，它運用了智慧 cache 軟體和 PCIe（Peripheral Component Interface Express，總線和介面標準）Flash 技術，旨在解決延時問題和加速帶寬，最終可以極大地提高應用性能。VFCache 的技術亮點如表 6-2 所示。

表 6-2：VFCache 的技術亮點

技術亮點	具體說明
效率更高	EMC 正在發揮其在備份環境中的重複資料消除的镇導能力，並將該技術應用到高速快閃記憶體快取領域。透過更大的高效快閃記憶體對快取資料進行線內重複数據消除，在「重複消除」收益很高的應用環境中，VFCache 的快閃記憶體快取容量顯著提高，並極大地延長了快閃記憶體卡的預期壽命
深度整合	在虛擬、儲存和伺服器店面上。VFCache 實現了更深度的整合，使關健任務應用環境最大化
渦輪增壓的效能	VFCache 是當今最快的 PCIe 伺服器快閃記憶體快取解決方案。VFCache 被置於伺服器中，熱數據無需從網路穿過以到達儲存陣列，這使流通量在某些情況下達到 3 倍的提升，並減少 60% 的延遲。透過 PCIe 快閃記憶體卡實現更高的流通量和反應速度，需要的 CPU 和記憶體資源卻比競爭產品少 4 倍
操作環境白動化	VFCache 與 VMware vSphere vMotion 之間的可互動運作性，使其更快、更易於實現持續正常、流暢地運行，以及完整的環境維護，並使遷移順利進行，這有助於客户加快其雲端運算之旅
智慧快取策略	VFCache 在伺服器上實現了新一層的高性能儲存。VFCache 將 EMC FAST 架構延展到支援一個智慧的端對端的資料分層和儲存到伺服器的快取策略
效能更佳	VFCache 的最新版本支援每個伺服器有多塊 PCIe 卡，並提供更多容量選擇，可支援新的 700GB PCIe 卡以緩存更大的工作集，並爲客户提供更優性能，可透過調整 VFCache 快取算法進而降低延遲時間
企業級資料保護	VFCache 透過將全盤資料「逐一寫人式快取」到儲存陣列使客户受益，使資料擁有可用性、完整性、可靠性和災難恢復的儲存解決方案。無需任何冗贅的儲存，這此音訊依然可分享和可擴展

【案例解析】：在本案例中，VFCache 的發布使 EMC 成為第一家運用

PCIe 快閃記憶體技術幫助客戶以合理的成本，滿足客戶需要的資料保護和資料智慧，來確保其關鍵應用達到新的性能高度的公司，為大數據專案風險管理構築了一道堅實的「城牆」。

6.5.2 【案例】智慧儲存化解大數據風險

伺服器與儲存融合的趨勢日趨明顯，而純粹的儲存廠商做伺服器快閃記憶體卡更是有代表性的大事件，EMC VFCache 一道「閃電」拉開了儲存大佬們的快閃記憶體之爭的序幕。雖然 IBM 已有 eXFlash 這樣的快閃記憶體技術，但是在這場爭奪戰中，IBM 似乎顯得有些低調。

那麼，對於 IBM 這樣既有伺服器又有儲存業務的廠商來說，在大數據方面又有怎樣的動作呢？為了幫助更多企業把握「大數據」機遇，化解大數據在企業內部的風險疊加，IBM「智慧儲存」策略幫助企業 CIO 更加有效地收集並提取資訊，合理分析並加以利用，借助這種更加靈活、高效和簡單的方法管理企業資訊架構。

例如，IBM 提高了多個產品的效率和性能，如表 6-3 所示。

表 6-3：IBM 近期增強的產品策略

產品策略	增強方面
面向中小企業的 IBM System Storage DS3500 及採購高密度設計、可建構高性能計算環境的 DCS3700	這此產品現已具備增強型閃速複製功能，能夠多複製 50% 的快照，從而加快備份速度：此外，精簡調配功能可將未使用容量保存在儲存資源池中，以便按需提供給應用使用，從而能夠提高磁碟記憶體的利用率，同時降低儲存成本
IBM 磁帶系統庫管理器 IBM Tape System Library Manager (TSLM)	能夠給客户提供多個磁帶庫的單一綜合視圖，從而擴展 IBM TS3500 磁帶庫的使用範圍並且簡化其使用流程。TSLM 能夠與多代企業級和 LTO 驅動器及介質交互操作，從而將数據保存在單一磁帶儲備庫中，並且允許企業透過 IBM Tivoli Storage Manager 集中管理這個磁帶庫
IBM 線性磁帶檔案系統 (LTFS) 儲存管理器	允許客戶使用 IBM LTO5 磁帶庫及 IBM LTFS Library Edition 針對大型影片檔案等多媒體檔實施生命週期管理，從而顯著降低影片檔案的許可成本及錄影帶介質成本

IBM Tivoli Storage Productivity Center (TPC) 套件	TPC 的全新增強特性將允許公司更好地滿足大數據儲存需求。透過基於 Web 的全新使用者介面，TPC 能夠從根本上改變 IT 經理查看和管理儲存基礎架構的方式。此外，將 TPC 與提供直觀報告與建模功能的 IBM cognos 互相整合將允許客戶輕鬆創建高品質的特殊報告和定制報告，以便做出更加明智的決策。TPC 採用簡單包裝方式，允許客戶透過單一許可開展全面的管理、發現、配置、性能保證和複製工作
智慧儲存方法	進一步改進智慧儲存方法，將 IBM Easy Tier 功能擴展到基於伺服器的直接連接 SSD 領域，以便幫助客戶協調磁碟系統與伺服器之間的資料遷移活動，如圖 6-11 所示。IBM Easy Tier 可基於策略和活動將資料自動轉移到最適合的儲存位置，包括多層磁碟和 SSD

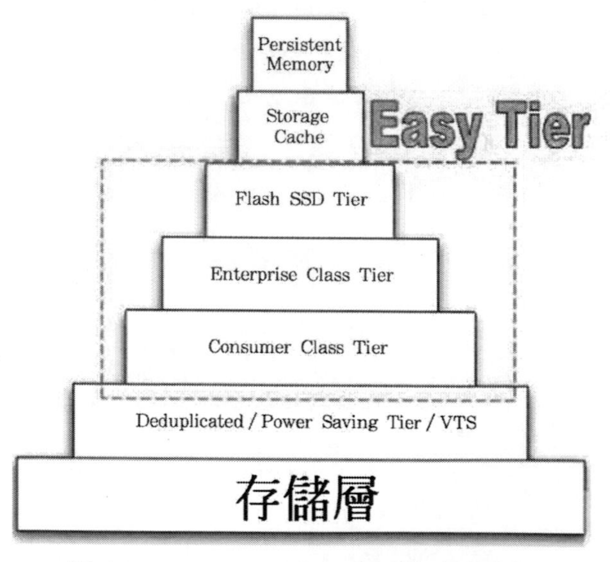

圖 6-11：IBM Easy Tier 可支援 3 個儲存層

【案例解析】：在本案例中，IBM 作為領先的 IT 服務提供商，已經緊緊抓住了發展趨勢，利用自身優勢、資源及解決方案深入企業業務需求，幫助企業認清方向，透過「智慧儲存」策略解除企業資料危機並實現新時期的智慧成長。

6.5.3 【案例】Google 循環利用「資料廢氣」

拼寫檢查對於英語寫作來說是很重要的一個糾錯功能，Google Docs 的文檔已經支援拼寫檢查，而且現在使用 Google Docs 的表格也可以接受拼寫檢查了。如圖 6-18 所示，左側是新的系統，右側是舊的系統，Google 終於意識到自己的「Gmail」也是一個正確的拼寫單詞了，因為新的系統結合了 Google 的線上拼寫檢查功能，而老系統只是比照詞典去查錯，字典裡顯然沒有 Gmail 這個詞。

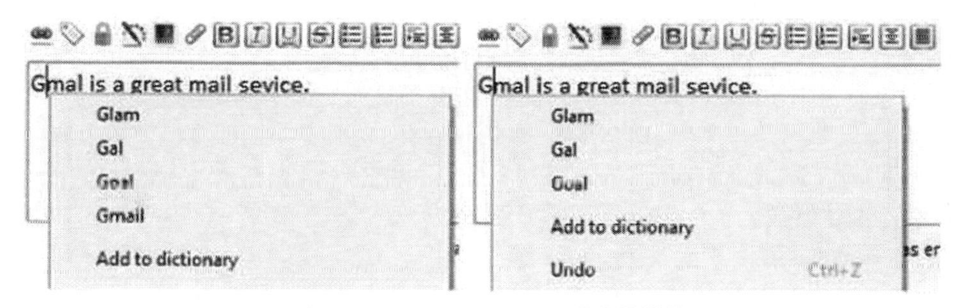

圖 6-12：Google Docs 新舊系統對比

由於人類的語言極其複雜而且內容繁多，有非常多的規則需要設計，因此造成同一句話可以表達不同意思，不同的話可以表達相同意思，以及流行語更新很快等問題。因此，一直以來，專業的拼寫檢查器（spell checker）很難達到人們的應用要求，比較起來，搜尋引擎成為了最先進的拼寫檢查工具。

很多人都有過這樣的經歷：對於一個句子、單詞、成語甚至古詩不確定的時候，就拿 Google 搜一下。有意思的是，Google 並不是作為拼寫檢查器被設計出來的，而且他們也沒有專門的「拼寫檢查」功能。之所以這個歪打正著的功能居然這麼好用，是因為它收集而且組織了極其大量的資訊。

在大數據時代，搜尋引擎能看到所有人們提出的問題，所以如果你在拼寫中或者用詞中犯了一個錯誤，它能透過比對大量資料來預測出你的這個錯誤，從而導致搜尋引擎成為了目前為止最先進的拼寫檢查器。

這些使用者之間互動的語言「碎屑」卻被 Google 當成了金粉，收集在一起就能鍛造成一塊閃亮的金元寶。一個用來描述人們在網路上留下的數位軌跡的藝術詞彙出現了，這就是「資料廢氣」，它是使用者線上互動的副產品，包括瀏覽了哪些頁面、停留了多久、游標停留的位置、輸入了什麼資訊等。許多公司因此對系統進行了設計，使自己能夠得到資料廢氣並循環利用，以改善現有的服務或開發新服務。

【案例解析】:「資料廢氣」向來被人們當成是一種負擔，累積在一起將會帶來極大的儲存壓力。但從本案例繼續往下分析，可以看到「資料廢氣」將成為公司的巨大競爭優勢，相同的方法和原理在人工智慧、預測分析學的很多其他方面都有著應用，例如人臉識別技術等，這些應用的基礎只有一個 —— 那就是極其大量的資料。因此，把 Google 當拼寫檢查器使用，這個有趣的現象值得我們好好去觀察和思考，也許大量資料真的會帶來人工智慧的新時代。

精準行業聚焦篇

CH07　平臺：資訊通訊大數據

學前提示

行動網際網路發展起來後，資料爆發性增長，網路與電信服務營運商（以下簡稱電信商）怎樣利用好手中的大數據？如何進一步優化、升級網路，以應對「大數據」時代使用者的流量需求呢？大數據時代電信商面臨的是機遇還是挑戰？本章將結合傳統通訊行業，介紹大數據的解決方案和應用案例。

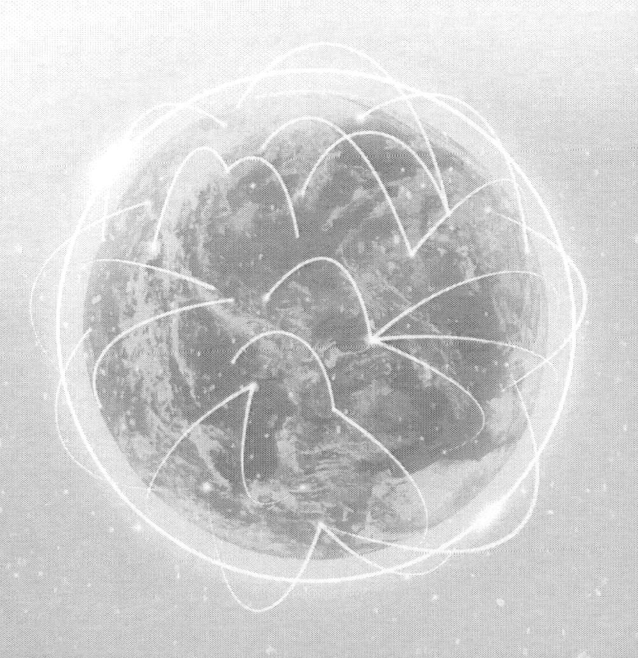

7.1 資訊通訊平臺大數據解決方案

車聯網、物聯網、雲端運算、行動網際網路等以及遍布全球的各種各樣的感測器，無一不是資料來源或者承載的方式。大數據的累積效應正給整個IT 業帶來變革。特別是雲概念和 3G 的深入發展，各大電信商面臨著越來越大的資料壓力，同時 IDC（Internet DataCenter，即網際網路資料中心）擴容，偏向以儲存為主的雲服務。

對於電信商來說，這個「大數據」主要是大量的使用者行為資料。隨著智慧手機的普及，電信商將獲得更加完備的使用者行為資料，而能否探勘出這些資料的價值將決定電信商能否把握住大數據帶來的機遇。

7.1.1 電信商在大數據時代的認識轉變

行動網際網路時代的到來帶動了通訊業新的變化，以 Apple、Amazon、Google 等為代表的網際網路公司目前已經形成了與傳統電信商價值鏈重新劃分的格局，使得電信商的角色正在不知不覺中發生著變化。

不管使用者換什麼 OTT 平臺和終端，資料總歸會流經通路和電信商。所以有人問，Apple 也有大數據，Amazon 也有大數據，電信商的大數據和他們有何區別呢？其實，區別在於，Apple 拿不到 Amazon 的大數據，Amazon 拿不到 Apple 的大數據，但電信商可以同時拿到 Apple 和 Amazon 的資料，只要有這個必要。

專家提醒

OTT 是 Over The Top 的縮寫，是通訊行業非常流行的一個詞彙，這個詞彙來源於籃球等體育運動，是「過頂傳球」之意，指的是球類運動員在他們頭上來回傳球而使其到達目的地。OTT 在商業中的意思是，網際網路公司越過電信商，發展基於開放網際網路的各種影片及資料服務業務，強調服務與物理網路的無關性。網際網路企業利用電信商的寬頻網路發展自己的業務，如國外的 Google、蘋果、Skype、Netflix，以及臺灣的 MOMO、

PCHOME 等。不少 OTT 服務商直接面向使用者提供服務和計費，使電信商淪為單純的「傳輸管道」，根本無法觸及管道中傳輸的巨大價值。

當前，通訊業務的競爭日趨激烈，保證網路品質無疑是電信商競爭取勝的關鍵所在。為提高網路服務品質，電信商必須建立高效運作的維護體系，推進行動網路基礎營運的精確管理，並以資訊化為支撐，透過先進的維護手段不斷提高維護管理效率，為整個營運網路提供可靠的業務保障。那麼，大數據的到來對電信商有什麼啟示呢？筆者認為至少有以下兩點：

1. **業務類型的轉變**。傳統電信商所提供的服務類型已經從單一的話音結合少量的資料通訊，向多媒體、IPTV 等多業務疊加模式演變。
2. **業務價值鏈的改變**。在大數據時代，電信商不得不面對為數眾多的並且在逐步壯大的網際網路服務提供商和應用提供商，電信商想自己直接經營這些業務顯然不太現實。因此，如何處理與網際網路公司的關係？公司化運作、新的 IT 技術的利用是否是其轉型的救命稻草？雲、管、端三線布局能否解決管道化的憂慮？

專家提醒

在需求不斷變化增長的發展趨勢下，很多電信商在嘗試布局「雲管端」架構，如圖 7-1 所示。

- **雲**：雲平臺將成為未來資訊服務架構的核心。
- **管**：超寬頻智慧網路是實現該新架構的基礎和前提，同時是實現「雲 - 端」互動的橋樑。
- **端**：融合終端（Terminal，集中式主機系統）的智慧化，將大規模地在各行業得到應用。

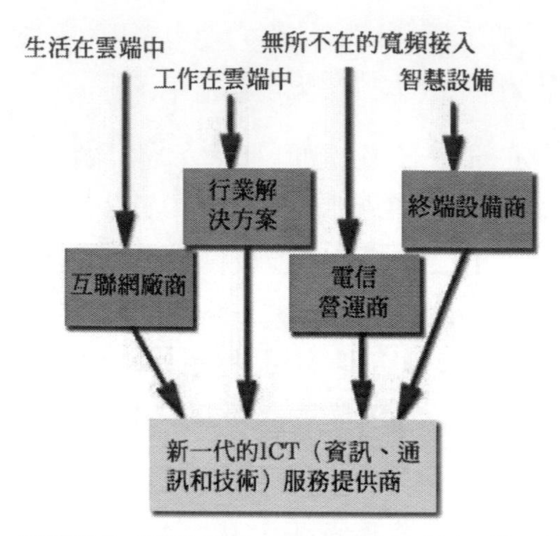

圖 7-1：不斷變化成長的通訊市場需要新的「雲－管－端」模式

7.1.2 電信商在大數據時代的模式轉型

行動網際網路發展起來之後，電信商在近兩三年開始關注大數據。大數據不是新的概念，在行動網際網路發展起來，資料增長速度加快，整個產業壓力突出，傳統資料庫技術已無法滿足電信商對大數據充分利用的需求的背景下，大數據成為近年來的熱點。但是，對電信商來說，資料爆發性增長後，並沒有為其帶來可觀的收入。

究其原因，主要有以下兩點：

1. **營運模式受限**。由於大數據產業具有強烈的網際網路特徵，因此電信商現有的營運模式很難幫助實現大數據產業的迅速發展。
2. **組織結構過時**。對於大數據產業，電信商傳統的金字塔式的組織結構已經過時，傳統架構的資訊系統及組織架構已無法應對大量資料和創新型應用，那種由上而下的營運模式無法更接近使用者的需求，顯然已經阻礙電信商自身大數據產業的縱深發展。

儘管大數據在商用道路上的發展困難重重，但是由於電信商有經營大數據的先天優勢，且又有在網際網路時代淪為「資料管道」的壓力，還有大數據時代資訊價值的高昂，使得探索和發展大數據成為電信商最明智的選擇和最好的出路。

總的來說，電信商運用大數據主要有 4 種模式，如表 7-1 所示。

表 7-1：電信商運用大數據的模式

運用層面	具體操作
市場	電信商可以利用大數據對自身的產品進行服務，透過大數據分析使用者行為，改進產品設計，並透過使用者偏好分析，及時、準確地進行業務推薦，強化客戶關懷，如此便可以不斷改善使用者體驗，增加使用者的資訊消費以及對電信商的黏度
網路	可以透過大數據分析網路的流量、流向變化趨勢，及時調整資源配置，同時還可以分析網路日誌，進行全網路優化，不斷提升網路品質和網路利用率
企業經營	可以透過業務、資源、財務等各類資料的綜合分析，快速準確地確定公司經營管理和市場競爭策略
業務創新	可以在確保使用者隱私不被侵犯的前題下，對資料進行深度加工，對外提供資訊服務，為企業創造新的價值

只要做到以上 4 種模式的轉變，電信商即可借助大數據來實現從網路服務提供商向資訊服務提供商的轉變。筆者認為，電信商應該跳出網際網路看網際網路，將大數據作為重點業務發展領域，畢竟電信商擁有的「資料礦產」資源是任何其他企業所不具備的，電信商應該基於大數據的基礎發展延伸業務。

專家提醒

在大數據時代，電信商必須根據市場需求，全面轉向以客戶和消費者為中心的營運體系，重新梳理企業的經營模式和組織架構，這就是模式的創新。

7.1.3 電信商在大數據時代的機遇前景

電信商手中的「大數據」如同一座豐富的金礦，然而對其價值的探勘卻由於體量太大的緣故遲遲無法有效推廣。

1．電信商為何難以下手

當談到大數據話題時，電信商們都不願公開談論他們的進展。這表明電信商或者是在部署獨特的亦或是商業敏感性的解決方案，又或者他們還未下定投身大數據的決心。筆者認為，在電信商的大數據道路面前，至少有以下兩道檻：

1. **市場沒有定型**。通常大家能看到的一些與位置有關的服務，例如餐飲、活動查詢等，其實與電信商的關係並不大，一般是透過 GPS 定位來實現的。
2. **政策監管是空白**。電信商所掌握的使用者資訊是十分精確的資料，不僅僅是使用者的身分資訊、手機號碼等，甚至連使用者的所處位置、通話狀態等都能夠獲取。在通訊行業裡，通話記錄等屬於涉密資訊，在這個資訊的獲取上是沒有灰色地帶的，如果沒有政策導向，一味只考慮利用使用者資訊探勘商業價值，就會面臨信任危機。

2．從雲端運算來打「首戰」

電信商在雲端運算和大數據應用的發展上，相比較網際網路企業有一定的優勢，利用好了，找準了發力點和突破點，在行動網際網路產業的發展中可占據一席之地。電信商發展雲端運算的先天優勢是其在電信時代所積累的遍布全球的 IDC（資料中心）和龐大而詳細的使用者資料（包括身分資料和行為資料），而且都是電信級的品質。電信商的 IDC 不僅可以滿足自身業務的需求，也可以為網際網路企業提供相關租賃、託管等服務。

電信商 IDC 眾多，對帶寬絕對控制，有國有資產的公信力，無論發展公有雲、私有雲還是專屬雲，均具備優勢。在雲端運算的發展中，平臺才是王道，「得平臺者，得雲端運算半壁」。

電信商應與開發者合作共贏，從以自己單獨營運為主逐漸轉向專注提供開放的、低門檻的開發平臺和環境，匯聚廣大開發者共同開發。當然，電信商發展雲端運算，不能僅停留在雲端運算本身上，也不能僅停留在雲端運算基礎設施建設上，而是要專注於雲端運算應用，使其落地開花。

因此，電信商可以利用自身優勢，有針對性地蒐集各種不同類型的資料，打好時間差，先發制人，可以獲得先發優勢。否則，隨著人們的行為越來越多地發生在網際網路公司端，網際網路公司蒐集到的資料越來越全面，電信商的優勢將不復存在。另外，電信商要學會降低成本，保證合理的品質，並進行市場普遍定價，這是電信商必須考慮和解決的問題。

專家提醒

電信商的自身優勢主要有以下幾點：

- 可以看到使用者的年齡、品牌、資費、上網管道，還能夠看到他們的上網時間、上網地點、瀏覽內容偏好、各種應用的使用時間等。
- 能夠知道使用者用了什麼樣的終端，包括 IMEI、MAC、終端品牌、終端類型、終端預裝了哪些應用、終端的操作系統、終端的尺寸等。
- Web 瀏覽記錄、感測器信號、GPS 跟蹤和社群網路資訊等資料也都會被電信商掌握。

從這些資料中分析使用者的行為習慣和消費喜好，正是大數據的精髓所在。

3．逐步進入大數據領域

過去，電信商已經積累了大量的優質資料，但其價值一直未被發現。如今，大數據時代的到來，使這些資料反倒可以成為電信商「鹹魚翻身」的利器。目前電信商的優勢只是資料大，需要將資料大變成大數據，對資料進行充分的探勘和分析，並從中生發出新的業務形態和價值來。

1. **擴大現有的資料業務**。電信商要接受大數據帶來的變革性影響，順應資料業務主營化的大趨勢，將資料業務及時轉換成自己的主營業務。電信業原有的主營業務是語音業務，資料業務只是輔助性業務。但在行動網際網路中，資料業務上升為主營業務，有的甚至可以佔到 76% 以上，而語音業務成為副業。
2. **初步構建大數據系統**。大數據時代，電信商可以提供用於雲服務的資料融合技術、大量資料探勘技術和大規模分散式技術。圍繞新核心繫統 BDS 這個中心，形成電信商的網路大腦，進而建立網路資料子系統、使用者資料子系統和業務資料子系統。且其 IDC 有天然優勢，不用求人。這一部分，從網際網路角度看，也屬於電信商最優質的資產，可以成為行動網際網路資料核心業務的重要組成部分，甚至是重心所在。

3. **認清大數據發展方向**。電信商將來努力方向是完善面向客戶的支撐系統，全面提升面向客戶的支撐能力。不應侷限於傳統 IDC 思路，只把重點放在伺服器託管、出租設備等方式上，還需要深入到業務內部，思路向資料方向轉變，提高服務的能力。
4. **應用才是真正的財源**。行動互聯的競爭在於除了提供 IT 服務之外，還要與應用結合起來，提供基於應用的雲端運算服務。例如資料採集之後，要把資料業務展開成幾個具體的產業；再如資料增值前，可以增加諮詢加工服務，再往下是平臺業務、很多分散的應用，這恐怕不是電信商一家能夠做得到的，可透過合作做大產業。

專家提醒

應用在面向對象上，通常可分為個人使用者應用（面向個人消費者）與企業級應用（面向企業），在行動端系統分類上主要包括 iOS App（如同步推等）和 Android Apk（如 AirDroid、百度應用等）。

7.1.4 電信商在大數據時代的應對方案

電信商擁有豐富的大數據資源，包括資料資源、基礎資源和平臺資源，這些資源優勢是其他企業無法比擬的。不過，這些資料只有經過長期的營運、使用和剖析，才能夠真正發揮價值，如圖 7-2 所示。

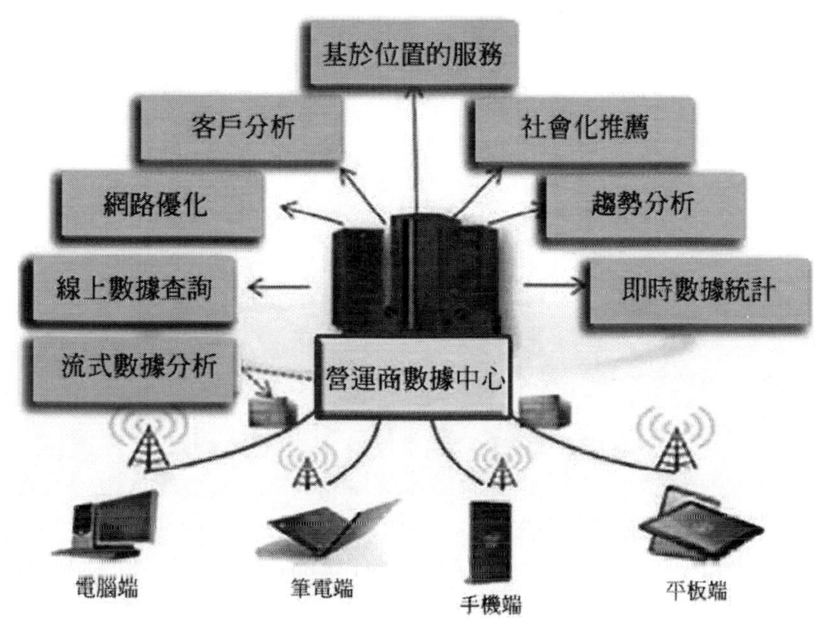

圖 7-2：電信商大數據解決方案

1. **打造即時行銷解決方案**。電信商應整合現有資料建立資料集市，利用即時處理大數據的能力，打造基於資料的即時行銷解決方案，提升企業銷售服務能力。大數據處理分析平臺的優勢在於對大量資料處理的即時性，技術優勢可以有效地保障即時行銷解決方案的實施。例如，「基於位置的服務」是根據使用者位置軌跡資訊推播自有業務或者合作商家的產品資訊，如對接近某大型商場的使用者推播商店優惠資訊，吸引客戶消費。
2. **成為資料資訊的融合者**。電信商可以利用自有的品牌優勢打造權威指數類產品，為客戶的決策提供參考依據，可以提供更加全面、詳盡、客觀的產品，對於分析中欠缺的資料可以同其他行業進行合作共同探勘資料中隱含的價值。
3. **提升其他行業的資料價值**。電信電信商可為智慧醫療、智慧交通、智慧物流、智慧製造等領域提供解決方案，提升資料價值。

專家提醒

例如，交通管理行業在大數據時代，需要解決基於大數據及時查詢、及時分析等業務需求。電信電信商可以利用如「全球眼」等業務和雲端儲存方面的技術積累，提供大量交通資料的儲存、分析、應用，同時利用智慧管道進行交通資訊的及時推播，這樣可以更加有效地保障交通管理行業的及時性要求。

7.2 資訊通訊平臺大數據應用案例

大數據並非電信商獨家的概念，它已成為整個網際網路行業共同關注的領域。網際網路服務對傳統電信商業務構成的衝擊，反而可以加速電信商的轉型，並催生新的機遇和市場空間。大數據恰恰就是在這種產業變化的情況下催生出的新業務，對於電信商來說，在大數據領域可擁有比傳統基礎電信業務更大的市場空間。本節主要介紹資訊通訊平臺大數據的應用案例，希望對讀者有一定的啟發和學習價值。

7.2.1 【案例】西班牙電話公司的資料再利用

2012 年 10 月 9 日，西班牙電信成立了名為「動態洞察」的大數據業務部門 Telefonica Dynamic Insights，希望借此把握大數據時代商機，創造新的商業價值。

西班牙電信此次成立的大數據業務部門隸屬於該公司此前成立的數位業務部門 Telefonica Digital。大數據部門面向全球營運，主要目標客戶為企業和公共事業部門，其將為客戶提供資訊和分析打包業務，幫助客戶把握重大的變化趨勢。

大數據業務部推出的首款產品智慧足跡（SmartSteps，如圖 7-3 所示）就是將匿名的行動網路資料提供給零售企業等客戶，讓其了解在某個時段、某個地點的人流量，據此決策新店的選址、進行時段促銷等。

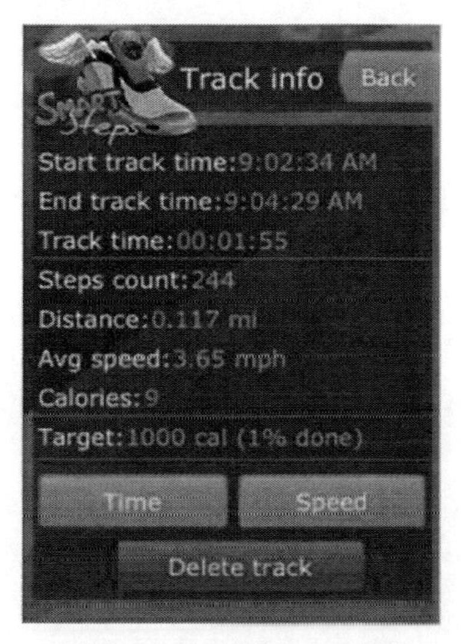

圖 7-3：Smart Steps 介面

其實，西班牙電信在資料能力商業化領域已經進行了不少探索。例如，2011 年 1 月，西班牙電信旗下英國 O2 電信商就在英國推出了免費 WiFi 服務，嘗試將收集來的使用者資料用在媒體廣告和行銷服務方面。免費的 WiFi 服務意味著更多的人會使用這個服務，進而 O2 電信商就會收集到更多的使用者資料，而廣告商就能夠利用這些資料進行更精準的廣告投遞。

2012 年，西班牙電信公司與 GFK 市場研究公司聯手，成立新部門——西班牙電信數位洞察（Telefonica Digital Insights），以此獲得德國、英國和巴西等市場的相關資料。

【案例解析】：大數據是數位經濟建模的關鍵之一，是轉換企業和社會每一部分又智慧又可靠的方式，有促進經濟增長、改善人們生活水平的潛力。在本案例中，西班牙電信透過 APP 應用對手機使用者的一般活動進行定位，這不但有助於零售商作出策略決策，還可以幫助市政府制定停車場計劃、管理公共事務。

筆者認為，大數據是對技術的綜合應用，電信商要有開放、融合、服務和創新的心態，在大數據領域創造另一片天地。例如，一個大數據的應用透

過收集資料，對大量圖片進行分析，最終形成一個場景圖。這就是對資料分析、統計技術、圖片處理技術和人工智慧合成技術的綜合運用。

7.2.2 【案例】德國電信的大數據行銷新策略

德國電信 T-Systems 是 SAP 第一批合作商，現已成為 SAP 認證的 SAPHANA 企業雲運維服務供應商。T-Systems 作為德國電信子公司，透過對特定的 SAPHANA 平臺基礎設施的建設，已可提供基於雲端運算的端到端大數據服務。

T-Systems 的資訊通訊技術部主任 Olaf Heyden 說，「大公司對雲端運算越來越感興趣，高效資料中心的需求在幾年之後會越來越明顯。」

此前，T-Systems 公司與英特爾公司在慕尼黑共建了試運行資料中心。兩家公司對運行服務環境的可持續性和高效性進行了研究。正是基於這份研究結果，T-Systems 公司決定新建雲端運算資料中心。

德國電信 T-Systems 憑藉在 SAPHANA 領域的專業知識，為客戶提供大數據環境下高性能商業智慧應用程式。企業透過該程式進行即時大量資料分析，並將結果作為「智囊」以供管理層參考。透過使用 SAPHANA 企業雲，企業無需購買德國電信 T-Systems 相關「端到端」大數據解決方案和技術設施，只需使用建立在多樣化雲平臺（DCP）上的應用程式便可輕鬆享受大數據的核心價值。

SAPHANA 平臺除了可以快速處理大數據外，還支援全新的一體化分析方式，分析結果能夠直接作為業務決策的參考甚至產生新業務，使得企業能更容易地滿足階段性需求。

專家提醒

SAP 提供一系列前所未有的新型企業應用，其中結合了大量交易與即時分析能力，能夠顯著優化現有的計劃流程、預測流程、定價優化流程等資料密集型流程。HANA 是一個軟硬件結合體，可提供高性能的資料查詢功能，使用者可以直接對大量即時業務資料進行查詢和分析，而不需要對業務資料進行建模、聚合等。

【案例解析】：SAPHANA 平臺提高了對結構性大數據分析的能力。在資料中心、網路、應用程式和流程整合的完美配合下，SAPHANA 能夠發揮全部潛能。在本案例中，德國電信 T-Systems 對於 SAPHANA 的性能進行了精準的投入，同時也已完成 SAPHANA 與多種基於雲的 SAP 解決方案的一體化，這意味著相關的業務流程可以獲得全面的改進。

聰明的決策來自於分析新的資料源，並用其增強現有的利用作業系統和資料倉儲中的結構化資料建立的分析和預測模型。大數據產品強調對感測器資料、網頁日誌資料、SNS 資料、文檔等多種非結構化資料的分析。電信商可以將自己的業務技能和技術技能組織在一起，深入分析大數據，找到改善當前業務分析和預測分析的模型，並發現新的商業機會。

7.2.3 【案例】Verizon 利用大數據精準行銷

威訊通訊（Verizon）是美國最大的無線通訊提供商和本地電話交換公司，在美國、歐洲、亞洲、太平洋等全球 45 個國家經營電信及無線業務。

2012 年 10 月初，Verizon 成立了精準行銷部門 Precision Marketing Division。根據部門副總裁 Colson Hillier 的介紹，該部門提供以下 3 方面的服務：

1. **精準行銷洞察（Precision Market Insights）**。提供商業資料分析服務。該服務已經開始向第三方售賣 Verizon 手上的使用者資料，對商場、體育館、廣告牌業主等出售特定場所手機使用者的活動和背景資訊。

專家提醒

Precision Market Insights 的具體做法如下：

Verizon 收集包括位置和 Web 瀏覽資訊在內的使用者資料，並將這些資訊發給資料庫，與從第三方拿到的人口統計資料（年齡、性別等）結合起來，Precision Market Insights 服務將資料進行聚類，然後賣給體育場館、商場等需要做行銷的公司。這些公司拿到資料後進行剖析然後進行定向行銷。

例如，NBA 球隊菲尼克斯太陽隊就是這項服務的客戶之一。太陽隊用它來找出觀看比賽的人群住在哪裡，以及了解觀眾賽後是否更有意願光顧比賽的贊助商，從而加強其他地區的廣告行銷，如圖 7-4 所示。

2. **精準行銷（Precision Marketing）**。提供廣告投放支撐。
3. **行動商務（Mobile Commerce）**。主要面向 Isis（Verizon、at&t 和 T-Mobile 發起的行動支付系統）。

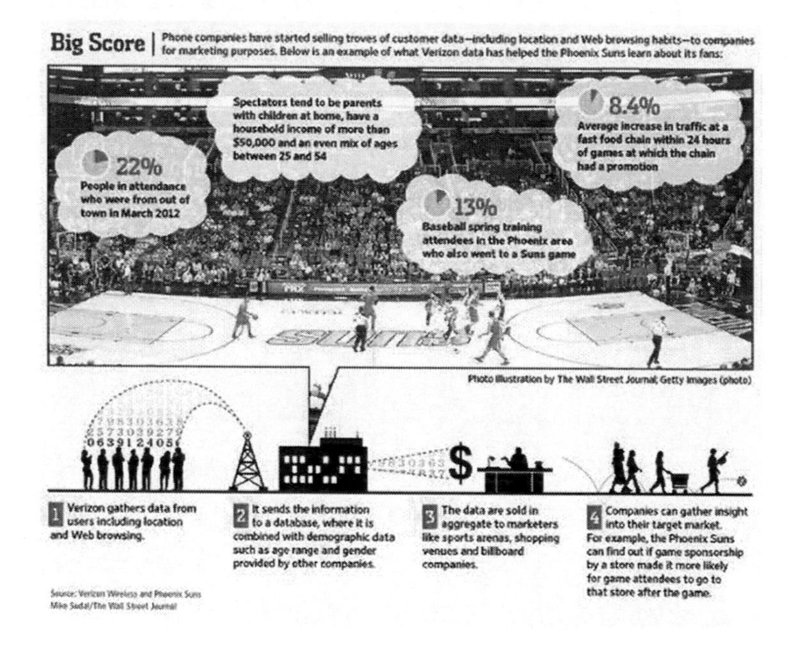

圖 7-4：太陽隊用 Precision Market Insights 分析商業資料

例如，美國的 Clear Channel Outdoor Holdings 是全球最大的廣告牌公司之一，目前也在試用 Verizon 的 Precision Market Insights 服務。他們用這項服務來衡量開車經過廣告牌的人看到廣告後，有多少人會去商店購買廣告產品。

【案例解析】：很長一段時間內，電信商在對外提供資料服務時，往往停留於提供原始資料層面，甚至違法違規事件屢有發生；而對於提供高附加價

值的資料分析服務，則是「雷聲大，雨點小」，或者「說得漂亮，做的少」。

在本案例中，Verizon 成立了大數據部門，在電信商資料能力商業化方面邁出了可喜的一步。Verizon 透過更精準地掌握使用者資訊和使用者行為，顯然可以提高行銷的定向性，如圖 7-5 所示。在筆者看來，儘管電信商做的事情似乎跟水廠、電廠無異，但是其最大的不同正是在於管道裡面的東西：資料流。跟管道流淌的水和電不同，電信商管道流淌的這種資料流絕對不是同質化的。透過對資料包的層層抽絲剝繭，是可以吸取出油來的。電信商只需對資料包進行深度分析，即可抓取 URL、關鍵字等資訊。

專家提醒

按照行銷大師菲利普· 科特勒的精準行銷理論，「公司需要更精準、可衡量和高投資回報的行銷溝通，需要更注重結果和行動的行銷傳播計劃，還有越來越注重對直接銷售溝通的投資。」

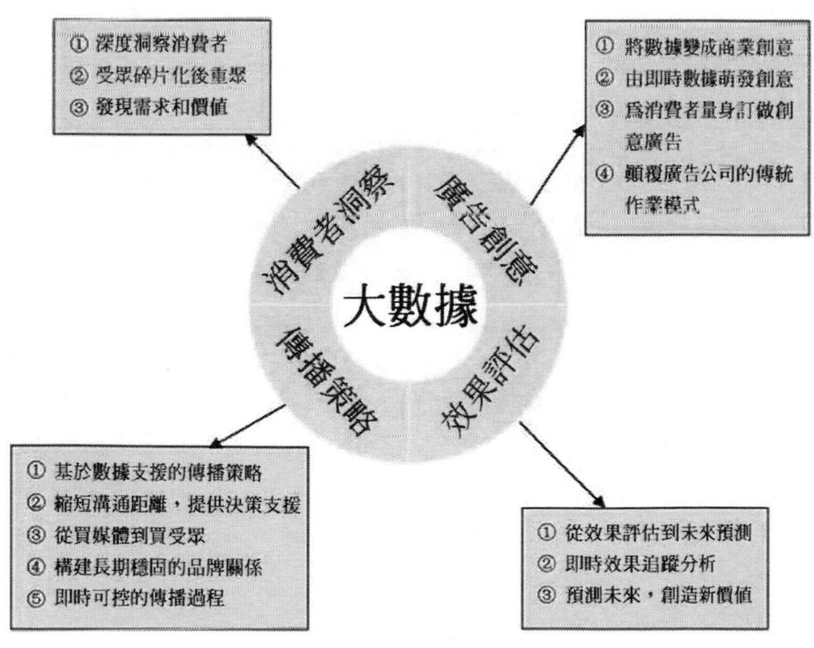

圖 7-5：電信商在大數據時代的精準行銷策略

7.2.4 【案例】法國電信大力發掘大數據價值

法國電信為了發掘大數據的價值，目前已在行動業務部門和公共服務領域進行了探索和嘗試。

Orange Business Services 是法國電信 Orange 的分部，同時也是法國最大的電信商，專門提供 B2B（Business To Business，企業對企業之間的行銷關係）服務，其擁有全球最大最暢通的語言和資料網路，覆蓋 220 個國家及地區，其中 166 個設有當地支援，並提供雲端運算、企業行動性、M2M（Machine-to-Machine，即機器和機器的連接）、安全、統一通訊、影片會議及寬頻等綜合通訊服務。

Orange Business Services 的策略是用雲端運算的方式為客戶提供儲存資源，使得企業客戶能夠以經濟有效的方式妥善保存私有資料，並且充分發揮資料智慧的作用。

在行動業務部門，Orange Business Services 已在借助大數據改善服務水平，提升使用者體驗。目前，法國電信開展了針對使用者消費資料的分析評估，以幫助法國電信改善服務品質。

例如，當使用者的通話突然中斷時，Orange Business Services 會分析產生的原因並做出相應操作。除了技術故障外還有網路負荷過重，如果某段網路上的掉話率持續過高，則意味著該網路需要擴容。法國電信透過分析掉話率資料，找出了那些超負荷運轉的網路，並及時進行了擴容，從而有效完善了網路布局，給使用者提供了更好的服務體驗，獲得了更多的使用者以及業務增長。

專家提醒

Orange Business Services 雖然為客戶提供資料儲存系統，但是會嚴格遵守相關的隱私保護規定，不會去讀取或者使用客戶的這些資料。

另外，Orange Business Services 還承擔了法國很多公共服務專案的 IT 系統建設，並在這些系統中開始嘗試探勘大數據的潛在價值。例如，Orange Business Services 承建了一個法國高速公路資料監測專案，每天都會產生 500 萬條記錄，對這些記錄進行分析就能為行駛於高速公路上的車輛提供準確及時的資訊，有效提高道路通暢率。

【案例解析】：在本案例中，Orange Business Services 目前已經能夠提供涵蓋 IaaS、WaaS（工作臺站即服務）、SaaS 三個層面的「端到端」雲端運算解決方案。其中，大數據所需要的方案集中在 IaaS 層，Orange Business Services 在這一層面推出了以「靈活計算」命名的系列方案，突出使用靈活、計費靈活的特點，從而靈活滿足使用者對資料儲存的需求。

國外電信商已有一些突破性的應用案例，對於電信商來說，大數據等於大價值。對於 IT 企業，大數據等於大機遇。通訊行業需求從來都是 IT 技術發展的重要推動力，誰能得到通訊行業客戶的認可，必然會在大數據領域大有作為，進而成為大數據解決方案的領先者、領導者。

專家提醒

雲端運算技術在資料中心領域是一個革命性的技術，對整個資料中心的發展有著重大影響。雲端運算模式可以動態擴展，並且可透過虛擬化資源、網際網路方式來對外提供，政府和企業可以利用雲端運算的技術和資源來進行靈活、低成本、協同的 IT 應用部署。

CH08　醫療：資料解決大難題

學前提示

如何應對「大數據」，是擺在醫院 IT 部門面前的一個「大考驗」。如果處理不好，「大數據」就會成為「大包袱」、「大問題」；反之，如果應對得當，「大數據」則會為醫院帶來「大價值」。而這一切，都離不開科學地規劃和部署儲存架構。

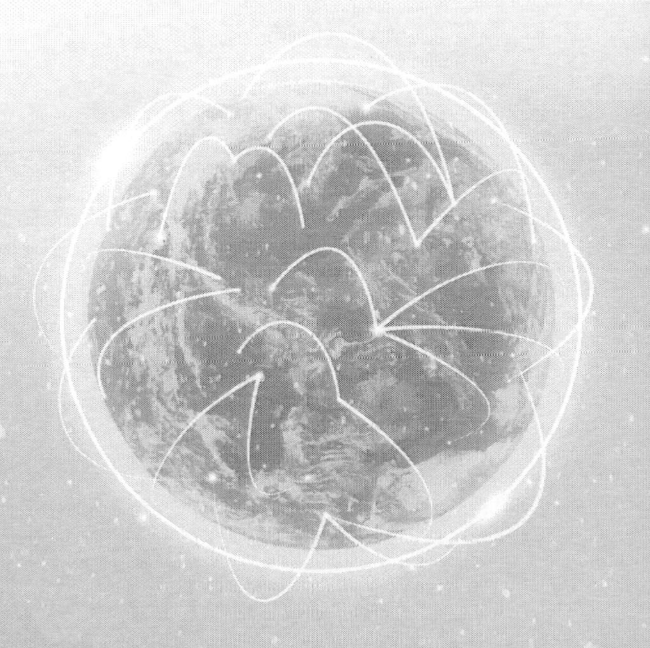

8.1 醫療行業大數據解決方案

隨著大數據在醫療與生命科學研究過程中的廣泛應用和不斷擴展，其數量之大和種類之多令人難以置信。例如，一個 CT 影像含有大約 150MB 的資料，而一個基因組序列文件大小約為 750MB，一個標準的病理圖則大得多，接近 5GB。如果將這些資料量乘以人口數量和平均壽命，僅一個社區醫院或一個中等規模製藥企業就可以生成和累積達數個 TB 甚至數個 PB 級的結構化和非結構化資料。

透過醫療大數據搜尋病人資訊，找尋疾病線索；透過行動 APP，市民與醫生可以隨時隨地線上聯繫；透過物聯網技術，病人個體化自我監測變成現實……近年來，資訊技術在快速改變著傳統醫療行業。大數據時代，以資料為內容的行動醫療會否顛覆傳統醫療模式？它在醫療資源整合、醫患關係改善方面又會有什麼作為？

8.1.1 大數據在醫療行業的應用場景

醫療行業很早就遇到了大量資料和非結構化資料的挑戰，而近年來很多國家都在積極推進醫療資訊化發展，這使得很多醫療機構有資金來做大數據分析。因此，醫療行業將和銀行、電信、保險等行業一起首先邁入大數據時代。麥肯錫在其報告中指出，排除體制障礙，大數據分析可以幫助美國的醫療服務業一年創造 3000 億美元的附加價值。

專家提醒

醫院和醫療行業面對的大數據主要有醫學影像、影片（教學、監控）及文獻等非結構化資料。由於這些資料增長很快且結構複雜，給資料管理和利用帶來了較大的壓力，儲存與管理成本不斷提高，資料利用困難且利用率低。

如表 8-1 所示，列出了醫療服務業 5 大領域（臨床業務、付款 / 定價、研發、新的商業模式、公眾健康）的 15 項應用，這些場景下，大數據的分析和應用都將發揮巨大的作用，從而提高醫療效率和醫療效果。

表 8-1：大數據在醫療行為的應用場景

5 大領域	應用場景	具體作用
臨床操作	比較研究效果	透過全面分析病人臨床特徵資料與療效資料，然後比較多種干預措施的有效性，可以找到針對特定病人的最佳治療途徑
	臨床決策支援系統	臨床決策支援系統可以提高工作效率和診療品質。目前的臨床決策支援系統分析醫生輸入的條目，比較其與醫學指引不同的地方，從而提醒醫生預防潛在的錯誤，如藥物不良反應等
	醫療資料透明度	提高醫療過程資料的透明度，可以使醫療從業者、醫療機構的績效更透明，從而間接促進醫療服務品質的提高
	遠端病人監控	從對慢性病人的遠端監控系統收集資料，並將分析結果回饋給間孔設備（查看病人是否正在遵從醫囑），從而確定今後的用藥和治療方案
	對病人檔案的先進分析	在病人檔案方面應用高級分析可以確定哪些人是某類疾病的易感群體。例如，應用高級分析可以幫助識別那些病人患有糖尿病的高風險，使他們盡早接受預防性保健方案
付款 / 定價	自動化系統	透過一個全面的一致的索賠資料庫和相應的演算法，可以檢測索賠的準確性，查出詐欺行為，避免重大的損失
	基於衛生經濟學和療效研究的定價計畫	在藥品定價方面，製藥公司可以參與分擔治療風險，例如基於治療效果制定定價策略。這對醫療支付方的好處顯而易見，其有利於控制醫療保健成本支出
研發	預設建模	醫藥公司在新藥物的研發階段，可以透過資料建模和分析，確定最有效率的投入產出比，從而配備最佳資源組合。模型基於藥物臨床試驗階段之前的資料集及早期臨床階段的資料集，這樣可以盡可能地及時預測臨床結果
	提高臨床試驗設計水準的統計工具和演算法	使用統計工具和演算法，可以提高臨床試驗設計水準，並有助於在臨床試驗階段更容易地招募到患者。透過挖掘病人資料，評估招募患者是否符合試驗條件，從而加快臨床試驗進程，提出更有效的臨床試驗設計建議，並能找出最合適的臨床試驗基地
	臨床試驗資料的分析	分析臨床試驗資料和病人紀錄可以確定藥品更多的適應症和發現副作用。在對臨床試驗資料和病人紀錄進行分析後，可以對藥物進行重新定位，或者實現針對其他適應症的行銷
	個性化治療	透過大型資料集（例如基因組資料）的分析發展個性化治療，針對不同的患者採取不同的診療方案，或者根據患者的實際情況調整藥物劑量，可以改善醫療保健效果，減少副作用

	疾病模式的分析	透過分析疾病的模式和趨勢，有助於醫療產品企業制定策略性的研發投資決策，幫助其優化研發重點，優化配備資源
新的商業模式	匯總患者的臨床紀錄和醫療保險資料集	匯總患者的臨床紀錄和醫療保險資料集，並進行高級分析，可以提高醫療支付方、醫療服務提供方和醫藥企業的決策能力。例如，對醫藥企業來說，他們不僅可以生產出具有更佳療效的藥品，而且能保證藥品適銷對路
	網路平臺和社區	網路平臺和社群可以成為寶貴的資料來源，並產生大量有價值的資料。例如，Serino.coin 向醫藥公司收費，允許他們訪問會員資訊和網上互動資訊
公眾建議	大數據的使用可以改善公眾健康監控，公共衛生部門可以透過覆蓋全國的患者電子病例資料庫，快速檢測傳染病，進行全面的疫情監控，並透過整合疾病監測和響應程式，快速進行響應	

8.1.2 如何從大數據中獲取醫療價值

可以說，中國的醫療正在邁入「大數據」時代。醫療行業具有典型的「大數據」特徵：一是資料量大；二是資料類型複雜。

因此，只有妥善處理好儲存架構，「大數據」才能給醫院帶來「大價值」，才不會成為「大問題」。「大價值」的具體表現如圖 8-1 所示。

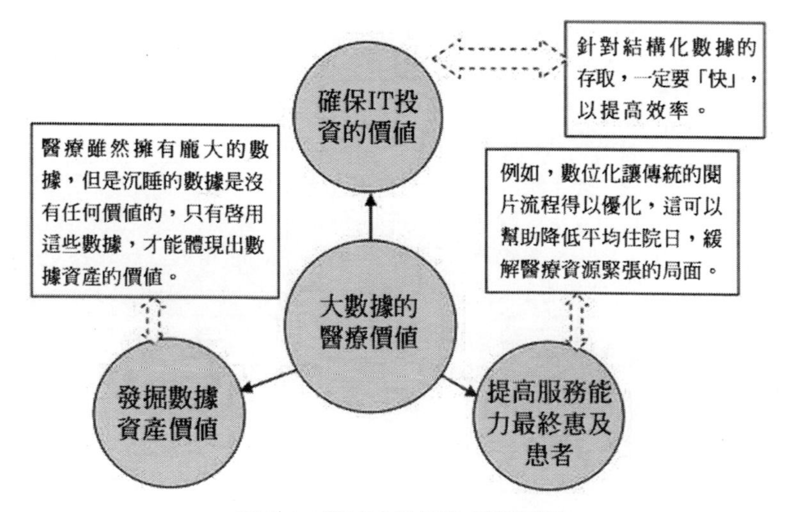

圖 8-1：醫療大數據的價值展現

筆者相信終有一天，每個老百姓都可以隨時管理、查詢自己的健康醫療資料，不是在遙不可及的第三方，而是在他自己手裡。而且這樣的資料將不侷限於體檢結果、就診記錄，還可以延伸到你的基因資料，你的日常健康行為監測資料。你將從法律上擁有獲得這些資料的權利！此時，我們可以真正地發揮醫療大數據的價值，人類對自身的認識也將上一個新的臺階。

8.1.3 醫療領域大數據的挑戰和前景

大數據將成為行業和企業資訊化建設的一道分水嶺，擅用大數據，將會給資訊化注入活力，並推動業務創新，最終幫助企業找到新的增長點；而錯過大數據的發展機會，不但無法保證資訊化建設的深入開展，也最終使企業喪失競爭優勢。那麼，在醫療領域，大數據又將面臨哪些挑戰？發展前景又會是怎樣呢？

1．大數據面臨的挑戰

面對「大數據」的挑戰，醫院必須考慮三個主要問題。

1. 資料儲存是否安全可靠？因為系統一旦出現故障，首先考驗的就是資料的儲存、災備和恢復能力。如果資料不能迅速恢復，而且恢復不到斷點，則會對醫院的業務、患者滿意度構成直接損害。
2. 如何提高醫院運行和服務的效率？提高效率就是節省醫生的時間，從而緩解醫療資源的緊張狀況，這在一定程度上可幫助解決「看病難」問題。
3. 如何控制大數據的成本？儲存架構是否合理，不僅影響到醫院 IT 系統的成本，而且關乎醫院的營運成本。醫療資料激增，造成醫院普遍存在著較大的儲存擴容壓力。如今，醫院的儲存設備大多是來自不同廠商的完全異構的儲存系統，這些不同的儲存設備利用各自不同的軟體工具來進行控制和管理，這樣就增加了整個系統的複雜性，而且管理成本非常高。

專家提醒

如何有效地將大數據儲存成本降至最低，是企業和 IT 領導者，尤其是醫療大數據面臨的根本性挑戰。因為除了資料數量和形態的迅速增加，醫療資料還需要越來越長的保留期。患者的病歷可能需要保存 70 或 80 年，甚至更長。許多情況下，病歷還必須以原始格式永久保存，以滿足法規的要求。

2．大數據的發展前景

專家預測，至 2017 年，全球行動醫療市場價值將達 200 多億美元，其中中國將佔到三分之一。面對廣闊的市場前景，怎樣的行動醫療工具才會最終勝出？筆者認為，技術關鍵要連結醫院、醫生和病人，透過行動醫療讓病人真正獲益，醫生收集資料後能有效改善醫療服務品質，只有做到這些，行動醫療才算兩全其美。

8.2 醫療行業大數據應用案例

如果說哪個行業從分析大量不同來源的資料中受益，那一定是醫療。在電子病歷系統、圖片系統、電子處方軟體、醫療索賠、公共衛生報告、新興的健康應用、行動醫療設備及醫療產業中，充滿了等待被使用的資料。本節主要介紹資訊醫療行業大數據的應用案例，希望對讀者有一定的啟發和學習價值。

8.2.1 【案例】利用大數據進行基因組測序

北卡羅萊納大學（簡稱 UNC）在基因組測序技術上投入重資，以支援其醫療衛生系統更好地開展臨床醫護工作，同時推進基因組和生物基礎研究。

該計劃需要處理大量資料，要求管理和分析數百乃至數千人員的基因組，以滿足臨床醫生和研究人員的不同需求。為了解決這種大數據難題，研究人員採用了三階段流程，如表 8-2 所示。

表 8-2：基因組測序的主要工作流程

流程階段	主要工作	細節說明

一階段	在生物實驗室中收集患者的組織	為每位患者生成數以億計的短 DNA 序列，重新組合基因組並對新基因組進行品質控制，修正期間出現的錯誤
二階段	檢測個人的變異	使用大量的患者人群來說明解決個人序列資料中的不確定之處
三階段	向醫生報告	收集了變異體之後，研究人員會用網路上傳有關的個人資訊提供給其醫生

北卡羅萊納大學的解決方案依賴於一個大型商業叢集；該叢集使用 50 個基於英特爾® 處理器的刀片伺服器，每週最多可處理 30 個基因組。目前，北卡羅萊納大學在一個大型 EMC Isilon 資料系統上儲存了大約 200 ～ 300TB 的基因組資料。利用 Hadoop 系統，研究人員可以進行極具針對性的分析，其很好地改進了 MapReduce 結構。

專家提醒

刀片伺服器是指在標準高度的機架式機箱內可插裝多個卡式的伺服器單元，是一種實現 HAHD（High Availability High Density，高可用高密度）的低成本伺服器平臺，為特殊應用行業和高密度計算環境專門設計。刀片伺服器就像「刀片」一樣，每一塊「刀片」實際上就是一塊系統主板。

【案例解析】：在本案例中，基因組測序是一項新技術，各種事項都在迅速變化中。人們提出的問題也在迅速變化，因此資訊解決方案也必須具有可調整性。

總體說來，大多數醫療機構的資料來自臨床、財務、操作的應用程式。臨床資料能提高醫療品質，使人口健康管理變得簡單；財務資料幫助醫院對盈虧底線做成本分析；而運行資料有助於設備管理和資源利用。把這些都綜合在一起，就可以開始解決類似滿足員工需求、提高工作效率和護理品質等大問題。

8.2.2 【案例】利用大數據來預防流感疫情

曾經，美國波士頓和紐約宣布出現流感疫情。在波士頓市，已經呈報了 700 個案例，其中 18 人已經死亡。為了讓疫情得到有效的控制，衛生官員以及應用開發人員向大數據尋求幫助。

雖然醫生是控制疫情的「主戰武器」，但是問題在於，目前並沒有足夠的疫苗可以普及所有的人群。此外，在研製流感疫苗之前，需要確認不同的流感病毒株，這樣生產出來的疫苗才能真正防止流感的擴散。

因此，美國疾病預防控制中心（Centers for Disease Control，CDC）為了防止流感疫情的擴散，逐步使用大量的資料來了解疫情。通常情況下，想要用流感疫苗阻止流感的蔓延，就需要精確地找到目前影響某個地區的流感菌株。CDC 透過對流感和肺炎死亡的跟蹤，來了解流感疫情會不會造成死亡率上升。同時，CDC 也做了一些反病毒的耐藥測試，用以確保流感疫苗可以緩解流感的影響。

與此同時，美國公共健康協會與斯科爾全球性威脅基金進行合作，推出了一款應用程式 —— FluNearYou，用於收集流感症狀的發展資訊。只要年滿 13 歲週歲，都可以在網站上進行註冊，該網站用以監測流感的蔓延程度，如圖 8-2 所示。

專家提醒

FluNearYou 每週都會做一次調查報告，以幫助防災組織、研究人員以及公共衛生官員為流感疫情的擴散做好準備。更重要的是，該資料共享應用程式對預測未來任何有可能的流感疫情爆發，都有極大的幫助。

作為全球最大的搜尋引擎，每時每刻都有上百萬使用者在使用 Google 提供的搜尋服務，其中搜尋健康資訊的人亦不在少數。這些使用者行為提供了大量的有寶貴價值的分析資料，當然對預防流感也是有重大意義的。

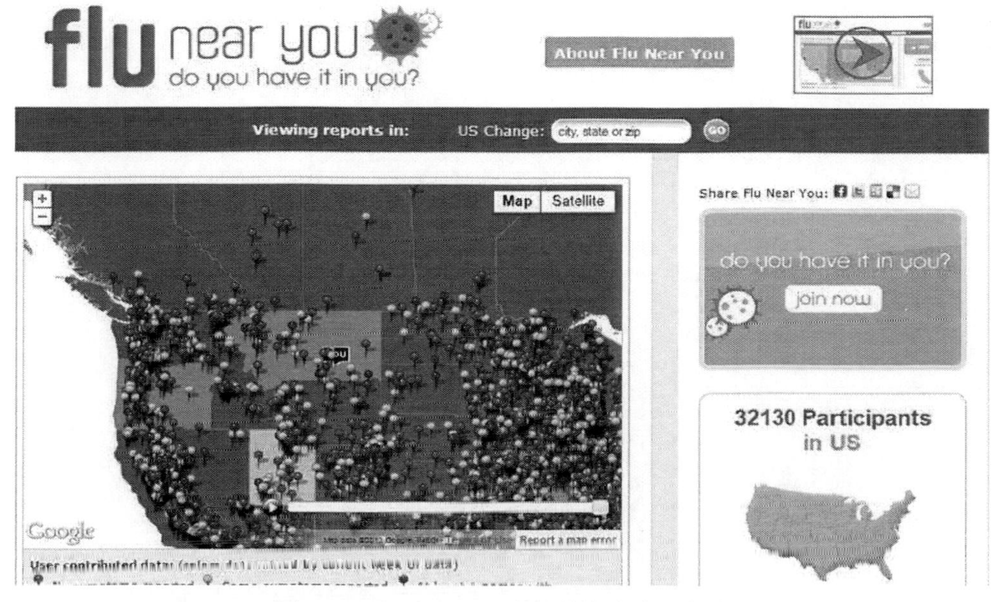

圖 8-2：FluNearYou 首頁的流感地圖資料

因此，Google 開發了一款流感追蹤器 Flu Trends，它可以監控相關的流感搜尋字樣，進而展示出在美國不同州的流感活動。美國疾病防止中心（CDC）是 Google Flu Trends 的研究合作夥伴。疾病預防控制中心的地圖也能夠顯示流感疫情的擴散程度，如圖 8-3 所示，這些資料將為人們提供流感早期警告。

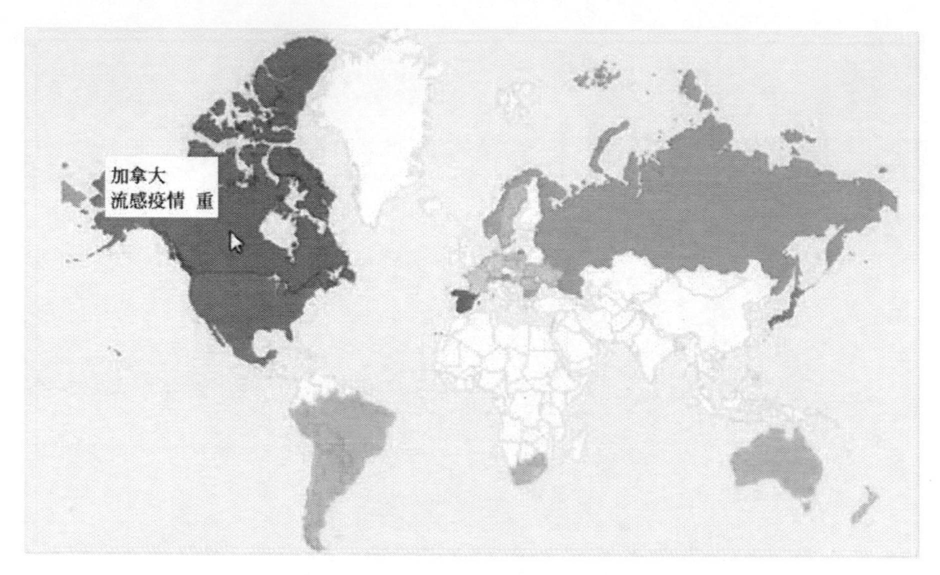

圖 8-3：Google 流感動態追蹤地圖

同時，Google 還推出了 Flu View，也是一個跟蹤工具，它接收並處理來自醫生、醫院以及 CDC 實驗室的大量資料，為流感疫情的蔓延提供了一個清晰的影像，進而可以幫助醫生能夠有效地阻止流感疫情的蔓延。

目前，Google Flu Trends 已推廣到全球 29 個國家，並由檢測流感拓展到檢測另一種感染性疾病登革熱。在 Google Flu Trends 的啟發之下，很多研究者試圖利用其他通路（例如社交網站）的資料來預測流感。

專家提醒

例如，紐約羅切斯特大學的一個資料探勘團隊就曾利用 Twitter 的資料進行了嘗試。利用團隊開發的文字分析工具，研究者在一個月內收集了 60 餘萬人的 440 萬條 Twitter 資訊，探勘其中的身體狀態資訊。最終的分析結果表明，研究人員可以提前 8 天預報流感對個體的侵襲狀況，而且準確率高達 90%。

【案例解析】：近些年，一些大規模的傳播疾病一直沒有間斷，從 SARS 到 H7N9，病毒性流感一波又一波襲擾人類，流感病毒不斷變異並傳播開來，令藥物和疫苗要麼準備不及，要麼無法預防。但是如果能提早發現流感的發病趨勢，不僅能為抗病毒藥物的準備爭取寶貴的時間，而且還有助於疫苗研發機構儘早採取措施。

可以想見，流感流行季，搜尋流感症狀的人會飆升，而在流感高發地帶，這一比例會相應提高。這意味著流感相關關鍵字的搜尋趨勢與流感的流行趨勢及嚴重程度存在某種程度的相關性。儘管並不是每個搜尋這類關鍵字的人都有流感症狀或患有流感，但把這些搜尋結果彙總到一起時，或許可以從中建立起一個準確可靠的模型，即時監控時下的流感疫情，並對未來疫情狀況進行估測。

本案例中的 FluNearYou 與 Google Flu Trends 都是採用這一大數據應用，來達到預測未來疫情狀況的目的。其實針對美國在流感疫情防治領域所做的工作，中國疾病預防控制中心以及有關部門也可以學習，一個良好的疾病疫情監控資訊系統，真的可以幫助控制疫情的蔓延，為我們的治療防治工作贏得更多的時間。

不過，需要注意的是，即使在大數據的幫助下，醫生永遠也不可能完全地阻止流感的產生，醫生能夠做到最好的就是 —— 控制流感疫情。

8.2.3 【案例】用大數據預測心臟病發作率

麻省理工學院、密西根大學和一家婦女醫院創建了一個電腦模型，可利用心臟病患者的心電圖資料進行分析，預測在未來一年內患者心臟病發作的機率。

通常情況下，醫生只會花 30 秒鐘來觀看使用者的心電圖資料，而且缺乏對之前資料的比較分析，這使得醫生對 70% 的心臟病患者再度發病缺乏預判，而現在透過機器學習和資料探勘，該模型可以透過累積的資料進行分析，發現高風險指標。

【案例解析】：從本案例可以看到，將「大數據」運用到醫學上不僅可以建立完善的醫療系統，更重要的是對於患者病情的預測以及控制會有巨大的作用。大數據一直在改變歷史進程。而對於我們普通人而言，雖然對於大數據的概念雲裡霧裡，但在生活中卻每天都和它打交道。大數據也在不經

意間改變著我們的小生活。

8.2.4 【案例】大數據 BI 促進醫院智慧化

雪梨西區健康服務中心應用 BI 系統，使醫院管理人員可以在幾分鐘甚至幾十秒之內看到醫院的各個環節的運行狀況和管理狀態，以及各個病人的狀態如何、醫療服務如何等。雪梨西區健康服務中心所應用的 BI 系統具備三個特點，如圖 8-4 所示。

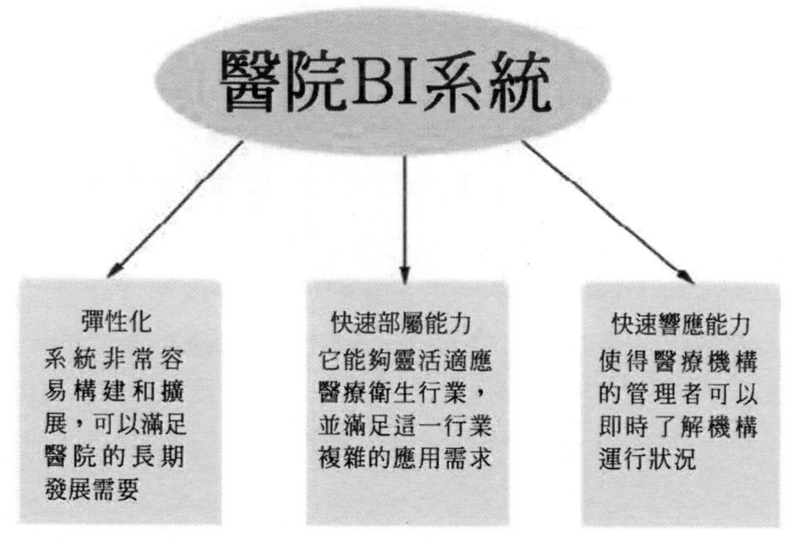

圖 8-4：雪梨西區健康服務中心 BI 系統的特點

當然，並非所有的醫療機構應用了 BI 都能達到這樣好的效果，一開始，雪梨西區健康服務中心選用了 SAP 的 BI 產品，並在此技術上進行了二次開發，經過多年的發展，該中心終於使得 BI 切實融入到了整個 IT 架構中，並發揮出良好的作用。BI 的應用改變了傳統的資料獲取和分析方式，使得決策者可以透過快速準確的資料進行準確有效的決策。BI 不只是一種工具，它帶來的是一種管理理念和手段的變革。

專家提醒

SAP 是全球知名的企業管理和協同化商務解決方案供應商，其致力於為企業實現卓越營運提供領先的企業應用雲端運算、商務分析、行動商務、記憶體內運算等解決方案。SAP 大數據解決方案主要集中在資料庫及資料倉儲層面和企業資訊管理層面。其中，資料倉儲及資料倉儲解決方案主要由即時資料平臺 HANA、分析型資料庫 SAP Sybase IQ 和交易型資料庫 Syabse ASE 來處理，企業資訊管理主要由 SAP Information Steward、SAP NetWeave、企業內容管理（ECM）來處理。

【案例解析】：醫療行業是世界上最複雜的行業之一，因為在醫療機構中，它所服務的對象是各種不同類型的人，這裡不僅包括提供服務的醫生、護士，還包括不同類型的患者，再加上醫院的基礎設施、各種醫療器械等都需要管理，這些都給醫療行業的運作帶來了很大的複雜性。

大數據 BI 系統正是以上這些問題的最好解決方式。大數據 BI 是能夠處理和分析大數據的 BI 軟體，區別於傳統 BI 軟體，大數據 BI 可以完成對 TB 級別資料的即時分析。

例如，很多醫療機構非常熱衷於採購醫療器械，如 CT、核子共振等高級設備，應用這些設備確實能夠提升醫院的服務能力，醫院也能借此獲取更多的收益。但是，如果這些設備中所產生的資料無法快速傳達到醫生那裡，供他做出參考和判斷，勢必會大大降低設備的效率，設備本身的價值會被浪費掉。目前，大部分醫療器械都是數位化產品，它們的應用都需要與之相配套的 IT 系統作為支撐，以便讓其產生的資料能夠快速傳遞出去，才能真正發揮其作用。

筆者認為，在 BI 系統的應用上，醫院應該以現有的成熟的 BI 產品為基礎，進行一些自己的開發，並將 BI 系統與其他醫療資訊化系統整合起來，這樣才能發揮其作用。此外，對於那些專業的醫療資訊化系統，醫院沒有必要自己開發，只需要選用成熟的產品，並在異構的系統上進行二次開發，將其整合在一起即可。

專家提醒

如果說 IT 系統已經成為醫院的「血液系統」和「循環系統」，那麼，大數據 BI 已經成為醫院的「神經系統」。

8.2.5 【案例】用大數據「魔毯」改善健康

先前英特爾（Intel）、通用電氣（GE）聯合宣布，兩家公司已經達成最終合作協議，共同出資成立一家新的醫療保健公司，關注遠端醫療和獨立生活。

醫療創新公司主要業務是開發和推廣能夠增強家庭和社區健康、獨居生活的產品、服務和技術，並重點關注三大領域：慢性病治療、獨立生活、輔助技術。該公司成立不久後便推出了兩款針對家庭醫療的產品：

- Health Guide。Health Guide 適用於慢性病人，可以監控各種人體機能，提取吃藥時間、血壓、體重等資料並發給相關的醫療機構；它還支援病人和醫生進行電話和影片會議，從而提升病人的生活品質，讓病人不必總是親自到醫院看醫生。
- Reader。它是一種可攜式設備，可自動將印刷文本轉換成數位文本並朗讀出來，幫助盲人和有閱讀障礙的人進行閱讀。

目前，醫療創新公司正在研究一種「魔毯」，這塊地毯配備感測器和加速器，可以安裝在老年人家中。感測器可以感應那些缺乏人照料的老人下床和行走的速度和壓力，一旦這些資料發生異常則對老人的親人發送一個警報。

【案例解析】：當今一系列重大社會問題，包括人口老齡化、高昂的醫療成本、為數眾多的慢性疾病患者等，需要新的護理服務模式來解決。筆者認為，我們必須跳出「去醫院和診所看病」這種舊模式，轉變為以家庭和社區為基礎的護理模式，從而將預防、早期診斷、醫療保健行為改變和社會支援結合起來。

在本案例中，雖然內建感測器裝置對大多數人來講依然昂貴，但由於這些將自身資料量化的小工具越來越受到歡迎，使用者可以清楚地了解和改變自身的行為，從而改善健康狀況。

8.2.6 【案例】用大數據分析找出治療方案

代謝症候群（Metabolic Syndrome, MS）是多種代謝成分異常聚集的病理狀態，是一組複雜的代謝紊亂症候群，是導致糖尿病（DM）、心腦血管疾病（CVD）的危險因素，其集簇發生可能與胰島素抵抗（IR）有關，目前已成為心內科和糖尿病醫師共同關注的熱點，中外至今對它的認識爭議頗多。

美國安泰保險為了幫助改善代謝症候群患者的預測，從一千名患者中選擇 102 個完成試驗。在一個獨立的工作實驗室內，透過患者的一系列代謝症候群的檢測試驗結果，在連續三年內，掃描 600,000 個化驗結果和處理 18 萬個索賠事件。

安泰保險透過大數據分析，將最後的結果組成一個高度個性化的治療方案，以評估患者的危險因素和重點治療方案。

【案例解析】：大多數疾病可以透過藥物來達到治療效果，但如何讓醫生和病人能夠專注參加一兩個可以真正改善病人健康狀況的干預專案卻極具挑戰。在本案例中，安泰保險正嘗試透過大數據達到此目的。筆者也認為，讓保險公司在先進的分析上花錢，比起讓醫療機構來投資簡單得多。

8.2.7 【案例】手錶成為大數據的有力武器

據美國心臟學會說，每 4 個美國人中就有一人患高血壓，這些人中還有三分之一的人根本未意識到。雖然每個醫生都會對患者量血壓，但是沒有幾個人會 24 小時監測病人血壓。

新加坡研究人員發明了一種名為 BPro 的黑色塑膠血壓監控手錶，只要戴在患者的手腕上，就會 24 小時密切監控血壓，如圖 8-5 所示。BPro 內部有一個感測器，透過計算手腕上動脈跳動的次數，再轉換成血壓讀數。BPro 除可顯示波浪形曲線，表明心臟跳動頻率和力度外，還可顯示血壓方面任何令人擔憂的趨勢。

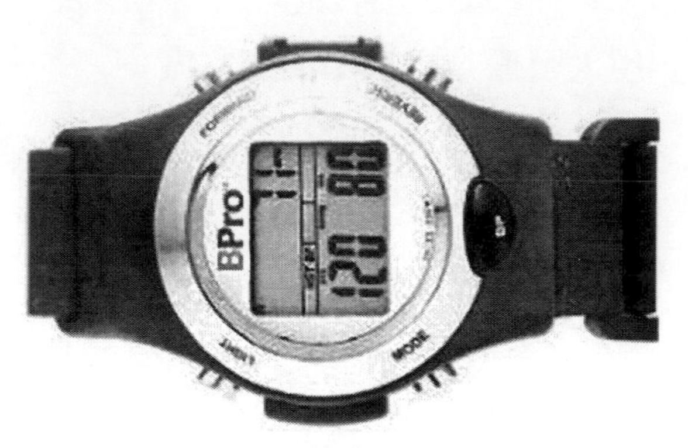

圖 8-5：BPro 手錶式血壓計

人們在醫院測量血壓時，緊張的心情可能導致血壓異常。此外，人體血壓隨時在發生變化，即使單獨一次測量能夠得出準確結果，也難以反映心血管系統運作狀況的全貌。與需要暫時阻斷動脈血流然後放氣來測量血壓的傳統血壓計不同，BPro 血壓計透過監測脈搏波沿手部動脈的傳播速度來計算血壓，它還比一般的便攜血壓計輕便得多，可以像手錶一樣隨身佩戴。

研究人員不僅用 BPro 治療那些血壓非常高的人，也正把目光瞄準那些沒有任何症狀的人。讓病人戴上這種血壓監控手錶，不僅可能降低心臟病和中風發病率，還可收集大量資料。透過持續測量血壓狀況，BPro 使醫生能詳細了解佩戴者的血壓變動，及時發現異常狀況，最終將有可能利用這些資料來預測心臟病發病時間。

【案例解析】：從本案例可以看到，大數據的挑戰不僅來自資料量的增長，還需要新技術的支援。因此，資訊化如果和健康整合就會關係到每一個人的生活、健康，我們可以去展望，資料是「新的石油」，我們怎麼找到這個能源和探勘它，這是非常值得研究的。

專家提醒

筆者認為，大數據趨勢下的大服務時代，使用者與廠商都需要擁有主動意識，以最大化挖掘資料價值為目標，不能坐等應用需求。

CH09　網路：抓牢資料發源地

學前提示

巧婦難為無米之炊，大數據的關鍵在於誰先擁有資料。網際網路提供了資料來源，資料分析能夠針對每一位使用者的資訊做精準匹配。面對網際網路的大量資訊，資料的作用將遠遠超出以往。可以說，網際網路推動了大數據由後臺走向櫃檯。

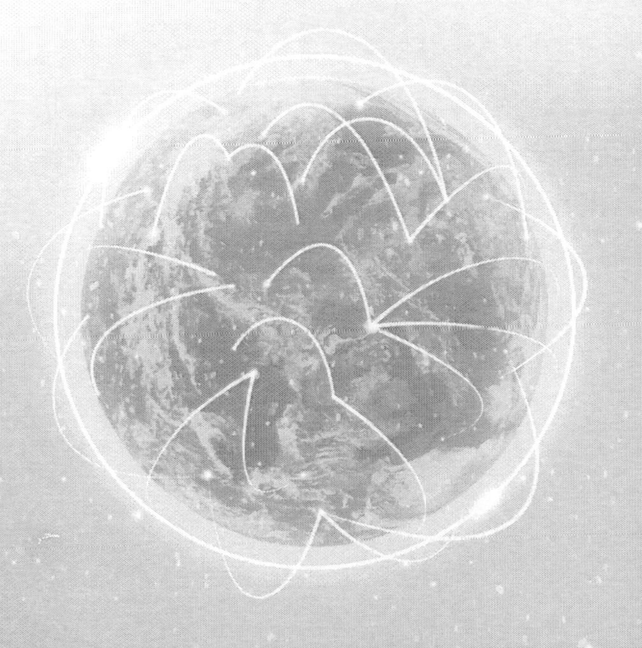

9.1 網路大數據解決方案

網路社交過程中，每天都會產生大量的資料，但是它們並不像我們想像中的那樣是冷冰冰的、枯燥的資料，而是更加活生生的、有趣的資料。這些資料不同於以往單純的數字，它們聲色結合、圖文並茂。

全球暢銷書《社會消費網路行銷》作者拉里· 韋伯指出：「所謂大數據，包括企業資訊化的使用者交易、社會化媒體中使用者的行為、關係以及無線網際網路中的地理位置資料。」大數據捕捉到了社群網路中「人」的蹤跡，而智慧廣告則是利用資料追蹤、研究、理解「人」，從而選擇「對的人」與「對的時機」。

9.1.1 傳統網際網路大數據解決方案

網際網路（Internetwork, Internet），始於 1969 年的美國，是全球性的網路，是一種公用資訊的載體，是大眾傳媒的一種。網際網路具有快捷性、普及性，是現今最流行、最受歡迎的傳媒之一。網際網路這種大眾傳媒技術，比以往的任何一種通訊媒體都要快。網際網路行業是「人」的網路消費，市場大是行業發展最重要的因素，Facebook 等一批矽谷網際網路企業的發展都受惠於此。

1．傳統網際網路的盈利模式

目前，傳統的行業入口網站的盈利模式主要由 4 大基點作為支撐，分別是廣告盈利、會員盈利、活動盈利以及商務盈利，如表 9-1 所示。此外，筆者還注意到不少入口網站，由於不滿足於原有既定的盈利模式，正在努力謀求新的利潤基點，其中電子商務盈利是很重要的一個組成部分。

表 9-1：傳統網際網路企業的營利模式

營利模式	主要特點	面臨問題
廣告營利	憑藉廣告謀求入口網站營利，幾乎是所有入口網站營利模式的首要選擇	依靠廣告產生大規模的網站盈利，難度是很大的，只有極少數業內特別出色的入口網站可以做到

會員盈利	透過吸納會員，收取會員費，而使得網站產生利潤，是目前已經被證明的比較切實可行的途徑	需要網站本身在業內有一定的影響力，與網站廣告如出一轍
活動盈利	透過策劃活動擴張網站的影響力與知名度，同時謀求更強的盈利點，是所有入口網站營運的必經之路	需要線上與離線的雙方互動，規模和成本難以控制
商務盈利	將入口網站與電子商務進行有機結合，是目前整個行業的新動向	資料量較大，難以管理

2 · 傳統網際網路如何利用大數據

雖然大數據目前在中國還處於初級階段，但其商業價值已經顯現出來。手中握有資料的公司站在「金礦」上，基於資料交易即可產生很好的效益；基於資料探勘會有很多商業模式誕生，例如幫企業做內部資料探勘，或側重優化，幫企業更精準地找到使用者，降低行銷成本，提高企業銷售率，增加利潤等。

那麼，傳統網際網路企業該如何利用手中的「金礦」呢？筆者認為可以從網路廣告、資料探勘、資料分析以及實施決策 4 個方面入手，如圖 9-1 所示。

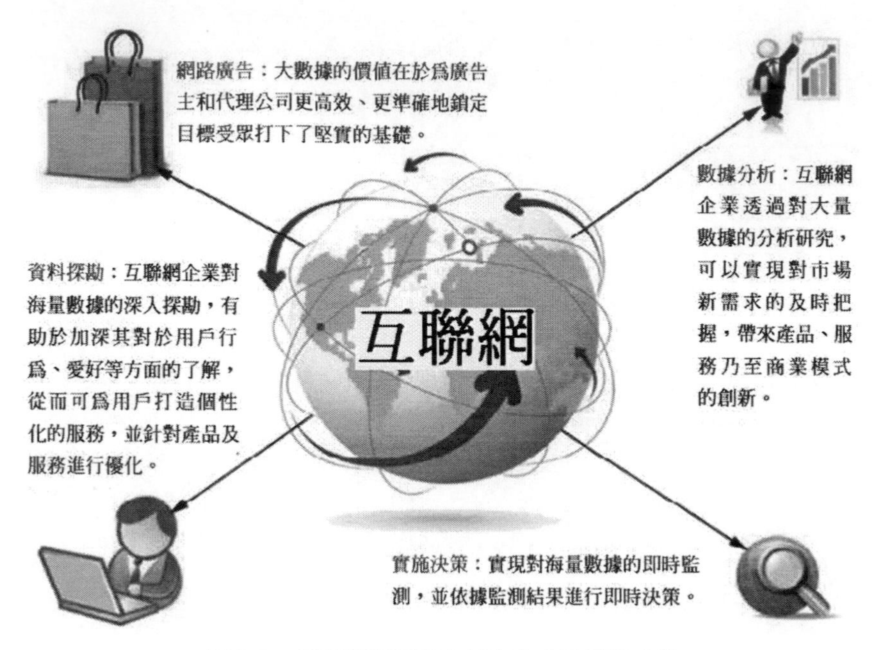

圖 9-1：傳統網際網路企業掘金大數據的方法

大數據將成為網際網路時代的「發動機」，網際網路不再只是媒體，更是使用者不斷轉化的平臺，而資料在行銷全程中扮演的角色也必然要由參考工具轉向驅動發動機。資料驅動的精準行銷引擎，將顛覆傳統的行銷決策模式及行銷執行過程，給網路行銷行業乃至網際網路及傳統行業帶來革命性的衝擊。

專家提醒

以阿里巴巴為例，2013 年阿里巴巴「雙十一」的交易額達到 350 億美元，超過中國日均零售總額一半。如此大的資料量和集中化資料處理，背後需要的是強有力的網路支撐平臺。阿里巴巴搭建的先進可靠的資料中心，為「雙十一」突增的資料量，提供了可靠的基礎設施保障。不僅是阿里巴巴，京東商城為了更好地應對網際網路化，提升競爭力，提出了「技術驅動」的口號，其技術的核心和內涵就是雲端運算和大數據，以利用大數據和雲端運算驅動京東在自營 B2C、開放業務和金融業務的發展。

9.1.2 行動網際網路大數據解決方案

行動網際網路，就是將行動通訊和網際網路二者結合起來，成為一體。行動通訊和網際網路成為當今世界發展最快、市場潛力最大、前景最誘人的兩大業務，它們的增長速度都是任何預測家未曾預料到的，所以可以預見行動網際網路將會創造經濟神話。

如今隨著智慧手機時代的來臨，行動網際網路行業也在迅速發展。2013年全球的行動網際網路使用者達 24 億，到 2019 年全球手機使用者數已超過 80 億。行動網際網路正逐漸滲透到人們生活、工作的各個領域，簡訊、鈴聲下載、行動音樂、手機遊戲、影片應用、手機支付、位置服務等豐富多彩的行動網際網路應用迅猛發展，正在改變資訊時代的社會生活。

我們尚無法確定萬物是否皆資料，但是，在行動網際網路時代，人類至少已經推開了這樣一扇大門：透過對大量大數據的高效分析獲得商業以及社會價值。大數據為行動網際網路帶來了新的價值，也為邁向物聯網奠定了基礎。

在行動網際網路的多 App 時代，大數據的「入口」概念是模糊的。每個使用者都有其常用的若干個 App，並不斷下載新的 App。在這樣的情況下，誰控制了強大的後臺，誰就能擁有強大的資料分析能力，從而推播或者顯示精準資訊。另外，手機的私人性和唯一性比電腦要更強，如果使用者在多個 App 的行為能在後臺被統一進行分析，自然可以更好地抽象出使用者的特徵和行為。

例如，你在 Amazon 訂了一件商品，那麼機器就會將你的 ID 號碼、送貨地址、手機、電話、電子郵件以及收貨時間等全部記錄下來。如果你提交了物品評論，或者和好友在臉書上進行了分享，同樣也會被記錄下來。

洞察這一切，就意味著夢寐以求的商機。行動網際網路與社群網路的興起將大數據帶入新的征程，網際網路行銷將在行為分析的基礎上向個性化時代過渡。創業公司用「大數據」告訴廣告商什麼是正確的時間，誰是正確的使用者，什麼是應該發表的正確內容等，這正好切中了廣告商的需求。

9.2 網路大數據應用案例

網際網路是個變幻莫測的時代，抓住機遇才是王道，大數據的興起讓網際網路企業找到了新的商機，將網站營運帶入了精準行銷時代。本節主要介紹網際網路行業大數據的應用案例，希望對讀者有一定的啟發和學習價值。

9.2.1 【案例】大數據與網際網路助力競選總統

歐巴馬勝選的原因不在於經濟、外交政策或是婦女問題，而是贏在大數據。歐巴馬借助超強的「大數據」能力成功連任，其背後幾十人的資料分析與探勘團隊也浮出水面。

歐巴馬的總統競選運動也透過使用社群網路的各種資料功能完成了競選，他們不僅透過社群網路尋找支援者，而且還透過社群網路召集了一批志願軍。

早在 2006 年，Facebook 就幫助總統候選人建立了個人主頁，以便他們進行形象推廣。2006 年 9 月，Facebook 全面開放，使用者數量爆炸式增長，在年底達到 1,200 萬，這一過程恰好有利地推升了歐巴馬的知名度。此後，歐巴馬掀起了一系列的網路活動，在 Facebook、MySpace 等社交網站上發表公開演講、推廣施政理念，從而贏得大量網民支援，募集到 5 億多美元的競選經費。

歐巴馬的資料分析團隊建立了 4 條投票資料流，以了解關鍵州選民的詳細情況。

僅在俄亥俄州，資料分析團隊就獲得了約 2.9 萬人的投票傾向資料。這是一個包含 1% 選民的巨大樣本，這使他們可以準確了解每一類人群和每一個地區選民在任何時刻的態度。

2008 年，歐巴馬贏在了網際網路，當選為美國總統，被譽為首位「網路總統」。而 2012 年，美國總統候選人米特· 羅姆尼與巴拉克· 歐巴馬展開第二次總統競選辯論。

此次總統競選，歐巴馬的資料分析團隊更動用了 5 倍於上屆的人員規模，且進行了更大規模與深入的資料探勘。這在幫助歐巴馬獲取有效選民、投放廣告、募集資金方面造成了不可忽視的作用。資料分析團隊分析來自各個途徑的非結構化資料，包括網站、手機程式、志願者和來自傳統收集管道的資料，他們能更全面地了解線上和線下的選民情況，準確地揣摩選民對各種話題的態度。

另外，掌握了數以 TB 的資料後，資料分析團隊就能為選民建立更加準確的模型和計劃。這意味著競選活動將更有針對性，更多的網站註冊人數、更多的電子郵件地址、更多的選票和獻金。

資料分析團隊不斷試圖探勘選民的社交媒體資訊，甚至還準備透過手機行動程式來改變傳統的投票方式。透過定製手機程式的下載獲取抽樣使用者，正在成為行動時代民意測試員的新工作方式。隨著資料科學家深入研究如何利用社交媒體資料提高預測準確性，線上民意分析的準確性無疑正隨之提高，而其一旦與手機行動程式相結合，將對政治產生更為深刻的影響——候選人能對民意波動做出即時反應。

最終，「黑人平民」戰勝了實力雄厚的對手，成為美國歷史上第一位黑人總統，之後，在第二次的選舉中更獲得連任。此次選舉被認為是美國民主的巨大進步，而網際網路則提供了前所未有的實施手段，其中尤以 Facebook 為代表的社交網站最為突出，以至於有人將之戲稱為「Facebook 之選」。

【案例解析】：從本案例可以看出，當「大數據」遇到「小資料」，大數據每次都會贏。資料驅動的決策對歐巴馬——這位第 44 任總統的續任造成了巨大作用，這也是研究 2012 選舉的一個關鍵元素。它也是一個信號——表明華盛頓那些基於直覺與經驗決策的競選人士的優勢在急遽下降，取而代之的是資料分析專家與電腦程式設計師的工作，他們可以在大數據中獲取洞察力。

9.2.2 【案例】Acxiom 用資料洞悉你的心理

現在越來越多的網際網路公司在資料「礦山」中探勘金礦，Acxiom 就是這群掘金者中的佼佼者。Acxiom 的主要業務是「基於資料的市場行銷」，幫助企業精準定位它的潛在客戶，將服務和產品賣給有需求的客戶。

Acxiom 就是這樣一個鮮為人知而又舉足輕重的存在，它知道你是誰，它知道你住哪，也知道你喜歡什麼，討厭什麼，事實上，在業內人口中，它有一個更為通俗易懂的名字 —— 「資料精煉廠」。從種族、性別、體重、身高、婚姻狀況、文化程度、政治傾向、消費習慣、家政開支到渡假偏好，幾乎每個美國成年人都能在 Acxiom 的資料全息圖上找到自己的坐標。

Acxiom 可以利用一些資訊來推測使用者的生活方式、興趣愛好和日常活動，例如，你的汽車品牌和使用時間、你的收入和投資狀況、你的年齡、受教育程度以及郵政編碼。

除此之外，你最近離過婚嗎，或者你剛剛變成了一名空巢老人？這些「人生大事」更可以將一個人從一個消費階層轉移到另一個，而這正是 Acxiom 及其廣告客戶的關鍵興趣所在。Acxiom 稱其可以透過分析資料來預測 3000 種不同的行為及心理傾向，比如說一個人會在某兩個品牌間做出怎樣的選擇。

Acxiom 的大數據策略主要有 4 個方面，如表 9-2 所示。

表 9-2：Acxiom 的大數據策略

<table>
<tr><td rowspan="4">行銷策略與分析</td><td>在現有的客户中找到收入增長的機會，識別並找到潛在有價值的客户</td></tr>
<tr><td>發展洞察力，從而更有針對性地分配行銷費用</td></tr>
<tr><td>發現那些透過優化人員、流程、技術來降低成本的機會</td></tr>
<tr><td>透過嚴格執行隱私政策來降低風險，保護客戶免受到詐欺</td></tr>
<tr><td rowspan="4">多管道行銷</td><td>任意管道的客戶互動</td></tr>
<tr><td>擴展和加強客戶品牌意識的創意行銷活動</td></tr>
<tr><td>透過投資報酬率指標量化行銷效果</td></tr>
<tr><td>符合現有最佳客戶特徵的新客戶</td></tr>
</table>

精確定向行銷	資料安全港：Aexiom 的隱私保護環境使廣告商以及合作夥伴能夠透過多媒體通路精確地是別和屏蔽敏感資訊
	精確定向管道：透過與其他合作夥伴的合作，Aexiom 可以實現跨通路傳播高度協調一致的資訊 — 不論是透過網路、手機還是電視等
	廣告投放環境：幫助企業創造成熟的行銷活動環境，在這樣的環境中，企業的客戶及潛在客戶語氣選擇的通路及合作夥伴已經經過匹配，這有助於企業進行有效的行銷活動，增加行銷資訊的覆蓋範圍
	更準確的衡量：在客戶定義細分層面上的所有回應通路上，分析企業的客戶及潛在客戶對企業的行銷活動的回應，透過在各種通路追蹤銷售轉化資料還進一步優化企業的行銷活動，幫助企業了解多種行銷通路的交叉衝擊
資料與資料庫管理	建立資料庫：Aexiom 的系統由經過市場檢驗過的標準元件構成。Aexiom 對對這些元件和系統進行個性化配置，滿足企業的需求
	資料管理平臺：使企業的行銷活動覆蓋更多的目標客戶，提高企業的投資報酬率
	行銷活動管理：使行銷活動管理讓行銷者能夠更精確、更有針對性地細分受眾群體，以實現更個性化的互動
	IntegraLOOP 資料庫行銷解決方案：管理者希望所花費的行銷投入能帶來更大的市場報酬。選擇何種平臺來館利資料庫至關重要，明智正確的選擇能幫助企業管理者更高效地進行客戶資料管理、更便捷地進行操作、更全面地獲得客戶分析與決策。IntegraLOOP 資料庫行銷服務解決方案正是基於這些標準模組，再根據企業持有的業務需求加以客製化訂製，包括業務規則制定、報表制定、業務系統整合、網站資料整合、客戶服務系統整合等，為企業帶來完美的資料庫行銷系統
	資料整合和品質：透過提高企業的資料庫搜索和識別化功能，優化企業的資料庫，還可以透過更精確的身分識別方案進行進一步的優化
	資料優化：使用 infoBase 立即理解特定客戶的需求；使用 Personicx 進行資料優化並在各個市場上尋找客戶

目前，Acxiom 正從微軟、Google、亞馬遜、MySpace 等 IT 業巨頭「挖角」，旨在打造一個更強大、更多元的「消費行為預測複式平臺」，透過對資料庫的深耕細作，鞏固其在投資者和客戶當中的地位。Acxiom 的最大優勢在於其過去 40 年中對「離線資料」的蒐集和積累，這亦是它能夠雄踞一方的祕訣所在。

【案例解析】：在本案例中，Acxiom 公司的解決方案有助於簡化資料分析和管理，並推動企業的行銷計劃。

但是，無論手法有多巧妙，這一切都是在客戶本人毫不知情的前提下發生的。究其本質，這是「資料驅動時代」的不可承受之重。我們的生活「被探勘、被提煉，然後被賣給出價最高的競拍者」，蟄伏在暗處的資料巨獸在繞過當事人的情況下，與商家達成了某種「幕後交易」。

也許「大數據」時代的到來，會讓每個人都陷入這樣的困境，你的一舉一動都被記錄成資料，變為有價值的資訊，但你又不可能離開這個世界，也難以離開媒介。

9.2.3 【案例】騰訊用微信展開大數據「首戰」

中國的微信是騰訊目前最成功的行動網際網路應用，也是網際網路歷史上增長最快的新軟體。

如果 QQ 和 Qzone 是騰訊 PC 端的大數據開放平臺，那麼微信將成為騰訊行動端的大數據開放平臺。

就拿筆者自己來說，我會用微信跟好友和同事聯繫，看下幾個群裡大家在討論些什麼，再刷刷朋友圈看看大家分享了些什麼好東西，每天花在微信上的時間累計起來至少超過兩小時以上。可以說這些事情基本是目前每個微信使用者都在做的，至多是因為圈子或興趣愛好等不同看到的內容不一樣，但是這些資訊基本上完整地描述了我一天的行為，同時還帶著地理位置。

騰訊擁有最多的社交大數據，前期的思路是用資料分析改善自有產品，注重 Qzone、微信、電商等產品的後端資料打通。騰訊雲行動分析平臺已接入了微博、QQ 遊戲、QQ 互聯、空間、手機 QQ 多個平臺的資料，現在另外一塊相對封閉但是極具價值的微信資料也被打通了。

騰訊的大數據價值如何釋放，如何變現？筆者認為，最優的途徑是將資料分析成果共享給開發者，讓開發者二次探勘，騰訊則獲得對應的收益。具體的方式有很多種，例如按照特權介面收費，按照介面調用次數收費，按照定製化功能收費。被阿里巴巴收購的友盟、AWS、圍繞微博的一些資料分析公司做的也是類似的事情。

2013 年 8 月，微信公眾平臺增加了一項新功能 —— 資料統計功能，包括使用者分析、圖文分析、消息分析和開發支援 4 個模組。

1. **使用者分析**。管理者可以在這個模組了解到帳號的使用者增長情況及使用者屬性，如圖 9-2 所示。使用者增長關鍵指標包括新增人數、取消關注人數、淨增人數、累計關注人數等，以相應的曲線圖和資料表來顯示數量發展趨勢。在使用者屬性中，可以看到使用者的性別、語言、省份分布數量以及各自所占的比例。

圖 9-2：使用者分析功能介面

2. **圖文分析**。包括圖文群發和圖文統計兩部分。管理者可以在此看到圖文消息中的每篇文章有多少使用者接收、圖文頁閱讀數量、原文頁閱讀次數以及文章的分享轉發人數和次數等。此外，後臺也提供了按照圖文頁閱讀人數、分享轉發人數進行排序的功能，這樣一來，相應的時間段內，哪些文章最受歡迎一目瞭然。
3. **消息分析**。這裡主要是查看使用者向公共帳號發送的消息數統計，由此管理者可了解讀者與帳號的互動情況。
4. **開發支援**。使用開發模式的管理者可以在此查看介面調用的相關統計，例如調用次數、失敗率和平均耗時等。

【案例解析】：在本案例中，透過微信公眾平臺的資料統計功能，可以輕鬆

掌握公共帳號的實際營運效果，這對公眾帳號管理者來說無疑是一個好消息。

在這個大數據爆發的時代，每個人的行為規律都被記錄成資料，對這些資料都可以找到規律並做出分析。不可否認，微信通訊錄已經慢慢等同於筆者的手機通訊錄，裡面也不再僅僅是好友和家人，還有同事、客戶等社會關係在裡面，另外還有微信群、公眾帳號等，如何管理、分享或者搜尋有賴於開發者的智慧。

CH010　零售：打響大數據之戰

學前提示

俗話說：「他山之石，可以攻玉。」大數據裡面包含了企業營運的各種資訊，如果能對它們進行及時有效的整理和分析，就可以很好地幫助企業進行經營決策，為企業帶來巨大的增值效益。零售企業要學會利用自己手中的大量資料，推動企業的發展。

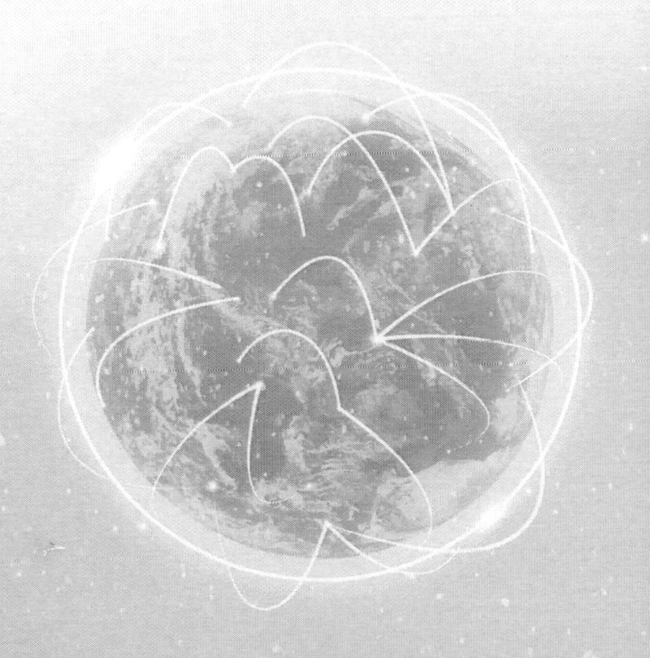

10.1 零售行業大數據解決方案

當你驚嘆於蝦皮透過對以往消費的記錄，準確推播你所需的小眾商品的時候，恭喜你已經感受到大數據時代的來臨。在大數據時代，我們在網路上的任何一次點擊都可以被完整地記錄和保存，而零售企業則透過對這些資料的高效分析，準確預判我們的消費行為、消費心理等，並推播相應的產品或服務。而實際上，目前多數大數據並未被採集到，即使採集到，其價值的開發也遠遠不足。

10.1.1 大數據對零售行業的影響

近年來，網際網路技術改變著各行各業，零售行業自然難逃厄運。隨著電子商務不斷發展，消費者的購物習慣悄然生變。在臺灣，零售商、製造商、個人賣家等均可在蝦皮、PChome 這類第三方平臺開展電子商務業務，因此，消費者也有了更多選擇和主動性，這給傳統零售產業帶來巨大的衝擊。

安吉爾知識網路公司（Edgell Knowledge Network）是一家調查研究及內容服務公司，其在 2012 年 5 月至 6 月對北美零售經理進行了一項調查，具體如圖 10-1 所示。結果顯示，只有 17% 的零售經理不知道「大數據」概念；其餘的受訪者對「大數據」具有不同程度的熟悉，有 10% 的人說自己理解「大數據」的理念，但不確定此概念如何對零售產生影響。

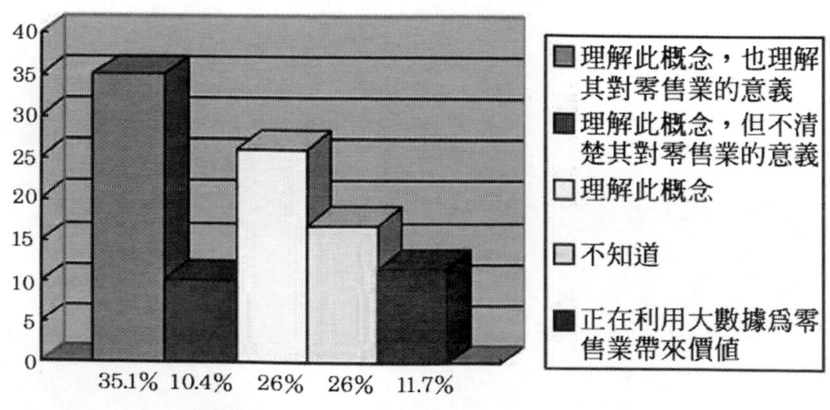

圖 10-1：北美零售經理大數據的了解程度

在大數據時代，智慧零售可以分為四等份，分別是客戶資料資源、社會資料資源、市場資料資源以及供應資料資源。智慧零售能夠生產出源源不斷的資料，創造出數百萬的交易以及數以億計的互動。大數據及分析環境中的投資收益將透過傳統客戶忠誠度、收益增長、成本削減以及新業務模式而貨幣化。

10.1.2 大數據對零售行業的挑戰

隨著中國大型連鎖零售企業開始規模化經營和跨區域發展，「用 IT 去做零售業」已經逐漸成為零售業的重要經營理念之一。

零售商在處理大量資料方面已經有很長的歷史了，多年來條形碼和庫存管理任務都需要資訊分析，但是「大數據」對那些認為自己擁有良好資料分析能力的零售商也提出了挑戰。

近年來，中國的零售業正處在成長與巨變的風口浪尖，呈現出如下發展趨勢：零售變革速度加快，市場空間飽和新舊產業形態並存，外資企業長驅直入，企業經營日趨同質化，盈利模式單一等。零售企業迫切需要提高自身的核心競爭力，其主要策略是外拓和內斂。

- **外拓**：主要是指透過併購和自營店面數量的擴張實現規模化發展。
- **內斂**：主要是指透過加強 IT 資訊化建設來實現內涵式增長。

Edgell Knowledge Network 透過調查發現，46% 的零售商認為處理大量資料是其最大的挑戰，而 34% 的零售商表示僅僅大量的資料類型就占據了自己很多的注意力，20% 的零售商認為資料產生過於頻繁，對自己來說是個麻煩，如圖 10-2 所示。

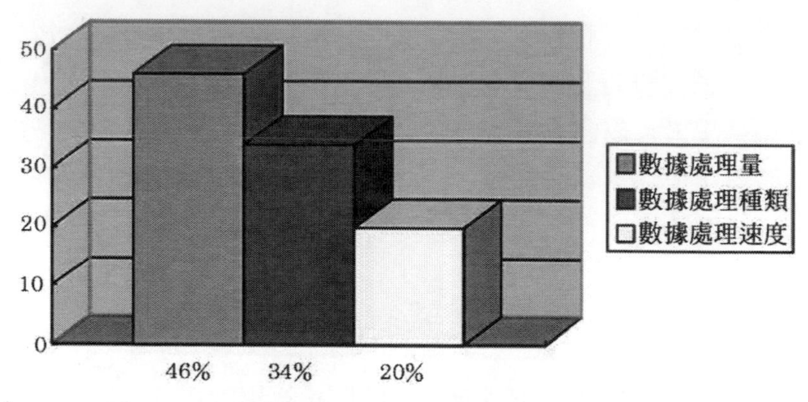

圖 10-2：北美零售商認為管理「大數據」帶來的最大挑戰

如何培養忠實的消費群，並充分探勘客戶資訊中所蘊藏的商業價值，如何用資料為企業的經營提出即時的決策指導，已經成為零售企業長足發展的迫切需求，也是零售企業面臨的挑戰。

專家提醒

筆者認為，阻礙零售商把更多的資源投入「大數據」領域的因素應該是潛在的收益和投資回報仍然不明朗。

10.1.3 大數據對零售行業的價值

如今，中國零售業面臨著巨大的挑戰和困難，整個行業都在積極探尋發展出路。此時，一個新的關鍵字出現了，讓整個行業看到了新的曙光，它就是「大數據」。

毫無疑問，我們已經進入了大數據時代，面對大量、碎片化的資料，零售企業該怎麼利用和管理，為企業的發展提供幫助，可能是一些管理者正在思考的問題。筆者認為，大數據對零售行業的價值主要展現在 6 個方面，如圖 10-3 所示。

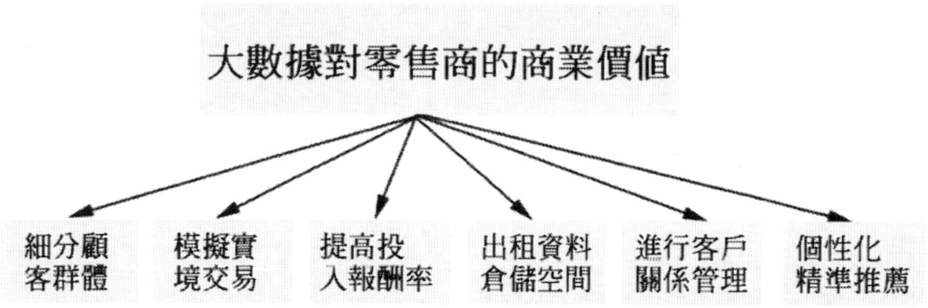

大數據對零售商的商業價值

細分顧客群體　模擬實境交易　提高投入報酬率　出租資料倉儲空間　進行客戶關係管理　個性化精準推薦

圖 10-3：大數據對零售行業的價值展現

專家提醒

筆者認為，個性化精準推薦是零售商運用大數據的最重要「法寶」。以日常的「垃圾簡訊」為例，資訊並不都是「垃圾」，因為收到的人並不需要而被視為垃圾。透過使用者行為資料進行分析後，可以給需要的人發送需要的資訊，這樣「垃圾簡訊」就成了有價值的資訊。

在日本的麥當勞，使用者在手機上下載優惠券，再去餐廳用營運商的手機錢包優惠支付。營運商和麥當勞蒐集相關消費資訊，例如經常買什麼漢堡，去哪個店消費，消費頻次多少，然後精準推播優惠券給使用者。

大數據對零售企業的最大價值是，將零售策略與大數據技術進行結合，最大程度地編制前瞻性的零售策略，確保銷售計劃的實現。因此，零售企業可以根據大數據的特性，主動地在業務資料產生的同時做出相應的策略應對，為企業贏得更多的時間和市場策略調整空間。要做到這一點，零售企業的需要注意以下 4 個方面：

1. **轉換態度**。企業的領導者首先要重視大數據的發展，重視企業的資料中心，把收集顧客資料作為企業行銷的第一目標。
2. **做好準備**。對企業內部人員進行培訓及建立收集資料的軟硬體機制。
3. **制定原則**。以業務需求為準則，確定哪些資料是需要收集的。
4. **規劃目標**。確認在企業已有的資料基礎上或者未來方向前提下，如何達成前三專案標的基礎建設方案。

目前，一些 IT 軟體開發營運商也已經針對傳統零售企業推出了雲服務的基礎平臺，為中小微型商業企業提供了大型企業和超大型企業同樣的基礎環境及系統架構，小的零售企業只需清晰地規劃出自己的目標和適合的步驟，使用雲平臺按需付費即可，大可不必進行巨大的初始投入。

也許在不久的將來，你可以感受這樣一個場景：你和家人在家中正在列出自己出去購物的清單，一家商場的客服會「恰到好處地」發來短訊，提醒你新到了一些貨品，而這些貨品很可能「恰好」也在打折，而這些商品也「恰好」正是你想購買的商品，甚至連你沒有想到而需要購買的商品，都在通知的清單中。筆者認為，這或許是對大數據這門「內功」應用到爐火純青的地步的表現。

在大數據時代，一切似乎都變得資料化，如何利用這樣大量的資料做到以顧客需求為上，就有待各個零售企業「八仙過海各顯神通」了。零售業用好大數據，可以煥發新的生機，進入蓬勃發展的新時期。

10.2 零售行業大數據應用案例

值得關注的是，當中國的大數據研究還停留在概念階段和初步應用階段時，國外的一些企業已經在如火如荼地運用大數據，並帶來了可觀的經濟效益。本節主要介紹零售行業大數據的應用案例，希望對讀者有一定的啟發和學習價值。

10.2.1 【案例】ZARA：可以預見未來的時尚圈

ZARA 是西班牙 Inditex 集團旗下的一個子公司，它既是服裝品牌，也是專營 ZARA 品牌服裝的連鎖零售品牌，為全球排名第三、西班牙排名第一的服裝商，在世界各地 56 個國家，設立了超過兩千多家的服裝連鎖店，如圖 10-4 所示。

走進 ZARA 的店內，可以發現櫃臺和店內各角落都裝有攝影機，店經理隨身帶著 PDA（Personal Digital Assistant，又稱為掌上電腦）。當消費者向店員反映：「這個衣領圖案很漂亮」、「我不喜歡口袋的拉鏈」這些細微末節的細項時，店員都會向分店經理匯報。經理透過 ZARA 內部全球資訊網路，每天至少兩次給總部設計人員傳遞資訊，由總部作出決策後立刻傳送到生產線，改變產品樣式。

每天關店後，銷售人員都會盤點貨品上下架情況，並對客人購買與退貨率做出統計，再結合櫃臺現金資料和交易系統做出當日成交分析報告，分析當日產品熱銷排名，然後資料會直接傳送至 ZARA 的倉儲系統。

ZARA 為了增加網路巨量資料的串連性，2010 年在 6 個歐洲國家成立網路商店，並於 2011 年又分別在美國、日本推出網路平臺，除了增加營收，線上商店強化了雙向搜尋引擎、資料分析的功能。

ZARA 通常先在網路上舉辦消費者意見調查，再從網路回饋中，擷取顧客意見，以此改善實際出貨的產品。ZARA 的網路平臺不僅會回收意見給生產端，讓決策者精準找出目標市場；也對消費者提供更準確的時尚資訊，雙方都能享受大數據帶來的好處。同時，網路商店還為 ZARA 至少提升了 10% 的營收。

通常情況下，會在網路上搜尋時尚資訊的人，對服飾的喜好、資訊的掌握、催生潮流的能力，比一般大眾更勝一籌。ZARA 也緊緊掌握了這一群人的動態資訊，將網路上的大量資料看作實體店面的測試指標。再者，會在網路上搶先得知 ZARA 資訊的消費者，進實體店面消費的比率也很高。

ZARA 推行的大量資料整合，後來被 ZARA 所屬英德斯集團底下 8 個品牌學習應用。可以預見未來的時尚圈，除了檯面上的設計能力，檯面下的「資訊 / 資料大戰」將成為更重要的「隱形戰場」。

運用大數據分析，ZARA 最短 3 天可以推出一件新品，一年可推出 12,000 款時裝。ZARA 平均每件服裝價格只有 LVHM 的四分之一，但是，回看兩家公司的財務年報，ZARA 稅前毛利率比 LVHM 集團還高 23.6%。

【案例解析】：在本案例中，ZARA 透過收集大量的消費者意見，做出生產銷售決策，這樣的做法大大降低了存貨率。同時，根據這些電話和電腦資料，ZARA 可以分析出相似的「區域流行」，在顏色、版型的生產中，做出最靠近客戶需求的市場區隔。

專家提醒

市場區隔（Market Segment）是將消費者依不同的需求、特徵區分成若干個不同的群體，而形成各個不同的消費群。市場區隔不僅是靜態的概念，也是動態的過程。它是了解某一群特定消費者的特定需求，透過新產品或新服務或新的溝通形式，使消費者從認知到使用產品或服務並回饋相關資訊的過程。

「大數據」最重要的功能是縮短生產時間，讓生產端依照顧客意見，於第一時間迅速修正。「大數據」營運成功的關鍵，是資訊系統能與決策流程緊密結合，迅速對消費者的需求作出回應和修正，並且立刻執行決策。

10.2.2 【案例】沃爾瑪：大數據幫你選好購物單

前面的章節已經講了沃爾瑪的資料中心基礎構建，下面就來分析一下沃爾瑪是如何利用大數據來助力零售業務的。50 年前，山姆· 沃爾頓在阿肯色州的羅杰斯開創了第一個沃爾瑪折扣商店，如今這家折扣零售商已經成為跨國公司。

下面列出了 18 個關於沃爾瑪的事實。

- **事實 1**：2012 年沃爾瑪的銷售額達 4,440 億美元，這個數字比奧地利的 GDP 多 200 億美元。如果沃爾瑪是一個國家的話，它將是第 26 個世界最大的經濟體。
- **事實 2**：沃爾瑪有全球僱員 220 萬，相當於休士頓人口，僅在美國就僱用了 140 萬員工。
- **事實 3**：如果把沃爾瑪比作一個軍隊，它將是僅次於中國的世界第二大軍隊。
- **事實 4**：沃爾瑪相當於家得寶、克羅格、塔吉特、希爾斯、好市多和凱馬特這些企業的組合。
- **事實 5**：平均每個 4 口之家每年在沃爾瑪花費超過 4,000 美元。
- **事實 6**：沃爾瑪有分布在 27 個國家的 10,400 家商店，每週的顧客超過兩億。

- **事實 7**：美國人花在食品雜貨上的每 4 美元中，就有 1 美元是花在沃爾瑪。
- **事實 8**：2012 年，執行長麥可· 杜克年薪是 3,500 萬美元，每小時的工資比一個全職僱員全年賺的還多。
- **事實 9**：2009 年，沃爾瑪銷售最多的商品是香蕉。
- **事實 10**：2001 年—2006 年，中國對沃爾瑪的出口占美國對華貿易逆差增長（growth）的 11%。
- **事實 11**：將沃爾瑪的所有零售商店空間平攤在同一個地方，將超過 9 億平方英呎，達到 34 平方英里，大約是曼哈頓的 1.5 倍。
- **事實 12**：沃爾瑪的停車場占地規模相當於佛羅里達州的坦帕市。
- **事實 13**：2000 年，沃爾瑪起訴是 4,851 次，相當於每兩小時一次。
- **事實 14**：90% 的美國人生活中，15 英里範圍內就有一個沃爾瑪店。
- **事實 15**：沃爾瑪家族把 2% 的收入捐給了慈善機構。比爾· 蓋茲捐了 48% 的淨資產，而巴菲特捐了淨資產的 78%。
- **事實 16**：每 10 萬居民中新增加一個沃爾瑪巨型商場，就使這些居民的平均體重指數增加 0.25 個單位，肥胖率增加 2.4%。
- **事實 17**：全球衛星定位系統裝置 Telenav 中，最常見的輸入目的地是沃爾瑪。
- **事實 18**：沃爾瑪有大約 4,700 個（90%）國際商店不使用沃爾瑪的字號，包括墨西哥的 Walmex、英國的阿斯達、日本的西友、印度的 Best Price。

從以上資料可以看出，沃爾瑪本身就是一個龐大的資料庫，可以用於商業上的各種分析和應用。

2011 年 4 月，沃爾瑪以 3 億美元高價收購了一家長於分類的社群網站 Kosmix。Kosmix 不僅能收集、分析網路上的大量資料（大數據），並且結合沃爾瑪商場顧客的結帳資料等資料，它還能將這些資訊個人化，提供採購建議給終端消費者。這意味著沃爾瑪使用的大數據模式，已經從「探勘」顧客需求進展到能夠「創造」消費需求。

沃爾瑪利用 Kosmix 打造了一套完整的零售大數據系統——「社交基因組（Social Genome）」，它還可以連接到 Twitter、Facebook 等社交媒體。資料工程師從每天熱門消息中，推出與社會時事呼應的商品，創造消費需求。分類範圍包含消費者、新聞事件、產品、地區、組織和新聞議題等。值得注意的是，如果沃爾瑪能夠透過社群網路的大數據，掌握消費者行為，或許它能重新定義消費的方式。

為了得到便利和快捷的支付體驗，沃爾瑪推出了可以讓消費者進行智慧手機支付的應用軟體 Walmart App。沃爾瑪透過對使用者過去購買資料的分析，在使用者打開 Walmart App 之後就能自動生成使用者的購物單，預判他們想買的商品。

目前，Walmart App 已經含有購物單的功能，能告訴顧客他們想要貨品的位置，而且還發放類似商品的電子優惠券。沃爾瑪還在測試一款名為「Scan and Go」的系統，使用者只要在手機上挨個掃描商品，然後在收銀臺掃一下手機就可以買單走人了，再也不用排長長的隊了。

沃爾瑪全球行動部門的掌門人 Thomas 表示：「完美的購物單就是你根本不用動手，你一打開它就在那裡了，這就是我們想要的。」

專家提醒

沃爾瑪在對消費者購物行為進行分析時發現，男性顧客在購買嬰兒尿片時，常常會順便搭配幾瓶啤酒來犒勞自己，於是推出了將啤酒和尿布捆綁銷售的促銷手段。如今，這一「啤酒＋尿布」的資料分析成果也成了大數據技術應用的經典案例。

【案例解析】：在本案例中，沃爾瑪結合社群網路媒體和行動 APP，也是為了進一步提高其對大數據的分析、應用能力，將其對大數據的應用能力提升到一個全新的境界。零售商對個人消費資料進行分析，用於預測「一系列高度敏感的個人屬性」，包括性傾向、種族、宗教和政治觀點、健康狀況、飲食習慣、性格特徵、懷孕狀況、休閒娛樂追求、父母離異、年齡和性別等。筆者認為，零售商同時還要注意大數據可能帶來的風險。

例如，從本質上講，像沃爾瑪這樣的公司會越來越多地使用資料，包括真實和預測資料，從而將人群進行分類，一些低收入階層類別遭受較差待遇的風險在增加。

10.2.3 【案例】Target：準確判斷哪位顧客懷孕

美國的出生記錄是公開的，等孩子出生了，新生兒母親就會被鋪天蓋地的產品優惠廣告包圍。因此，孕婦對於零售商來說是個含金量很高的顧客群體，但是她們一般會去專門的孕婦商店購買孕期用品。

如果 Target 能夠趕在所有零售商之前知道哪位顧客懷孕了，市場行銷部門就可以早早地給他們發出量身定製的孕婦優惠廣告，早早圈定寶貴的顧客資源。為此，Target 的市場行銷人員求助於 Target 的顧客資料分析部要求建立一個模型，在孕婦第 2 個妊娠期就把她們給確認出來。可是懷孕是很私密的資訊，如何能夠準確地判斷哪位顧客懷孕了呢？

不久後，Target 市場行銷部經理 Andrew Pole 從公司的一個迎嬰聚會（baby shower）上找到了「入口」。原來，迎嬰聚會透過一個登記表記錄了顧客的消費資料。Andrew Pole 從 Target 商品資料庫的數萬類商品和存放交易記錄的資料倉儲中探勘出 25 項與懷孕高度相關的商品，製作「懷孕預測」指數，並以此可以推算出預產期，搶先一步將與孕婦相關的產品推播給客戶。

為了不讓顧客覺得商家侵犯了自己的隱私，Target 把孕婦用品的優惠廣告夾雜在其他一大堆與懷孕不相關的商品優惠廣告當中。

下面看一個關於 Target 的真實故事：美國一名男子闖入他家附近的一家 Target 連鎖超市，並對店員抗議道：「你們竟然給我 17 歲的女兒發嬰兒尿片和童車的優惠券。」

店鋪經理立刻向來者承認錯誤，但是其實該經理並不知道這一行為是總公司運行資料探勘的結果。一個月後，這位父親來道歉，因為這時他才知道他的女兒的確懷孕了。Target 比這位父親足足早了一個月知道他女兒懷孕的情況。

根據這個「大數據」模型，Target 制訂了全新的廣告行銷方案，結果 Target 的孕期用品銷售呈現了爆炸性的增長。Target 的「大數據」分析技術從孕婦這個細分顧客群開始向其他各種細分客戶群推廣，從 Target 使用「大數據」的 2002—2010 年間，Target 的銷售額從 440 億美元增長到了 670 億美元。

【案例解析】：在本案例中，Target 是基於資料探勘所做的使用者行為分析的結果。

如果不是在擁有大量的使用者交易資料基礎上實施資料探勘，Target 不可能做到如此精準的行銷。然而，正是因為對於資料探勘的充分應用，Target 才能在低迷的美國經濟環境下持續發展。

可以想像的是，許多孕婦在渾然不覺的情況下成了 Target 常年的忠實擁護者，許多孕婦產品專賣店也在渾然不覺的情況下破產。渾然不覺的背景下，大數據正在推動一股強勁的商業革命暗湧，零售商們早晚要面對的一個問題就是：究竟是在渾然不覺中崛起，還是在渾然不覺中滅亡。

在消費者的需求呈個性化發展的大趨勢下，筆者建議零售商應該學會收集、儲存和分析大量的資料，並發揮出這些資料的價值。基於大數據的業務模型將主導零售業後十年的格局，大數據對打破零售業常規局面具有重要作用，其能夠幫助零售商們篩選資訊，迎接挑戰，並且利用技術為客戶提供解決方案。

10.2.4 【案例】愛迪達：用大數據帶來利潤

2009 年 8 月初，在中國大型的應徵網站上相繼出現了一則愛迪達公司的應徵廣告，職位為 Inventory Sales Specialist（存貨銷售專員），工作地點為上海愛迪達中國區總部。該職位描述的首要條件是：能夠按照不同通路，根據實際庫存情況，制定一個年度庫存削減計劃。

這樣的應徵資訊在平時並不會引起人們的關注，而在眾多通路商紛紛大面積低價清理手頭存貨，有人退出、有人倒閉，甚至有經銷商乾脆不去愛迪達處提貨的情況下，它的意義就顯得很不尋常。越來越多的事實表明，存貨問題已經讓愛迪達進入到一個危機之中，程度甚至讓其難以控制，並將對其今年後兩季甚至明年的發展造成影響。

愛迪達本應更早啟用類似的專業庫存管理人才來準確預期產能變化。但不久後，與愛迪達一起樂觀地預期市場增長的通路商們發現，由於市場並未達到預期，經銷商多拿的貨變成了自己身上的「沉重包袱」。

迫於經營壓力，甚至有一些經銷商因缺少資金寧願違反協議拒絕提貨。由於愛迪達與經銷商採取的是半年預訂、貨到付款的方式，這些未根據協議提走的、積壓在愛迪達的倉庫中的貨品總款甚至高達上億元人民幣。

庫存危機後，愛迪達從「批發型」公司轉為「零售驅動型」公司，它從過去只關注把產品賣給經銷商，變成了將產品賣到終端消費者手中的有力推動者。而資料收集分析，恰恰能讓其更好地幫助經銷商提高售罄率。

愛迪達產品線豐富，過去，面對展廳裡各式各樣的產品，經銷商很容易按個人偏好下訂單。現在，愛迪達會用資料說話，幫助經銷商選擇最適合的產品。

1. 抓牢不同區域的消費者需求：一、二線城市的消費者對品牌和時尚更為敏感，可以重點投放採用前沿科技的產品、運動經典系列的服裝以及設計師合作產品系列；在低線城市，消費者更關注產品的價值與功能，諸如純棉製品這樣高性價比的產品，在這些市場會更受歡迎。
2. 分析不同區域的經銷商資料：愛迪達會參照經銷商的終端資料，給予更具體的產品訂購建議。例如，愛迪達可能會告訴某低線市場的經銷商，在其轄區，普通跑步鞋比增加了減震設備的跑鞋更好賣；至於顏色，比起紅色，當地消費者更偏愛藍色。

推動這種訂貨方式，愛迪達得到了經銷商們的認可。一方面降低了他們的庫存，另一方面增加了單店銷售率。賣的更多，銷售率更高，也意味著更高的利潤。探勘大數據，讓愛迪達有了許多有趣的發現。例如，同為一線城市，北京和上海消費趨勢不同，氣候是主要的原因。實際上，對大數據的運用，也順應了愛迪達大中華區策略轉型的需要，如圖 10-4 所示。

下面看一位愛迪達的忠實經銷商是如何利用大數據渡過危機並走向成功的。

2012 年 12 月，廈門育泰在福建省泉州市的一個沿海縣級市 —— 南安開出了一家新店。南安算上週邊地區也有 150 萬人口，它一般會被定義為中國這個龐大市場裡的四線或五線城市。

廈門育泰是愛迪達在福建最大的經銷商，當廈門育泰把第一家愛迪達門市開到南安的時候，南安還只有一個購物中心，門市第一年的利潤是 12 萬元。現在，隨著另一個受到年輕人歡迎的購物中心的建起，育泰公司也挑選了一個臨街的好位置，開出了這一家 120 平方米的新店。

圖 10-4: 愛迪達的大數據策略目標

廈門育泰總經理葉向陽看著同行大多仍身陷庫存泥潭，他慶幸自己選對了合作夥伴。他的廈門育泰貿易有限公司與愛迪達合作已有 13 年，如今旗下已擁有 100 多家愛迪達門市。他說，「2008 年之後，庫存問題確實很嚴重，但我們合作解決問題，生意再次回到了正軌。」

現在，葉向陽每天都會收集門市的銷售資料，並將它們上傳至愛迪達。收到資料後，愛迪達對資料做整合、分析，再用於指導經銷商賣貨。研究這些資料，讓愛迪達和經銷商們可以更準確了解當地消費者對商品顏色、款式、功能的偏好，同時知道什麼價位的產品更容易被接受。

葉向陽的生意也在過去兩年中有了巨大變化，在他目前經營的總共 100 多家門市中，有 50% 都位於像南安這樣的四五線城市。

【案例解析】：在本案例中，愛迪達透過與經銷商夥伴展開了更加緊密的合作，以統計到更為確切可靠的終端消費資料，有效幫助自己重新定義了產品供給組合，從而可以在適當的時機，將符合消費者口味的產品投放到相應的區域市場。簡而言之，愛迪達還只是利用資料對客戶進行細分，然後開展針對性行銷。

不過，筆者認為愛迪達還缺乏創新能力，想要創新就必須要學會利用大數據的「預知」能力。零售企業可以利用大數據事先捕捉顧客的關注點和需求，並且給出可執行的解決方案，幫助回流客戶。另一方面，社交媒體、電子商務、物聯網等新應用的興起，打破了企業原有的價值鏈圍牆，僅對原有價值鏈各個環節的資料進行分析，已經不能滿足需求，零售企業需要借助大數據策略打破資料邊界，了解更為全面的營運及營運環境的全景圖。

CH11　製造：更快更好地生產

學前提示

圍繞大數據的話題主要集中在點擊流資料、傾向性分析和消費者定位。但其實在大數據背後，機器到機器的通訊以及先進的分析功能可能會完全改變我們周圍的世界。本章將介紹大數據在傳統生產製造業的解決方案和應用案例。

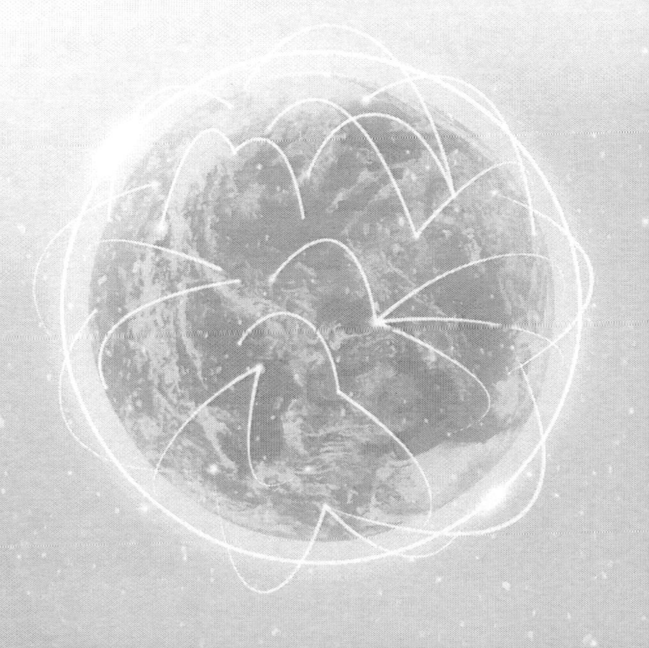

11.1 生產製造業大數據解決方案

如今，大數據正處於引爆點，有數十億美元投入到將大量資訊轉化為對商業有價值的洞察力。不過，大數據的內涵不僅僅在於數位和洞察力，它對促進智慧化生產也有著重大意義。

11.1.1 大數據對生產製造業的影響

筆者認為，對於大數據的理解不僅是其中存在的價值，而更在於可以進行種種連接以賦予大數據主動性和預測性 —— 或讓資訊智慧化。

然而，為了使資訊智慧化，新的連接需要建立起來，這樣大數據才能「知道」何時以何種方式前往何地。大數據看起來可能像是工作流程的一種簡單升級，但事實上，它代表的東西可能是自工業革命以來意義最深遠的商業和技術的融合 —— 工業網際網路（Industrial Internet）。

工業網際網路將整合兩大革命性轉變的優勢：其一是工業革命，伴隨著工業革命，出現了無數臺機器、設備、機組和工作站；其二則是更為強大的網路革命，在其影響之下，計算、資訊與通訊系統應運而生並不斷發展。

工業網際網路是指全球工業系統與高級計算、分析、感應技術以及網際網路連接融合的結果。它透過智慧機器間的連接並最終將人機連接，結合軟體和大數據分析，重構全球工業，激發生產力，讓世界更美好、更快速、更安全、更清潔且更經濟。伴隨著這樣的發展，工業網際網路的 3 種元素逐漸融合，充分展現出它的精髓，如圖 11-1 所示。

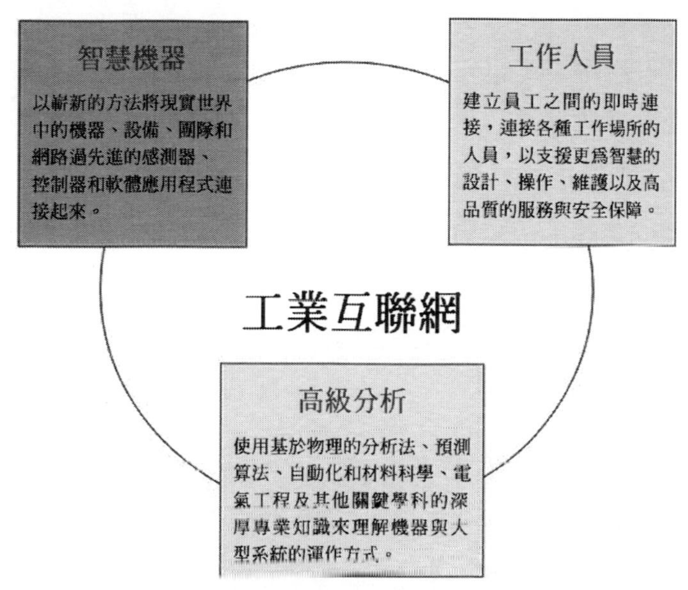

圖 11-1：工業網際網路的 3 種元素

工業網際網路將這些元素融合起來，將為企業與經濟體提供新的機遇。例如，傳統的統計方法採用歷史資料收集技術，這種方式通常將資料、分析和決策分隔開來。伴隨著先進的系統監控和資訊技術成本的下降，工作能力大大提高，即時資料處理的規模得以大大提升，高頻率的即時資料為系統操作提供全新視野。

大數據是工業網際網路的命脈，但工業網際網路同樣意味著開發新的軟體和分析方法，以便從原先不存在連接的地方 —— 如機器內部 —— 提取和釐清資料。透過讓機器經由軟體連接到網際網路，資料由此產生，資料洞察不斷積累，但更重要的是，這些機器現在成為一個緊密結合的智慧網路的組成部分，這個網路被構建用來讓關鍵資訊實現安全的自動化傳輸，以對性能問題進行預測。這意味著及時省下來的數千億美元和各大行業可利用的資源。

例如，很多時候停電事故得不到修復，有時長達數週時間，這是因為線路斷開的地點無法被立刻獲知，或是因為系統需要進行大規模的檢修而發生故障的部位可能位於世界的另一側。然而，在工業網際網路中，從發電的巨大機器到電線杆上的變壓器，一切都可以連接到網際網路上，從而提供狀態更新和性能資料。由此，維修人員可以在潛在問題造成公司損失數百萬或數十億美元，並在浪費客戶時間之前搶先採取行動，他們將能夠預測哪兒出了錯，並準備好修復所需的零部件。

工業網際網路的應用能夠幫助航空、電力、鐵路、醫療、石油天然氣等主要行業實現生產率提升 1%，在未來 15 年將有潛力讓這些行業節省成本約 240 億美元。當然，要做到這些，不僅需要充分利用大數據，還需要建立正確的連接讓大數據為我們服務。

專家提醒

機器分析為分析流程開闢新維度，各種物理方式的結合、行業特定領域的專業知識、資訊流的自動化與預測能力相互結合可與現有的整套「大數據」工具聯手合作。最終，工業網際網路將涵蓋傳統方式與新的混合方式，透過先進的特定行業分析，充分地利用歷史與即時資料。

11.1.2 生產製造業如何利用大數據

如今，大數據已經帶來以下場景。

- **場景 1**：通訊公司可以根據你習慣閱讀手機報的時間來不斷調整發送時間。
- **場景 2**：午餐時，餐廳也會分析你的偏好和需要來管理和優化原料的供應。
- **場景 3**：超市也會根據商品銷售的關聯分析來不斷調整貨架，讓你更容易發現和購買所需的商品。

這些都是大數據時代的典型商業智慧應用。機械製造業是最早開始走上資訊化道路的行業之一，其業務資訊化系統已經趨於完善，而隨著業務系統的完善，也隨之帶來了一個問題，以 TB 級增長的資料如何「消化」，如何讓這些資料返過來促進業務的創新？

筆者認為，在大數據時代，全球工業系統與高級計算、分析、傳感技術及網際網路將會進行高度融合。工業網際網路將利用資料來連接智慧機器，並最終將人機連接，結合軟體和大數據分析，重構全球工業，激發生產率，讓世界發展更快速、更安全、更清潔且更經濟。

實際上，很少有企業是因為單純的積累資料而了解大數據，更多的動力依然是來自業務需求，也就是利益的需求。大數據分析可以讓機械製造業的各個部門的資料得到充分的利用，如表 11-1 所示。

表 11-1：大數據分析在機械製造業各個部門的應用

企業部門	主要應用
財務部門	可以領頭建立成本控制體系；生產部門可以領頭建立 KPI（Key Performance Indicator，企業關鍵績效指標）體系；以及資訊管理部門領頭建立財務部門資料倉儲，支援 KPI 體系和成本控制體系等的平臺；還有人力資源，供應鏈等各個部門都可以在已有的資料上做出更多的業務創新
生產部門	生產部所要解決的問題不僅是對流程、業務、訂單、事務等的規範化管理，還要對產生的資料進行進一步的分析，以進一步實現業務流程優化。如今，很多企業都在強調創新、高效，但如果沒有一個統一的資料分析平臺，生產部門就依然會陷入各種報表的瑣碎業務中，沒有時間去考慮創新和高效。因此，利用資料分析平臺不僅能夠連接各類主流資料庫，還可以支援多種資料來源，保證了資料分析的完整性，在利用多種資料分析手段探勘資料的價值，從而讓生產部門發揮出大的創新價值
資訊部門	資訊部門需要一個支援的平臺，這類需求明顯為商業智慧的需求，需要利用大數據分析產品來實現對於多業務系統資料的整合，同時根據各業務部門的需要制定報表，透過條件參數來實現自動刷新報表資料的功能。大數據分析平臺能夠與各業務平臺進行良好的整合應用，這樣可以為企業量身制定輔助決策體系，以圖表並用的方式將全面的資料分析結果呈現給管理者，也可以免除基層工作人員大量的手工工作，同時也能及時、準確地將資料以各部門所要的形式呈現出來

事實上，無論是哪個領域的應用，都是透過對多維資料庫的旋轉、切片、鑽取、多維度切換等手段進行分析，從而使各管理人員或業務人員能夠真正將主要精力從「手工勞動」生成報表或報告轉移到應用先進的手段去發現問題，解決問題上來。

專家提醒

資訊化產業的關鍵是從許多來自企業不同的運作系統的資料中提取出有用的資料並進行清理，以保證資料的正確性，然後經過抽取（Extraction）、轉換（Transformation）和裝載（Load），即 ETL 過程，合併到一個企業級的資料倉儲裡，從而得到企業資料的一個全局視圖，在此基礎上利用合適的查詢和分析工具、資料探勘工具、OLAP 工具等對其進行分析和處理（這時資訊變為輔助決策的知識），最後將知識呈現給管理者，為管理者的決策過程提供支援。其中，ETL 是負責完成資料從資料源向目標資料倉儲轉化的過程，是實施資料倉儲的重要步驟。

11.2 生產製造業大數據應用案例

目前的製造業在持續發展上面臨諸多問題。例如，資源環境的制約異常突出，產業發展乏力，產業技術創新能力薄弱，產業結構調整的任務非常艱巨，發展方式轉變十分困難，而大數據就是最好的幫手。本節主要介紹生產製造業大數據的應用案例，希望對讀者有一定的啟發和學習價值。

11.2.1 【案例】大數據結合 ERP 助力生產

筆者的好友王貴是一家家具生產公司的老闆，在筆者剛接觸到「大數據」這一概念時，就曾與他公開交流過大數據的應用方式。如今，王貴在操心業務的同時，也知道必須要更好地利用資訊化系統，這樣才能更好地完成任務。

近日，王貴正在想辦法提高各生產線的效率，使計劃生產達到 80% 而不是現在的 60%。要達到這一目的，王貴首先必須知道各個生產線的生產狀況，然後可以隨時對生產線做出調整。其實王貴也沒有想讓所有生產線滿負荷運轉，因為他很清楚那是無法實現的。

但計劃生產達到 80%，甚至再低一點 70% 是完全可以實現的，而且也會在很大程度上提高生產效率，從而為企業增加利潤。

據筆者了解，王貴所在的企業是一家典型的多品種、小批量、根據訂單生產的生產製造型企業。兩年前，頗具科技頭腦的王貴就開始應用企業資源計劃系統（Enterprise Resource Planning, ERP）建立起了合理、高效的生產計劃編制體系，消滅了資訊孤島，基本實現了資料共享。另外，王貴利用該系統使生產、採購、銷售、庫存等環節連接成了一個整體，這在很大程度上解決了以往由於資訊不匹配造成的影響，甚至是經濟損失。

雖然企業利用 ERP 系統解決了很多採購、生產等環節出現的問題，提高了訂單交付的及時率、準確率，同時也提高了客戶的滿意度。但是，王貴還是憂心忡忡，主要是因為企業的品種多而雜，而且訂單隨時性很強，經常會出現臨時加單、訂單調整的情況，讓企業措手不及。同時，王貴還要清楚地了解退貨情況，具體原因是什麼等資訊，這讓他的工作量不斷加大。

另外，王貴還要想辦法掌握一些重要資訊，例如，該透過什麼樣的方式了解訂單的趨勢，提前做好準備；透過多種維度去分析退貨的情況和原因，同時採取措施降低退貨率。平時，這些資訊也要花費很大的精力和很長的時間去統計，讓本來就繁重的工作又增加了更繁瑣的工作內容。

【案例解析】：筆者認為，如果企業規模還很小，幾個人當面溝通就能搞清楚全部狀況時，可能不會需要 ERP 系統。但除非企業不想再繼續成長，否則從整體策略的角度，重新規劃企業資源運用方式與營運模式，並據此導入 ERP 系統，並順勢採取合理化、標準化的步驟，會是任何一個有追求發展的企業管理者的必然選擇。

ERP 系統是事務性處理系統，它解決了多個子系統之間的資料流轉問題，每個環節的工作人員透過處理不同的單據來記錄整個過程所發生的資料。然而，ERP 系統卻也存在一些不足之處：

- 資料深層次的資訊卻沒有被探勘出來。
- ERP 系統的操作大多面向基層人員，以業務操作為主。
- 如果作為管理者使用，ERP 系統的易用性又不夠，而他們又是最需要利用資料來進行輔助決策的。

在本案例中，對於像王貴這種中層甚至高層使用者來講，需要為他們提供一套操作簡單、內容全面的資料分析平臺，作為 ERP 系統和管理者之間的橋樑，如圖 11-2 所示。

只有利用這樣的系統，才能讓他們擺脫目前的狀況，最好的辦法就是透過資訊化的方式來幫助他們去完成這些工作，提高工作效率，也為決策提供依據，從而也使他們有更多的時間和精力去研究部門現狀，剖析企業問題，從而更好地實現創新發展企業的目的。

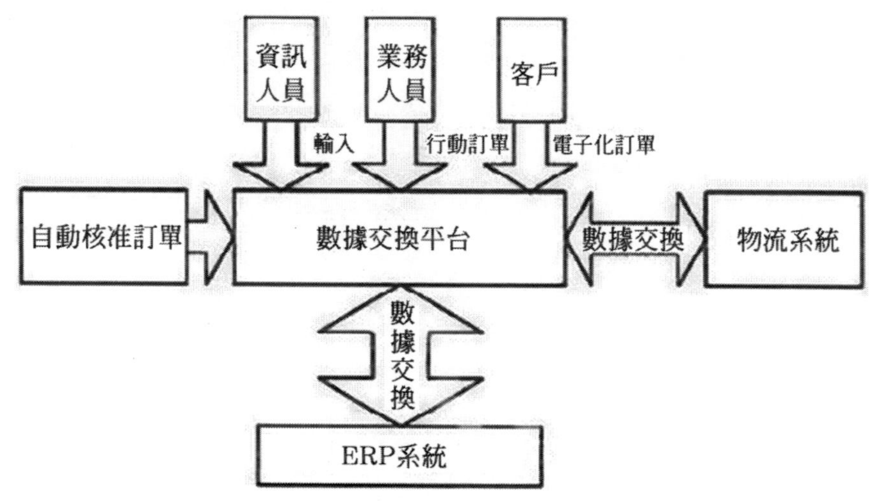

圖 11-2：用資料連接各個系統

同時，筆者預計，在未來的幾年內，將會有為數不少的企業進入大數據市場，這個市場的競爭也將更加激烈。

11.2.2 【案例】大數據改變福特汽車的製造

過去十年，福特公司經歷了一個非常困難的時期，當時福特失去了近半數的員工，整個公司瀕臨滅亡。因此，早在 1990 年代，福特公司就已經開始認真考慮是否使用資料分析工具，當時伺服器和儲存越來越便宜，很多華爾街的公司都在向世界展示利用資料建模可以實現什麼。

福特公司內部開始出現各種分析小組，包括 Ginder 研究中心小組、市場部單獨的小組、福特信貸（FordCredit）部門的小組。儘管如此，所有這些分析小組都把精力集中在一些非常具體的任務上，例如福特信貸部門的風險分析，或者像研究中心那樣做更為抽象的科學工作，而且這些都被稱之為核心的業務驅動力。

福特公司的大數據分析負責人 John Ginder 在福特研究中心（Ford Research）管理著系統分析和環境科學（Systems Analytics and Environmental Sciences）團隊。與此同時，另一個因素開始發揮作用——新任 CEO 的到來。2006 年，新的執行長 AlanMulally 來到福特，每週他都要與手裡拿著各種圖表的直接匯報人開會，並經過層層細化，鼓勵公司內部使用資料驅動的方法，他影響了整個福特的管理文化。

福特的另外一個重要的大數據資產來自福特產品開發流程和產品本身產生的大量有用資料。福特內部產生的大量資料，包括來自業務營運、汽車產品研究活動以及網際網路上的客戶資料，所有這些資料對於福特來說意味著巨大的商機，但是福特需要新的專業技術和平臺來管理這些資料。福特的研究部門正在測試 Hadoop 系統，試圖整合手頭擁有的所有資料源。

福特的製造工廠以及汽車產品都安裝了各種測量儀表，它們都是閉合的控制系統。

每輛汽車中也安裝有大量感測器，但目前這些資料都還停留在汽車內部，但是 Ginder 認為採集這些資料，包括車輛運行狀況和消費者操控汽車方式的資料，並將這些資料分析後反饋給設計流程將非常有助於優化使用者體驗。

除了採集結構化資料進行分析外，福特還將觸角伸向了非結構化的消費者情報資料。雖然不少財富 500 強企業也在進行類似的社會化分析，但是福特分析 Web 非結構化資料的方法與眾不同，該方法甚至能夠影響到公司對汽車產品銷售業績的預測。例如，福特使用 Google Trends（如圖 11-3 所示）來監測搜尋關鍵字的流行度，幫助企業做出內部銷售預測。

圖 11-3：Google Trends 的區域熱度分析

在 Ginder 的眼裡，福特的大數據分析還只是「皮毛功夫」，因為大數據分析工具目前並不成熟。雖然能夠洞見大數據的未來，但是 Ginder 認為現實和未來還有相當的落差。「大數據的未來很美妙，不過我們現在的問題是專業人才和工具都很缺乏。雖然我們有自己的專家，可以利用目前的大數據工具開發一些大數據應用解決具體業務問題。但是將來我希望能把大數據分析擴展到所有資料，屆時資料專家 —— 而不是電腦專家，能充分發掘大數據的商業價值。」

在 Ginder 的眼裡，福特的大數據未來還意味著資料的開放，福特將與開源社區大量分享自己的資料，造福社會。不久前福特的矽谷實驗室（SVL）正式揭幕，其定位是「大數據、開源創新和使用者體驗」。現在，分析已經深入福特公司的文化當中，大數據分析的興起，為這家汽車製造商帶來了全新的機遇。

專家提醒

例如，福特產品開發團隊曾經對 SUV 是否應該採取掀背式（即手動打開車後行李箱車門）或電動式進行分析。如果選擇後者，門會自動打開，便捷又智慧；但這種方式會出現車門開啟有限的問題。此前採用定期調查的方式並沒有發現這個問題，但後來根據對社交媒體的關注和分析，發現很多人都在談論這些問題。

【案例解析】：當問起汽車的製造過程，大多數人腦子裡隨即浮現的是各種生產裝配流水線和製造機器。然而在本案例中，福特在產品的研發設計階段，大數據就已經對汽車的部件和功能產生了重要影響。

筆者發現，福特目前主要依賴開源工具如 Hadoop 來管理大數據集，並透過 R-Project（另外一個開源資料分析工具）來進行統計分析，此外資料探勘和文本探勘使用的也都是開源工具。

雖然開源大數據工具非常強大，可擴展性也很好，但是只有高水平的資料分析專家和程式員才能使用。此外，大數據的一個大趨勢是，非技術人員也將能透過自然語言工具訪問大數據集。未來的「資料科學家」不是懂得如何書寫合乎規範的 SQL 查詢語句的人，而是知道如何提出正確問題的業務分析師，只有他們能夠發現影響公司決策的「資料珠寶」。

11.2.3 【案例】長安汽車資料與製造的結合

中國的長安汽車充分把握了西部大開發和 WTO 帶來的雙重發展機遇，以先進的資訊技術全面提升了公司的資訊技術應用水平，鍛造出企業的核心競爭力。從 1990 年代初踏上資訊化之路以來，如今長安汽車已經在研發、生產、銷售各個環節應用了資訊化系統，實現了資訊化對業務的全面支撐。

2000 年是長安汽車資訊化建設的一個分水嶺。隨著中國車市空前繁榮，長安的面前既有危及存亡的競爭壓力，又有跳躍式發展的巨大商機。在這種機遇與挑戰下，汽車企業必須採用全球化的、靈活的電子商務供應鏈模式，透過完整、整合的資訊化平臺強化汽車企業在速度、創新、出色的客戶關懷以及整個供應鏈協同方面的突出能力，從而在本土競爭中立於不敗之地，並謀求在世界範圍內做大做強。同時，因為業務策略的轉變，長安汽車此前建立的 38 個不同的資訊系統開始無法滿足新的需求。為了長安汽車未來的發展，企業高層決定將資訊化遷移到更大的平臺。

2001 年，長安汽車與 Oracle（甲骨文）公司確定了策略合作夥伴關係，應用了 Oracle 的 ERP、e-HR、CRM 等系統，並與 Oracle 的支援服務部門建立了長期的合作夥伴關係。透過與 Oracle 的合作，讓長安汽車更加確信採用「一線貫通」的方式建設資訊化符合其策略發展方向。

長安汽車在中外有眾多的產業基地、分 / 子公司，對應的資訊系統相當龐大。在現代企業競爭中資料的力量不容小覷，資訊系統裡流淌的資料，對於企業來說如同人的血液一樣重要。總結起來，應該說長安採用的是「一線貫通」的方法來實現企業資訊化，其對未來的企業平臺架構、營運成本及推進一體化管理都有很好的用處。

長安汽車董事及副總裁馬軍使用最多的一個詞也是「資料」。他認為，「作為一個企業，重要的是你知不知道你下面的資料，知不知道資料形成的業績與競爭對手的資料差異在哪裡。」

在以往，長安所有產品的開發資料、工業資料、製造資料由不同部門各自分管，導致從研發到生產資料並不唯一，系統之間的關聯性也不強。為此，長安建起了一套以 PDM 系統為核心的全球線上研發平臺，把資料源打通，使所有資料在同一個鏈條上互動，優化了線上協同研發機制。

長安汽車使用資訊系統之後，企業得到的是一個資料鏈，從原來點的資料到線的資料到一個資料鏈的資料。有了資料鏈，企業可以系統地去和競爭對手，和行業進行比較，甚至和國外的先進的汽車企業作比較。如果沒有這些資料，企業在做競爭策略時只能憑感覺和經驗。

2010 年，長安汽車預計產銷汽車 185 萬輛以上，銷售收入達到 1 千億以上，這其中資訊化功不可沒。對於成本控制、物料管理、差異分析和風險分析，資訊化發揮了重要的角色。長安汽車正在按照新的發展規劃，部署新的 IT 營運，來配合業務的快速成長和發展需求。

資訊化本身是一個持續不斷的過程。在這個過程中，不斷有問題出現並需要解決。在取得了諸多成績的同時，長安汽車資訊化同樣面臨著挑戰。

目前，長安汽車挑戰來自以下兩個方面：

1. 如何保證資訊的安全與共享？隨著軟體應用越來越多，運用範圍越來越廣，資訊安全成為一個重要問題。長安汽車資訊系統採用的是集中管理的方式，如果發生資訊泄露就是大問題。而如果不集中管理就不能共享，不能共享則造成成本升高以及績效評價的不公平。這一矛盾對長安汽車資訊化形成了挑戰。
2. 如何保障 24 小時的營運？對於這個問題，長安汽車目前是「兩地三災備」的策略，即同城有兩個災備中心，異地有一個災備中心。如何在全國 11 個城市去部署運用，是長安汽車的另一大挑戰。

透過資料平臺，長安汽車解決了全球共享單一資料源、提供即時準確的資料、支撐五國九地、7×24 小時線上協同研發等問題。同時，透過數位化設計和製造仿真分析，提前發現問題，以減少後期變更成本，減少實物驗證次數。在抓住了資料源之後，長安資訊管理部把研發部分的成本控制在了原來的 80% 上下，協同效率的提升更使得生產等環節的成本得到控制。

專家提醒

很多企業的資料是不對稱的，如果資料在流轉的過程中出現人為加工修改，就會為企業決策帶來很大的潛在風險。擁有資料，才能與競爭對手對比。資訊系統保證了資料的透明與規範，讓資料呈現在所有應該共享的人面前。

首先，資訊系統帶來了資料的對稱，同一系統中授權一致的人會看到相同的資訊，誰也沒辦法隱藏資訊，它是透明的。同時，資料的對稱規範了管理，如果沒有資料，想做到精益管理基本是空談。當然，做到資料的透明規範與共享，最終的目的還是實現企業整體效率的提升。

2010 年 10 月 31 日，長安汽車發布了全新的品牌標識，並宣布 2020 年的策略目標是實現年產銷 600 萬輛，成為世界級的汽車企業。在 2013 年上半年，長安集團實現了營業收入 197.51 億元，同比增長達到 40.63%，其中汽車製造業務整體的毛利率達到 16.43%，比 2012 年同期提高了 0.9%，而產品毛利的提升主要就來自於產品結構的優化及持續的成本控制。

【案例解析】：資訊化建設對於現代化企業來說是一場挑戰，而這場挑戰的

核心內容便是資料應用。越來越多的企業開始重視以資料為核心的資訊化建設整合，其中資料恢復被認為是最重要也是最容易被忽視的環節之一。

在本案例中，總的來看長安汽車選擇 Oracle 是因為 Oracle 在網際網路領域的成功經驗和資料庫基礎、引領行業的技術把握能力和前瞻性以及良好的品牌形象與服務。Oracle 是第一家將應用軟體產品向網際網路演進的軟體公司，全球財富 500 強中，96% 的企業都不約而同地採用了 Oracle 大數據解決方案，以 Oracle 技術產品和解決方案作為資訊系統建設的標準。

另外，長安在建立電子商務交易平臺和行銷方面，也是借助了 Oracle 領先的技術優勢和豐富的實踐經驗。總之，資料資訊為「虛」，生產製造為「實」，「虛」、「實」結合推動著長安集團的管理提升和成本控制。筆者也拭目以待，看長安汽車與 Oracle 繼續長遠而密切的合作，將創造更多的收益，獲取更長遠的發展。

11.2.4 【案例】樂百氏 BI 系統助力企業成長

樂百氏集團是聞名中國的大型食品飲料企業，中國飲料工業十強企業之一，公司目前在中國的布局為 5 個事業部，數千銷售人員，管理中國約 300,000 個銷售終端。

2006 年，隨著樂百氏的「戰線」發展越來越長，業務員提交的銷售報表格式越來越繁雜，需要投放促銷資源的點越來越多，集團公司管理層的腦袋也隨之越來越大。成立資訊化部門以及構建 BI 系統迫在眉睫。

2006 年 2 月，樂百氏挑了幾名 IT 助手，拉起一支全職的專案隊伍，開始跑分公司進行需求分析，準備建立一套完善的市場分析系統。由於必須先從市場上拿到指定的資料，才能用於資料分析，樂百氏決定與明基逐鹿合作來完成企業 BI 系統的構建，並將專案分為資料採集與資料分析兩個階段。

專家提醒

明基逐鹿（BenQ Guru）是中國領先的 IT 技術、顧問服務、業務流程外包解決方案提供商，旨在將明基集團 20 多年全球管理營運經驗與在數百家知名企業累計的管理真知，透過 greenOffice、eHR、SCM、MES 規劃實施及 IT Service 分享給中國快速成長的企業客戶。

1．資料採集

在樂百氏的經營過程中，資料採集的關鍵指標很明確，如各銷售網點的銷售情況、庫存情況、大超市的各項費用等，這些資料透過分公司或辦事處錄入到系統中，定時回傳到總部，然後由明基逐鹿把這些資料製作成指定的分析報表。

逐鹿商業智慧解決方案為其深度分銷體系的監控與管理提供了重要保障。方案實施後，無論是通路、組織、人員、終端、終端銷售狀況、市場狀況、費用狀況、庫存狀況、客戶狀況等資訊，都能夠透過企業績效管理入口即時查詢與分析，輔助管理者將「以售點為本」的通路管理策略執行到位。

透過 BI 系統，樂百氏總部管理層可以輕易調出零售店的資料、經銷商的資料，了解各分店的進貨量、銷售代表業績及產品市場表現。

2．資料分析

提高系統的任何一點適應性都需要借助人力，為此，樂百氏和明基逐鹿制定了一個共同目標：讓系統更好用一些，讓資料在所有區域經理面前顯得更真實一些。

樂百氏 BI 系統資料分析的核心工作是設計報表系統與邏輯。

1. 利用報表系統，分析資料做出決策。報表系統是綜合性的一套報表，需要將資料資訊全方位展現出來，並透過報表系統將銷售資訊分成多種維度，穿插分析。這樣，企業高層不僅可以看到該區域的總銷量，還可以知道哪個客戶銷售比例更高，如果這個客戶連續幾個月都排在銷售前三名，那麼這個客戶將是重點客戶，可以讓銷售代表更多地關注他。
2. 利用資料核對，提升 BI 系統適應性。BI 系統上線前的最後一步是核對資料，但這也是一個相對費力的過程。資料核對的難處，一方面在於 BI 所產生的報表是多步運算得到的結果而非簡單的彙總，因此每個環節的計算都要反覆核對；另一方面，資料核對不僅涉及專案組成員，企業各部門員工都得參與其中。這兩個問題需要大量的人力去排查，從資料源的輸入，到資料的傳輸、資料計算邏輯、資料展現，每個環節都不能忽略。經過大量的資料核對，BI 系統的適應性得到進一步提升。

3．應用成果

目前，樂百氏的 BI 應用已經在各個分公司全面上線，BI 系統產生的效果逐漸顯示出來。總的來說，BI 系統為樂百氏帶來了以下 3 大好處：

1. 對於分公司的基層銷售人員來說，利用 BI 系統，他們可以自己比對每人的銷售業績，總部對區域銷售業績的評判很少再引發異議；從中發現不符合要求的員工，可以毫不猶豫地把他開除，以此保持企業的快速增長。
2. 對於銷售點的鋪貨來說，BI 系通通一了鋪貨率等資料上報的標準，規定鋪貨必須結合銷售點的產品品種規格、陳列配合、季節性特徵等因素，確定銷售點可以接受的最大鋪貨量。無論是總部還是各區域經理，看到的資料是一致的、及時的，從而提高了辦事效率。
3. 對於企業高層來說，BI 系統方便了企業高層激勵考核基層組織，同時它也為企業的管理、決策及預測提供了資料依據。

【案例解析】：在本案例中，樂百氏手中掌握了大量的資料，同時擁有多種工具來行動、分析和發送這些資料，為企業的生產管理、人事管理以及行銷策略帶來極大的幫助。

在中國由世界製造中心轉型成為世界上最大的消費市場的過程中，中國企業必須像樂百氏一樣，挑戰這樣的一些轉型包括供應鏈管理、產業鏈管理、上下游企業之間的關係以及如何應對倉儲、物流的變化等。筆者認為，中國的人口、網際網路使用者數及行動網際網路使用者數都居全世界第一，在大數據時代，可供收集的資料將不再是瓶頸，關鍵之處是如何樹立起應對大數據的意識，抓住這個機遇。

11.2.5 【案例】大數據可以破解「豬週期」

如果你每天去菜市場買菜，肯定會發現，近段時間以來，豬肉價格持續下跌。肉價跌了，市民的菜籃子是變輕了，但生豬養豬戶的心情卻變得沉重了，因為持續下跌的生豬收購價讓部分養殖戶利潤受損。那麼，我們該如何正確看待當前的肉價持續走低呢？生豬價格低位運行，養殖戶又該如何規避風險呢？一會兒豬價太高了，CPI 上漲百姓生活受到影響，到底該如何才能解決「豬週期」難題（如圖 11-4 所示）呢？

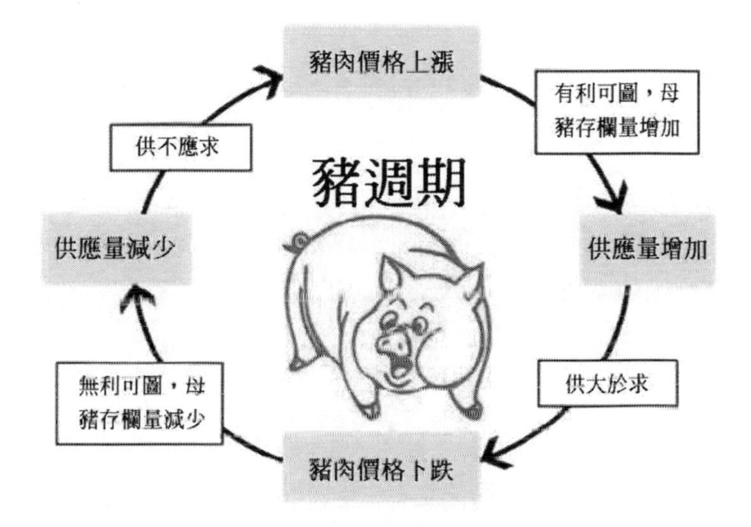

圖 11-4：「豬週期」難題

1．新希望結合大數據和雲端運算

新希望集團是中國農業產業化國家級重點龍頭企業，中國最大的飼料生產企業和農牧企業之一，其擁有中國最大的農牧產業叢集。

針對「豬週期」難題，新希望集團透過把歷年的資料集中起來，建立一個動態的養殖、生產和市場的體系。透過大數據和雲端運算進行豬週期的預測，發現豬的價格波動週期有一定的規律，大概 3～5 年是一個完整的週期，少的時候兩年多，多的時候 5 年多，而這個週期又受國家政策變化、天氣變化、傳染病變化、農民收入變化、原料價格變化等多重因素影響，同時又和人們的生活水準和購買力有關係。

新希望集團劉永好表示，如果所有養豬的農戶都透過雲端運算、大數據對龐大的資料進行研究、分析、判斷，研究出一個模型，建立資訊系統，養豬就會變得更加科學化。

2．溫氏集團構建資訊中心

廣東溫氏食品集團有限公司透過「企業＋農戶＋客戶」這一既分散又集約的生產模式，將分布在全國的 8000 多農戶「化為一體」，戶均年出欄生豬 800 多頭，企業年出欄生豬約 680 萬頭，占全國年生豬出欄數的 1%。

「企業＋農戶＋客戶」模式是指，企業向農戶提供豬仔、飼料及防疫技術，併負責市場銷售，農戶只承擔養殖風險，無論市場週期如何變化，農戶獲利始終保持穩定，這在一定程度上化解了「豬貴傷民，豬賤傷農」的難題。另外，這種模式既有利於幫助農民就地實現就業，又避免大規模集中養豬的土地和環保壓力。

溫氏集團對生豬生產的安全控制非常重視，採用種豬統一培育、飼料統一生產、藥品統一調配的全產業鏈條控制，確保了生豬的安全健康。農戶管理員隔三差五就會上門對農戶進行指導和監測，他們利用 PDA 行動監控系統，在農戶豬場就可以實現現場資訊採集並即時傳輸到集團研究院資料中心進行運算分析，並即時提供解決方案。最後，在生豬上市前，企業會對每個農戶的每批豬群都進行尿檢，合格之後才賣給生豬批發商和肉聯廠。

在溫氏集團的研究院資料中心，電腦上可以清晰顯示出生豬出欄價格的波動曲線，管理者可以即時監控全國 8000 多戶養戶的生產和出欄情況。

溫氏集團的資料管理帶來了很大的成效。2008 年豬肉價格步入下跌區間，廣東新興縣城郊的溫氏簽約養戶黃植強的養殖規模卻持續擴大，他說：「溫氏的收購價格基本上沒有大的波動，我的豬場增收也很穩定」。

【案例解析】：在本案例中，如何破解生豬生產大起大落的「豬週期」，走出「肉貴傷民，豬賤傷農」的怪圈，是道待解難題。筆者從業內人士處獲悉，除了建立預警資訊制度外，鼓勵規模化養殖是解決「豬週期」的根本。散農戶追漲殺跌的心理很強烈，這對市場的良性發展不利，而規模化養殖企業能主動獲取市場資訊，規避市場風險。規模化企業占得比重越大，養豬

行業的組織化程度越高，生產才能有計劃，價格也才能平穩可控，從而降低風險。

筆者認為，農業大數據其實還可以滲透到耕地、播種、施肥、殺蟲、收割、儲存、育種、銷售等各環節，是跨行業、跨專業、跨業務的資料分析與探勘。

CH12　餐飲：精準行銷的資料

學前提示

　　衣食住行是人們的基本需求，所以很多人在創業時會把眼光放在這四大行業，而這其中屬餐飲業競爭最為激烈。那麼，餐飲經營者如何才能讓自己的投資不打水漂，如何才能做到利潤最大化呢？利用大數據精準行銷的特點，即可幫助餐飲經營者通向成功。

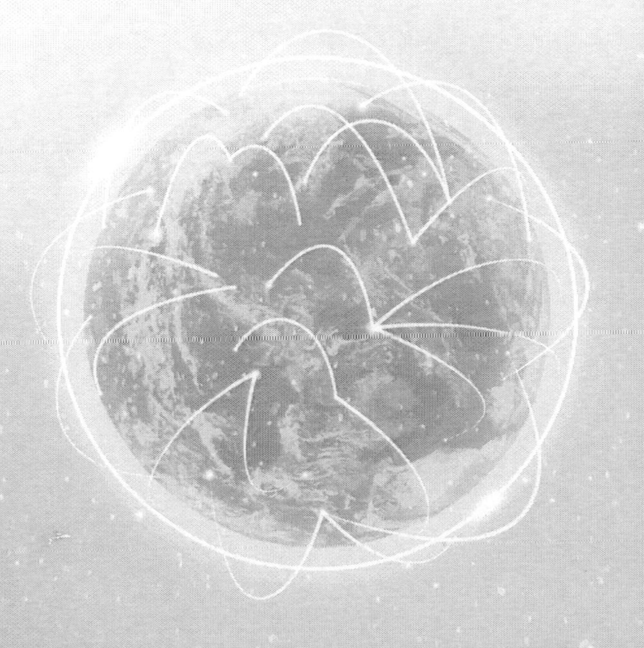

12.1 餐飲行業大數據解決方案

餐飲業（catering）是將即時加工製作、商業銷售和服務性勞動集於一體，向消費者專門提供各種酒水、食品、消費場所和設施的食品生產經營行業。餐飲市場整體上供大於求，處於過度競爭的狀態，因此做好定位至關重要。面對著這個市場資訊爆炸的時代，餐飲業資料探勘該怎麼做，要如何利用大數據進行準確精準的餐飲市場定位呢？本節將重點分析餐飲業資料探勘的市場現狀和前景。

12.1.1 大數據在餐飲業的市場現狀

俗話說：「民以食為天。」長期以來，餐飲業作為第三產業中的主要行業之一，對刺激消費需求，推動經濟增長發揮了重要作用；在擴大內需、安置就業、繁榮市場以及提高人民生活品質等方面，都做出了積極貢獻。

隨著中國居民消費水平的快速提高，人們追求品牌店、特色店和名牌餐飲店的勢頭更加明顯，個性化特色經營突出的品牌、特色餐飲深受青睞。中國餐飲業的發展趨勢如表 12-1 所示。因為看到行業前景和利益驅動的原因，進入這一領域的經營者必然會大大增加，不可避免地要帶來激烈而殘酷的競爭。

表 12-1：中國餐飲業的發展趨勢

發展趨勢	具體表現
個性化消費日趨明顯，特色餐飲更趨突出	市場消費從以價格選擇為主漸朝價格、品味、氛圍、服務和品牌文化等綜合方向發展，注重選擇的理性化消費特點增強，個性化和特色化成為廣大消費者和企業經營共同追求的時尚。為滿除個性化需要，要求企業不斷提高經營的特色與水準
連鎖經營迅速發展，企業發展多元化趨勢增強	以連鎖經營為代表的現代餐飲業加速替代傳統餐飲業手工隨意性生產、單店作坊式經營、人為經驗行管理，向產業化、連鎖化、集團化和現代化的方向邁進。餐飲業所有制結構已發生了根本性的變化，在行業規模企業發展中，投資主體多元化、經營模式多樣化和企業規模化、集團化趨勢日益明顯，實力逐步增強

安全、健康、衛生的餐飲場所成為消費者的首選	受地溝油、禽流感等的衝擊，餐飲市場從傳統的色香味型，從前以味為主的模式轉為現今的更加注重安全衛生、健康營養的消費。安全、健康的餐飲消費成為餐飲企業與消費者的共同追求，餐飲企業經營者行為規範，促進了餐飲企業品質的提高

這樣的大背景對餐飲經營者的決策產生了更高的要求。面對全行業過度競爭的局面，如何創造局部的優勢，對全體餐飲人來說是很大的挑戰。如果在一個細分市場沒有優勢，就會陷入到同質化的競爭中去，這對企業的生存和發展都將是非常不利的。這些優勢有可能是局部的優勢，有可能是地點或地域的優勢，也有可能是一部分特徵人群的優勢。

因此，餐飲企業的目標應該是在不同的細分市場創造局部優勢，如此就能在一個完全競爭的環境中，贏得相對的壟斷地位，為企業帶來生存上的保障。例如，夜宵誘惑的核心顧客應該是加班族，針對主要顧客層級，企業要從選址、產品、服務價格等一系列環節進行調整，當然前提是需要依靠資料的準確採集與提供。

12.1.2 餐飲行業面臨的大數據挑戰

中國菜也是世界上最全面、最豐富的菜別。可是為什麼中國餐飲一直做不大呢？面對外國餐飲企業社會化生產和規模化經營，依靠經驗型管理和傳統式經營的中國餐飲企業，顯然處於劣勢。尤其是在大數據時代，中國餐飲行業將面臨以下三大挑戰。

1．如何控制餐飲成本

目前，餐飲行業的競爭環境發生了很大的變化，主要是三類成本上升迅速，如表 12-2 所示。

表 12-2：餐飲行業的三類成本

三類成本	細節內容
人力成本	人事費用包括了員工的薪資、獎金、食宿、培訓和福利等
原材料成本	指餐飲成本中具體的材料費，包括食物成本和飲料成本，這也是餐飲業務的最主要支出

經營成本	包括租金、水電費、設備裝潢的折舊、利息、稅金、保險和其他雜費

近期餐飲行業面臨更大的壓力，展現為原材料成本、房租成本的迅速提高，利潤率下滑是目前餐飲行業基本的狀態。人力成本和房租成本的上升是必然趨勢。在大數據時代，如何控製成本成了餐飲行業首要解決的問題。

2．如何進行多通路消費

在社會消費的引領者中，多通路消費的特點十分明顯。目前，大部分餐飲企業都是採用實體店經營的方式，在多通路消費上的注意力則略顯不足。如何在多通路消費領域升級服務，是擺在餐飲行業每一個企業家面前的難題。

現階段，一項全新的資訊化應用服務 —— 餐前的網路訂餐悄然興起，有的企業自建了訂餐平臺，有的則使用第三方服務平臺為消費者提供網路支付和商家結算。顧名思義，網路訂餐就是網際網路的深入應用，其流程如圖 12-1 所示。使用者透過網際網路，能足不出戶，輕鬆閒逸地自己選購餐飲和食品（包括飯、菜、盒飯、便當等）。隨著食天下網路訂餐平臺的興起，網路訂餐已經逐漸成為了白領階層中的一種潮流了。

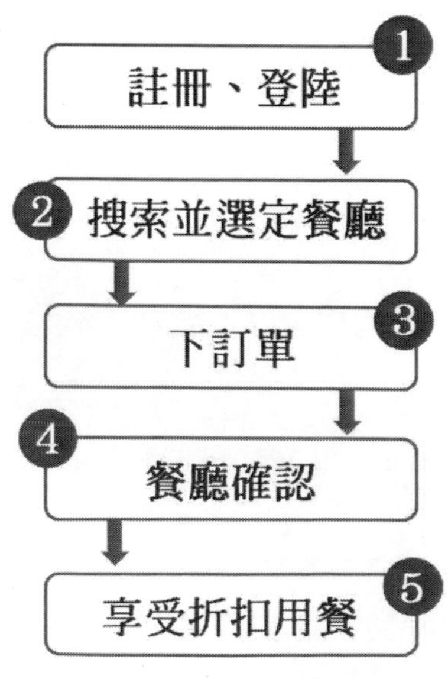

圖 12-1：網路訂餐的流程

到餐廳以後的定位點菜，實現的主要工具是平板電腦、智慧手機等，客戶在用餐過程中可以進行抽獎活動，用餐之後還可以利用點評網進行點評。現階段消費者已經越來越傾向於多種通路的消費模式。

3·如何跟上大數據的步伐

由於歷史和技術的種種原因，餐飲企業的資訊化建設缺乏長期的規劃，因此逐漸形成了資訊孤島。當企業規模達到一定程度時，這些孤島便成為影響企業營運效率和流程的阻礙，由此財務流程一體化的協同管理將成為未來的主流應用。

雲端運算、新媒體等新技術的快速發展，成為推動社會發展的重要因素，其對餐飲業的影響也很深遠，這些新應用正潛移默化地改變著餐飲行業的發展方式。

如今，很多餐飲企業都轉而應用雲端運算，摒棄了原來繁雜的 CS（Customer Satisfaction）顧客管理方式。運用雲端運算可以有效降低管理成本，快速升級、快速部署，更為迅速地對市場和消費者需求進行反應。現在很多餐飲企業大幅度增加 IT 方面的投資，強化資訊化技術管理，加速推動整個餐飲行業的 IT 資訊技術建設。

另外，很多餐飲企業已經由原來的業務管理資訊化，逐步提升到業務管理精細化。很多具有一定規模的餐飲企業已經完成了核心業務模組的資訊化建設，接下來的重點是管理資訊化向管理精細化的過渡，向管理要效益。

在餐飲行業，資料的探勘和分析也將得到更多的應用。餐飲行業已經積累了大量的歷史資料，如何有效地利用這些資料，需要專業的工具和手段支援。企業對使用者就餐體驗的深入關注，將會使智慧終端的應用越來越廣泛。

為了給消費者提供更好的消費體驗，餐飲企業內的智慧終端應用將越來越豐富，目前兩種主要的終端應用平臺一個是基於 iOS 系統，另一個是基於安卓系統。餐飲企業透過設備和顧客進行深層的互動，獲得消費者的評價資訊和調查資料。

4．餐飲企業如何面對資料的挑戰

目前，餐飲行業很少提及大數據這個概念，畢竟中國資訊化建設只有 30 年左右的時間，具體到餐飲業充其量不超過 10 年。因此，餐飲行業資訊化的建設仍然屬於「人治」的狀態，隨意性比較大，尚未形成資訊化和規範化的管理制度，缺乏對資訊化的實施和控制。資訊化決策機制不完善，風險管理缺位，資料沒有使用起來，導致企業管理很大程度上要依賴於個人領導力，這也會增長資訊化的風險和不確定性。此外，餐飲行業也存在找不到資訊化中心的問題，這些都會影響資訊化的成功實施。

對於還未施行資訊化策略的中小餐飲企業來說，首要任務是使用資訊技術來提高自身的管理水平，把中國的傳統飲食與現代資訊化管理有機地結合在一起，為企業的做大、做強、管理規範化提供支撐。餐飲企業的管理目的是成本控制、營運控制，其最終結果表現為效率和效益。而要達到這一目的，管理資料的及時性、準確性、完整性、有效性是至關重要的，而這些特性恰恰是資訊系統最重要的特性。

對於已經做好 IT 規劃的成長型餐飲企業來說，要有一定的前瞻性，制定三五年的中長期規劃，避免資訊規劃不統一，甚至產生資訊孤島的情況。資訊規劃是動態匹配的過程，是用具體的 IT 技術最大程度地解決和滿足企業的業務需求的過程，所以在 IT 規劃前必須先進行組織業務的規劃。

12.1.3 大數據對餐飲企業有何作用

在大數據時代，整合化和個性化是企業營運的典型特徵：

1. **整合化**。系統的整合直接產生了「小櫃檯（智慧終端）＋大後臺（大數據）」的經營模式，切實簡化了櫃檯的操作。這也符合餐飲行業的整體趨勢，前端的簡化將有效減少系統使用的培訓工作。整合化另一種方式是資料的整合，例如，銀行在這方面先行一步，當我們外出消費時，通常會收到銀行的簡訊提醒，內容是消費金額，以及獲得什麼樣的積分獎勵等內容。

專家提醒

雲端運算可以說是整合化模式下的典型應用，這種應用操作成本比較低，必將成為主流，目前應用主要集中在網路點餐等方面。

2. **個性化**。資料的個性化是透過整合化來實現的，在識別出顧客的個性需求後，企業就可以針對顧客進行個性化服務。如何才能使資料的探勘和應用做得更好？需要企業對消費行為有更深刻的識別。

專家提醒

筆者認為，除了系統和資料層面的整合化，電子商務也得到了快速發展。目前，很多餐飲企業都在進行電子商務方面的嘗試和探索，例如和團購網站合作，使用第三方平臺的訂餐系統，也可以自己搭建 B2C、B2B 平臺。

資料時代資訊化的作用，還可以延伸到品牌的宣傳中：

1. **傳播途徑變廣**。現在的傳播形式已經發生了顯著變化，對微博、網際網路、微信、二維碼的應用是餐飲企業在未來發展中的必經之路。
2. **更快地提高效率**。資訊化可以減少繁瑣的手工操作、員工數量和工作複雜程度。
3. **提高整個團隊的管理水平**。在財務供應鏈的資訊化建設過程中，通常伴隨著流程的改變，因此透過資訊化可以固化和優化流程，從而達到提升組織管理水平的目的。

12.1.4 餐飲企業該如何應用大數據

經營餐飲業需要相當高明的行銷藝術，將最好的構想變為噱頭，儘量做到「人無我有，人有我精。」只有以客人為中心，以市場為導向，改變經營觀念，才可以處於不敗之地。

因此，在餐飲行業中，大數據不能大而無用，要對應到特定企業、特定人群、特定需求上，才能發揮特定作用，產生價值。針對餐飲企業特定需求的資料支撐服務，針對特定人群的特定需求的資料支撐服務，就是大數據的

「小而美策略」。做創新的餐廳專案，要記住小而美、少而精的細分領域，主題餐廳結合特定目標群，設計品種豐富但單品少而精。

下面是大數據在餐飲企業的具體應用，如表 12-3 所示。

表 12-3：大數據在餐飲企業的具體應用

企業應用	具體內容
基於 LBS 的地理位置服務	LBS 服務可以用來辨認一個人或物的位置，例如發現最近的提款機或朋友同事目前的位置，也能根據客戶目前所在的位置提供直接的手機廣告，包括個人化的天氣資訊提供，甚至提供本土化的遊戲，現在的消費者需要餐廳位置資訊的相關服務，而現有的服務供應商並不能完全理解消費這的意圖，也不了解客戶知道這接資訊後將出現的行為與何種服務才能吸引使用者。因此能夠提供即時信號、地理位置、線上活動和社群媒體，並支援眾多其他類似情境的綜合服務，將是今後的趨勢與主流
企業資料在管理決策中的應用	透過 SCM 管理系統，可以對採購價格進行分析，生成採購價值指數，對數量、價格這些因素進行全面、系統的分析；同時透過 CRM 系統，對顧客的消費行為進行更深層次的探勘和分析
企業基礎資料管理	運用大數據系統可以管理酒菜設定、特價促銷、酒菜折扣、解菜組成、餐桌設定、消費方式、員工資料等
迴避經營風險	用大數據系統可以充分洞察和分析餐飲管理的現狀，並對企業管理的流程有深刻的理解和準確的把握，說明企業利用電腦強大的資料處理能力和流程優化能力，實現自動化管理，簡化企業的工作流程，減少朗費及人為管理的疏漏現象，重新優化配置企業資源，把經營成本降到最低

12.2 餐飲行業大數據應用案例

大數據技術的發展，將餐飲業的競爭帶入了一個全新的境界。正當的競爭給了餐飲業的發展無窮的動力。那麼，大數據的日漸普及又給餐飲業帶來什麼機遇和挑戰呢？筆者認為，大數據技術除了帶給餐飲企業與顧客交流溝通的高效、便捷外，最大的好處便是可以透過餐飲管理軟體和網站來建立自己的客戶資料庫。對於餐飲企業，特別是大規模的連鎖餐飲企業，擁有自己的客戶資料庫，無疑於在資訊時代占領了市場競爭的策略制高點。本節主要介紹餐飲行業大數據的應用案例，希望對讀者有一定的啟發和學習價值。

12.2.1 【案例】農夫山泉用大數據賣礦泉水

在上海某個超市的一個角落，農夫山泉的礦泉水靜靜地擺放在這裡。來自農夫山泉的業務員每天例行公事地來到這個點，拍攝 10 張照片：水怎麼擺放、位置有什麼變化、高度如何……

這樣的商店每個業務員一天要跑 15 個，按照規定，下班之前 150 張照片就被傳回了杭州總部。每個業務員，每天會產生的資料量在 10MB，這似乎並不是個大數字。不過，把範圍再擴大一點，這個資料就會變大。農夫山泉在全國有 100,00 個業務員，這樣每天的資料就是 100GB，每月為 3TB。

探勘這些資料到底有什麼用呢？農夫山泉面對這些照片，很快找到了幾個突破口。

怎樣擺放礦泉水更能促進銷售？什麼年齡的消費者在水堆前停留更久，他們一次購買的量多大？氣溫的變化讓購買行為發生了哪些改變？競爭對手的新包裝對銷售產生了怎樣的影響？農夫山泉從 2008 年就開始收集這些照片，如果按照資料的屬性來分類，「圖片」屬於典型的非關係型資料，還包括影片、音頻等。要系統地對非關係型資料進行分析是農夫山泉在「大數據時代」必須邁出的步驟。

1・行銷資訊化方案

2007 年底，農夫山泉決定甩開經銷商，自己控制行銷市場，並著手建立一支直接面向終端的一線業務代表團隊。農夫山泉將工作的重點轉向了行銷資訊化，開發了行銷管理簡訊平臺，借助 GPS 服務和全球定位增值業務，把每一個經銷商、終端門市和終端業務員的銷售資料都集中起來管理。

借助手機終端，農夫山泉實現了對業務代表和銷售人員的即時監控、管理，公司的管理觸角直接由一級經銷商擴展到零售門市，甚至直達終端消費者，從而牢牢掌握住了通路。而以電子資料流作為依據，從訂單到收貨，農夫山泉也能夠隨時查詢、分析所有的資料資訊，為決策提供支援。

目前，中國所有省市都有農夫山泉的業務員在使用手機終端運作業務，每月總簡訊量高達 1,000 萬條之多，覆蓋範圍極廣。

2．攜手 SAP 大數據

早在 2004 年，農夫山泉就引進了 SAP 的 ERP 系統，不過當時的農夫山泉僅僅是一個軟體的採購和使用者，而 SAP 也還只是服務商的角色，因此效果並不理想。2011 年 6 月，SAP 和農夫山泉開始共同開發基於「飲用水」的產業形態中，運輸環境的資料場景。

農夫山泉在全國有十多個水源地，透過把水灌裝、配送、上架，一瓶超市售價 2 元的 550ml 飲用水，其中就有 3 毛錢花在了運輸上。因此，如何根據不同的變量因素來控制自己的物流成本，成為農夫山泉的核心問題。

在採購、倉儲、配送這條線上，農夫山泉特別希望大數據獲取解決三個頑症：首先是解決生產和銷售的不平衡，準確獲知該生產多少，送多少；其次，讓 400 家辦事處、30 個配送中心能夠納入到體系中來，形成一個動態網狀結構，而非簡單的樹狀結構；最後，讓退貨、殘次等問題與生產基地能夠即時連接起來。

對此，SAP 團隊和農夫山泉團隊開始了場景開發，他們將很多資料納入了進來：高速公路的收費、道路等級、天氣、配送中心輻射半徑、季節性變化、不同市場的售價、不同通路的費用、各地的人力成本甚至突發性的需求（例如某城市召開一次大型運動會）等。

2011 年，SAP 推出了創新性的資料庫平臺 SAPHANA，農夫山泉則成為全球第三個、亞洲第一個上線該系統的企業，並在當年 9 月宣布系統對接成功。採用 SAPHANA 後，同等資料量的計算速度從過去的 24 小時縮短到了 0.67 秒，幾乎可以做到即時計算結果，這讓很多不可能的事情變為了可能。

2013 年，農夫山泉再次攜手 SAP，嘗試開發基於 SAPHANA 的 SAP Business Suite。

農夫山泉希望借助這一最先進的業務平臺，在即時分析大量資料的基礎上，加快應收應付帳款管理、簡化訂單流程、優化庫存管理、加速物料資源計劃運算，從而在各種「端到端」業務流程中實現全新的商業價值。

有了強大的資料分析能力做支援後，近年來，農夫山泉以 30% ～ 40% 的年增長率，在飲用水方面快速超越了原先的三甲：娃哈哈、樂百氏和可口可樂。根據中國國家統計局公布的飲用水領域的市場佔有率資料，農夫山泉、康師傅、娃哈哈、可口可樂的冰露，分別為 34.8%、16.1%、14.3%、4.7%，農夫山泉幾乎是另外三家之和，如圖 12-2 所示。

【案例解析】：在本案例中，作為一家後來居上的快消品企業，農夫山泉的產品線並不像可口可樂、康師傅、娃哈哈那麼齊全。在此背景下，它憑藉與之同臺競技的資本就頗值得仔細推敲。除依靠特色產品之外，狠抓通路管理、重視終端市場表現，並借助 IT 系統制定出快速反饋機制，是農夫山泉的祕密武器。

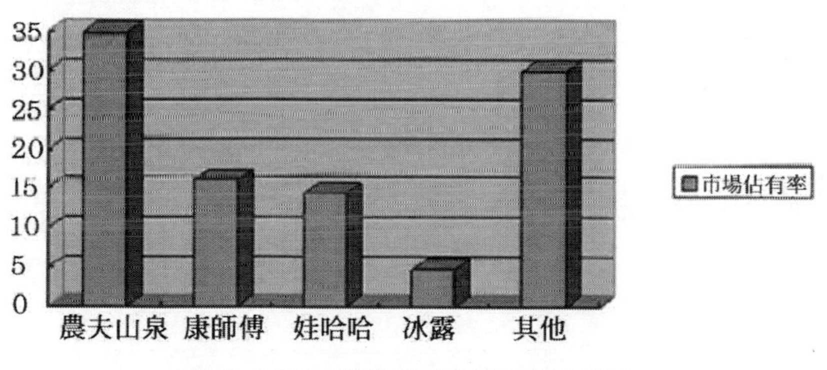

圖12-2 2012年飲用水品牌市場佔有率

圖 12-2：2012 年中國飲用水品牌市場佔有率

筆者認為，企業對於資料的探勘使用可以分為以下三個階段：

· 首先把資料變得透明，讓大家看到資料，能夠看到的資料會越來越多。
· 然後可以提問題，可以形成互動，很多支援的工具來幫助我們做出即時分析。
· 最後，透過資訊流來指導物流和資金流，即用資料預測未來，指導企業前進的方向。

12.2.2 【案例】絕味鴨脖的大數據經營模式

「絕味」意為絕妙的、絕無僅有的味道，其經典美味的鴨脖深得消費者青睞。中國的絕味門市現已突破 5,000 家，從創辦至今，共累計服務顧客達 10 億人次，已成為鴨脖連鎖領導品牌。

鴨脖的產業規模令人驚訝，2013 年達到了近 370 億元的市場容量和規模，對於絕味來講，每天約有 70 萬人次走進絕味的門市，平均每天售出 100 萬根鴨脖，2013 年的年零售額已經接近 40 億。

一根看似毫不起眼的小鴨脖，能達到這樣的規模，這是很多人沒有想到的。目前，絕味已經為 3,300 個加盟商實現了創業夢想，解決了 20,000 名員工的就業問題。這一組資料揭示了絕味正是「小行業大市場」的企業典型，透過小小的鴨脖，絕味撬起了巨大的休閒熟食市場。

絕味在商業模式、管理方式、行銷手段上都做了創新和嘗試，才獲得了今天的地位，主要表現在以下 3 個方面：

1. **銷售模式的變革**。絕味引入了特許經營這樣一個商業模式完成了零售業態的改變。

專家提醒

例如，隨著中國微信公眾平臺的推出，作為行業領導品牌的絕味敏銳地把握了這一極具價值的推廣資源，已正式開通微信平臺。使用微信的人大多年輕、時尚，追求新事物，這和絕味的目標人群相匹配。透過微信平臺，絕味能實現對目標人群「點對點」的資訊推播和即時互動，並保證高效到達。微信平臺將成為絕味和消費者之間最快捷的資料溝通橋樑。透過這一新媒體，消費者可以更方便、及時地了解絕味的相關資訊、資訊，更便捷地參與絕味推出的活動，享受到更多的優惠等。同時，絕味也可以提高消費者黏性，實現品牌的「病毒式傳播」。

2. **管理方式的改變**。絕味將傳統的作坊式工廠、門市上升到規模化生產，同時實現了管理幹部以及人才梯隊的搭建。
3. **採用資料決策**。絕味導入了資訊化建設，專項資金接近兩億人民幣。特別是導入了世界 500 強的先進管理工具 SAP，在傳統食品製造行業尤其是在滷製食品製造業是第一家。

SAP 是目前全世界排名第一的 ERP 軟體。根據應用場景的特性，SAP 針對性的資料庫可以分為 5 種：行式資料庫、列式資料庫、記憶體資料庫、嵌入式資料庫、資料流處理等。由於客戶資料的交易、遷移、儲存、分離、分析都各有特點，之間不可能含糊，不可能都用一個技術解決所有問題。基於此，SAP 在各個細分市場上提供了相應的資料庫產品：在分析型資料庫方面，Sybase IQ 有最佳的 TCO 表現；在交易型資料方面，SAP 的 Sybase ASE 有最佳的 TCO；在行動以及嵌入式資料庫方面，SAP 有 SQLAnywhere；在統一的即時資料管理平臺上，SAP 也有對應的產品。

目前，絕味正在努力打造一流的特色美食平臺，讓「絕味」成為彙集各類美食的通路，讓消費者更便捷地獲得健康、安全的美食。同時，絕味還將強勢推廣品牌，不斷拓展經營加盟商，為加盟商提供更好的加盟環境，進而實現與消費者、加盟商三方共贏的商業生態圈。

【案例解析】：在本案例中，絕味透過與消費者的近距離深入互動，進一步融入了消費者的休閒生活，這不但提高了絕味品牌的美譽度，還是其進入互動行銷新時代的標誌。

CH13　金融：大數據理財時代

學前提示

金融事務需要蒐集和處理大量資料，對這些資料進行分析，發現其資料模式及特徵，然後可能發現某個客戶、消費群體或組織的金融和商業興趣，並可觀察金融市場的變化趨勢。本章將針對金融行業，探索大數據時代的企業理財經。

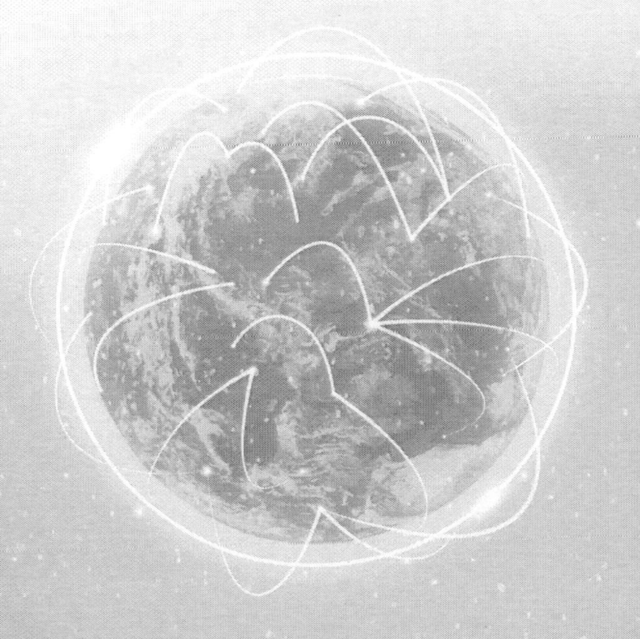

13.1 金融行業大數據解決方案

網際網路的發展和資訊爆炸已經將我們推入了以雲端運算和大數據為新特徵的資訊社會，資料爆炸性增長催生了大數據技術的出現，引發了一系列衍生物出現，如網際網路金融等。大數據已經不再只是實驗室的研究課題，它們已經對社會造成了衝擊，並對商業實踐產生了顛覆性的影響。金融業作為傳統行業之一，也感受到了「資料地震」，金融機構若不能緊隨經濟、技術和社會的發展而發展，就會面臨被淘汰的危險。

13.1.1 大數據對傳統金融行業的影響

從現代資訊技術的潮流看，近兩年來全世界掀起了一波大數據的浪潮，美國歐巴馬政府宣布了「大數據的研究和發展計劃」，歐盟也明確提出了「開放資料策略」。如何在大數據時代更好地推動金融創新，是傳統金融行業必須認真面對和嚴肅思考的問題。

對金融行業來說，使用「大數據金融」的概念，制定並實施「大數據金融」策略，更能展現金融業自身的實力和潛力，也更能與網路業及其他行業有機融合，平等競爭，在大數據時代找到自身生存發展的機會也更大。

如今，世界正在步入大數據時代，為後來者提供了不可多得的策略空間和機會。在大數據時代，傳統金融機構也開始採取積極的應對措施，以面對新興金融力量的不斷滲入造成的威脅。例如，銀行業推出網路銀行、網路融資和電子商務等業務，保險業亦開始探索透過網路銷售保險、網路個性化保險產品和虛擬財產保險等業務。

然而，對於金融業這麼一個資料密集型行業來說，無論是傳統的線下業務還是新型的線上業務，資料仍然是其競爭的關鍵要素。銀行業進軍電子商務的核心目的在於採集資料，銀行業開展網路融資、保險業探索虛擬財產保險的成敗關鍵則在於利用資料。由此可見，大數據儼然成為金融業構建核心競爭力的重要資產。

對傳統金融企業來說，是否以自己為中心提供各種網路服務已經變得沒有過去那麼重要，獲取和利用他人所產生的資料變得更加重要。基於某種服務所積累的資料價值在貶值，數量再多也算不上大數據，只有獲取網路世界中全面的資料才有深度整合利用的價值。正因如此，傳統金融企業就大可不必邯鄲學步，重複網際網路營運商走過的道路，非要先建立各種非本業服務以獲取本業之外的資料。

筆者認為，傳統金融業在新的歷史環境中面臨機遇與挑戰，因此，必須利用大數據的理念改造自身。抓住大數據的機會，是中國金融業新時代的使命所在，企業可以利用自身優勢探索一條新路。

專家提醒

與其他傳統產業相比，金融服務業是電子化、網路化和資料化程度最高的產業之一，也許僅次於網路和電信業。由長期的金融服務積累的資料完全可以在確保使用者隱私和商業機密的前提下，與各行各業共享，透過交換和買賣以生成大數據，在此之上探索全新的產品和服務。

13.1.2 大數據時代下金融業的機遇和麵臨的挑戰

金融業是最重視資訊科技的行業之一，但是大數據時代猝然來臨也讓金融業措手不及。大型的電子商務公司在小額支付、小額貸款、供應鏈金融等領域突飛猛進的發展，甚至讓大型銀行都有了切膚之痛。

大數據時代的來臨，意味著機遇，也意味著挑戰。儘管我們無法準確預判大數據最終會對金融業產生什麼影響，但深入研究大數據時代金融業的機遇和挑戰，有利於金融行業在大數據時代趨利避害。

1．大數據時代下金融業的機遇

在大數據時代，金融行業主要有 4 方面的機遇，如表 13-1 所示。

表 13-1：金融行業在大數據時代的機遇

機遇	說明
拓寬行業發展空間	滿足客户需求是金融企業生存和發展的前提，大數據和網際網路的發展使金融業能夠更好地滿足客戶需求。大數據技術在行銷領域的應用將能更有效地發現客戶和客戶的潛在需求，進行精準行銷，特別是投資理財中標準化產品的行銷。大數據和網際網路的運用也有利於改善消費這的使用者體驗，提高消費者滿意度，改善行業形象
提高行業風險管理能力	大數據技術在風險管理領域的應用將支援企業更精準的定價原則，提高投資風險識別能力，提升金融業的風險管理能力和水準。以精算為例，大數據有利於擴大用於估算風險機率的資料樣本，從而提升精算的準確度，有利於收集更加多維全面的資料，從而形成更加科學的精算模型，也有利於把整體資料樣本進一步細分為子樣本，為精準定價提供精算基礎
提升行業差異化競爭能力	大數據透過對客戶消費行為模式的分析，提高客戶轉換率，開發出不同的理財產品，滿足不同客戶的市場需求，實現差異化競爭
提升金融業資金運用水準	大數據基於精確量化的投資分布，可以提升金融機構資產負債管理水準，可以在資本市場實施更精準的風險投資組合策略，提高金融業在資本市場的投資報酬水準

2．大數據時代下金融業面臨的挑戰

在看到機遇的同時，必須看到大數據時代金融業還面臨一些嚴峻挑戰，如表 13-2 所示。

表 13-2：金融行業在大數據時代的挑展

挑戰	說明
思維方式面臨衝擊	雖然中國的金融市場不斷湧現創新產品，但總體上是延續了發達金融市場發展的脈絡。但大數據對思維方式的衝擊可能是顛覆性的。例如「阿里小貸」對銀行的影像給我們很多啟示。在技術劇烈變化的條件下，如果思維方式跟不上，企業經營或資金監管都可能出大問題
資料基礎比較薄弱	近幾年來，金融業在大數據策略和網路經營等方面進行了積極探索，但總體上保險業大數據的基礎還很薄弱，和網際網路等行業相比差距很大。同時，不同主體間的大數據應用能力存在較大差異。各大金融主體探勘內部資料，收集外部資料，對資料分析和處理，發現資料背後價值的能力良莠不齊，這將直接影響金融市場核心競爭力
外部競爭可能加劇	在大數據時代，與擁有資料的資訊產業相比，金融業將處於相對不利的市場地位，金融業面臨來自網際網路企業和科技公司業務分割的競爭壓力，金融行業的生存空間受到擠壓，其競爭力可能減弱

人才儲備嚴重不足	現在，高階資訊技術人才匱乏是制約金融業發展的重要因素之一，在大數據時代，金融業在人才上的問題顯得更加突出

13.1.3 金融業該如何「迎戰」大數據

IT 技術和金融產業，貌似是兩個完全不相同的領域，卻隱藏著密切的聯繫。大數據處理作為時下最熱門的 IT 技術之一，隨著資料倉儲、資料安全、資料分析以及資料探勘等等圍繞大數據的商業價值的利用逐漸成為業內人士爭相談論的利潤焦點。在這些紛繁雜亂的資料背後，它能找到更符合使用者興趣愛好的產品與服務，並即時對產品與服務進行跟蹤性的調整和優化，這就是大數據對我們所帶來的影響，從而更進一步地影響著各個行業。

因此，大數據必然引發金融行業的重要變革，金融業應在策略層面重視大數據時代的到來，並以此為契機提升金融行業的創新能力、服務能力和風險管理能力，完善保險監管體系，如表 13-3 所示。

表 13-3：金融業在大數據時代的策略

發展策略	具體說明
建立適應大數據時代的資料治理架構	金融企業要結合自身的實際需求，研究制定大數據策略，統籌規劃大數據應用，主要表現在以下 3 個方面： ◆ 營造資料文化。將現有資料轉化為資訊資源，讓決策更加有的放矢，讓發展更加貼近市場 ◆ 有效管理資料。進一步健全資料管理決策機制和內部協調機制，提高資料管理制度的可操作性和執行力 ◆ 探勘監管資料，要提高資料採集能力、分析能力和運用能力，把大量沉睡的資料變成有利於改進監管效能的資訊，為實施動態監管、過程監管和即時監管，提升監管的針對性和有效性，提供資料和技術支援
利用大數據技術開發更多的金融產品	大數據處理技術的運用，可以給金融企業提供全新的、更多的業務品種。大數據處理技術的運用，可以幫助金融機構根據客戶的習慣、喜好，開發更多適合客戶的個性化產品，實現「一對一」的自助服務

加快建設適應大數據時代需求的資訊化基礎	實現大數據運用的根本和前提是基礎設施建設。在大數據時代，必然要求金融機構增加資訊化基礎設施的投入，這樣才更易於資料的整合與集中、擴展與增刪、管理與維護，同時基礎設施要具備極高的可靠性、可控性和安全性。為此，金融業必須要建立適應大數據時代要求的資訊化基礎架構，搭建基礎資料技術平臺。要統籌好歷史資料和當前採集資料的關係，統籌好大數據背景下精算技術、統計技術和資料探勘技術的融合，統籌好結構化資料和非結構化資料的採集、分析和使用，充分探勘利使積累保險資料的潛在價值，積極學習運用大數據技術提升分析現實資料的能力
利用大數據技術改善銀行客戶關係	要有針對性地改進客戶服務，就必須了解客戶的潛在需求，對與客戶關係的維護過程進行及時的響應。金融行業對資料的儲存要求特別高，諸如銀行、證券、保險等金融領域，每天都要產生大量的資料，這些資料都會被一一存放在交易系統哩，金融機構要做的努力就是對這些資料進行深入的探勘和全面的分析，從而大大提高工作效率和風險防範能力，進而改進客戶服務，提升金融行業的營利水準。例如，銀行可以透過結構化資料為客戶提供服務，根據客戶的交易資訊、歷史紀錄來分析客戶的理財習慣。借助大數據處理技術，使金融行業的服務具有「3A」特性，即 Anytime（任何時候）、Anywhere（任何地方）、Anyhow（任何方式）為客戶提供金融服務，進而吸引和留住更多的優質客戶，擴大客戶群，開闢新的營利成長點
進一步加強與網際網路公司、資料公司的合作	網際網路公司和資料公司既是金融業發展的重要參與者，也是金融市場主體合作共贏的重要對象。大數據時代對金融業駕馭資料的能力提出了更高的要求。金融市場主體不僅要收集行業的內部資料，更要依靠網際網路公司和資料公司收集外部資料。金融機構要確實加強與網際網路公司和資料公司的策略合作，提高內外部資料資訊的整合能力
防範大數據時代的資訊安全風險	大數據意味著來自多方面的大量資料，也意味著執行資料處裡的軟硬體環境更加複雜。匯集的資料更複雜、更敏感，更易成為攻擊者的目標，常規的安全管理策略，已無法滿足安全要求。各金融機構都要嚴格遵守監管機構和資訊化主管部門的規章制度，進一步完善資訊化管理，強化責任的落實，加強資訊安全培訓，提升資訊安全意識，完善資訊安全預警和應急響應機制，進一步健全與大數據時代相適應的資訊安全保障體系

創造良好的大數據時代監管環境	大數據時代給金融行業發展帶來深刻影響的同時，也對金融監管制度提出更好的要求。金融監管機構要順應大數據時代的潮流，為行業創新發展營造良好環境，主要從以下 4 個方面做起： ◆ 強化基礎建設。建立大數據品質標準，消除壁壘，增進資訊共享並建立資訊隱私保護制度，加強對資訊安全的保護，建立安全有效的大數據共享使用環境 ◆ 鼓勵包容創新，以開放的心態，支援金融機構運用大數據進行產品、服務、管理等方面的有益創新，並在監管上及時跟進 ◆ 完善監管制度。對金融市場基於大數據的新事物新探索，適時制定監管制度加以規範，減少監管死角和監管真空地帶，保護消費者合法權益，同時也要避免過度監管 ◆ 注意創新風險。加強對風險的預警與追蹤，對大數據條件下的新風險保持足夠的敏感和警惕，促進金融市場可持續健康發展
有效利用大數據技術提升金融機構的服務效率	金融行業要想不斷發展就離不開大數據處理技術，大數據處理技術在儲存和處理結構框架等方面的優勢將幫助金融行業充分掌握業務資料的價值，降低營運成本，發掘出新的盈利模式，為客戶提供更為全面、貼心的金融服務。金融行業必須始終堅持「以客戶為中心」的服務理念，以「大數據處理技術」作為後盾，滿足客戶的多樣化需求，實現客戶服務的最大價值

筆者認為，使用大數據金融的概念，制定並實施大數據金融策略，更能展現金融業自身的實力和潛力，也更能與網路業及其他行業有機融合，平等競爭，在大數據時代找到自身生存發展的機會也更大。

13.2 金融行業大數據應用案例

如今，金融業面臨眾多前所未有的跨界競爭對手，市場格局、業務流程將發生巨大改變，企業更替興衰；未來的金融業，業務就是IT，IT就是業務；金融業將開展新一輪圍繞大數據、行動化、雲的 IT 建設投資。本節主要介紹金融行業大數據的應用案例，希望對讀者有一定的啟發和學習價值。

13.2.1 【案例】淘寶網掘金大數據金融市場

隨著中國網購市場的迅速發展，淘寶網等眾多網購網站的市場爭奪戰也進入白熱化狀態，網路購物網站也開始推出越來越多的特色產品和服務。

1．餘額寶

以餘額寶為代表的網際網路金融產品在 2013 年颳起一股旋風，截至目前，規模超 1,000 億元，使用者近 3,000 萬，如圖 13-1 所示。相比普通的貨幣基金，餘額寶鮮明的特色當屬大數據。以基金的申購、贖回預測為例，基於淘寶和支付寶的資料平臺，可以及時把握申購、贖回變動資訊。另外，利用歷史資料的積累可把握客戶的行為規律。

圖 13-1：餘額寶手機 APP 介面

2．淘寶信用貸款

淘寶網在聚划算平臺推出了一個奇怪的團購「商品」——淘寶信用貸款。開團不到 10 分鐘，500 位淘寶賣家就讓這一團購「爆團」。他們有望分享總額約 3,000 萬元的淘寶信用貸款，並能享受貸款利息 7.5 折的優惠。據悉，目前已經有近兩萬名淘寶賣家申請過淘寶信用貸款，貸款總額超過 14 億元。

淘寶信用貸款是阿里金融旗下專門針對淘寶賣家進行金融支援的貸款產品。淘寶平臺透過以賣家在淘寶網上的網路行為資料做一個綜合的授信評分，賣家純憑信用拿貸款，無需抵押物，無需擔保人。由於其非常吻合中小賣家的資金需求，且重視信用無擔保、抵押的門檻，更加上其申請流程非常便捷，僅需要線上申請，幾分鐘內就能獲貸，被不少賣家戲稱為「史上最輕鬆的貸款」，也成為淘寶網上眾多賣家進行資金周轉的重要手段。

3．阿里小貸

淘寶網的「阿里小貸」更是得益於大數據，它依託阿里巴巴（B2B）、淘寶、支付寶等平臺資料，不僅可有效識別和分散風險，提供更有針對性、多樣化的服務，而且批量化、流水化的作業使得交易成本大幅下降。

每天，大量的交易和資料在阿里的平臺上跑著，阿里透過對商家最近 100 天的資料分析，就能知道哪些商家可能存在資金問題，此時的阿里貸款平臺就有可能出馬，同潛在的貸款對象進行溝通。

【案例解析】：通常來說，資料比文字更真實，更能反映一個公司的正常營運情況。

透過大量的分析得出企業的經營情況，這就是大數據的應用。在本案例中，正像淘寶信用貸款所展現的那樣，這種新型微貸技術不依賴抵押、擔保，而是看重企業的信用，同時透過資料的運算來評核企業的信用，這不僅降低了申請貸款的門檻，也極大簡化了申請貸款的流程，使其有了完全在網際網路上作業的可能性。

大數據的價值已經得到網際網路公司以及金融機構的認可，筆者認為：「誰掌握的『拼圖』圖塊多，誰就能快速拼出客戶的圖譜，成為真正的王者。」然而，目前來看，誰都不願意輕易地交出自己手上的「拼圖」，於是，網際網路公司、銀行、支付機構等各個大量資料的擁有者展開了激烈的金融資料爭奪戰。

13.2.2 【案例】IBM 用大數據預測股價走勢

IBM 使用大數據資訊技術成功開發了「經濟指標預測系統」。借助該預測系統，可透過統計分析新聞中出現的單詞等資訊來預測股價等走勢。

IBM 的「經濟指標預測系統」首先從網際網路上的新聞中搜尋與「新訂單」等與經濟指標有關的單詞，然後結合其他相關經濟資料的歷史資料分析與股價的關係，從而得出預測結果。

在「經濟指標預測系統」的開發過程中，IBM 還進行了一系列的驗證工作。IBM 以美國「ISM 製造業採購經理人指數」為對象進行了驗證試驗，該指數以製造業中的大約 20 個行業、300 多家公司的採購負責人為對象，調查新訂單和僱員等情況之後計算得出。

實驗前，首先假設「受訪者受到了新聞報導的影響」，然後分別計算出約 30 萬條財經類新聞中出現的「新訂單」、「生產」以及「員工」等 5 個關鍵字的數量。追蹤這些關鍵字在這段時期內的搜尋資料變化情況，並將資料和道指的走勢進行對比，從而預測該指數的未來動態。

IBM 研究稱，一般而言，當「股票」、「營收」等金融詞彙的搜尋量下降時，道指隨後將上漲，而當這些金融詞彙的搜尋量上升時，道指在隨後的幾週內將下跌。

據悉，IBM 的試驗僅用了 6 小時，就計算出了分析師需要花費數日才能得出的預測值，而且預測精度幾乎一樣。

【案例解析】：從本案例可以看出，大數據不再僅僅侷限在媒體與廠商之間的討論，它猶如一場資料旋風開始席捲全球，從各行各業的 IT 主管到政府部門都開始重視大數據及其價值。

目前，不少資訊系統企業都在使用大數據資訊技術開發預測系統。例如，2011 年，英國對沖基金 Derwent Capital Markets 建立了規模為 4,000 萬美金的對沖基金，該基金是首家基於社群網路的對沖基金，該基金透過從 Twitter 的資料內容來感知市場情緒，從而進行投資。無獨有偶，美國加州大學河濱分校也公布了一項透過對 Twitter 消息進行分析從而預測股票漲跌的研究報告。

筆者認為：「企業資料就是新時代還未開採的石油，具有非常之高的價值。」國外一些金融機構已經開始做一些前瞻性的研究了，這種做法是非常值得中國金融機構學習和借鑑的。例如，中國大部分證券公司仍然沒有擺脫交易性資料為主的特點，但很多有前瞻意識的證券公司已經開始做一些轉型了，對微博、網際網路等外部資料進行一些分析與預測。

13.2.3 【案例】匯豐銀行採用 SAS 管理風險

近日，匯豐銀行選擇 SAS 防欺詐管理解決方案構建其全球業務網路的防欺詐管理系統。據悉，這一解決方案是一種即時欺詐防範偵測系統。

SAS 被譽為「全球 500 強背後的管理大師」，是全球領先的商業分析軟體與服務供應商。SAS 透過三部分服務（包括軟體及解決方案服務、諮詢服務、培訓及技術支援服務）幫助客戶洞察商機，成就變革，改善業績。

憑藉豐富的行業專業知識，SAS 的行業解決方案在各領域為行業解析蘊藏於資訊之中的獨特的商業問題。例如金融服務領域的信用風險管理問題、生命科學領域加快藥物上市速度和識別零售領域的交叉銷售機會等問題。SAS 還提供跨職能解決方案，不分行業地幫助企業克服其面臨的挑戰。例如增加客戶關係價值、測量和管理風險、檢測欺詐和優化 IT 網路等。

匯豐銀行與 SAS 在防範信用卡和借記卡欺詐的基礎上，共同擴展了 SAS 防欺詐管理解決方案的功能，為多種業務線和通路提供完善的欺詐防範系統。這些增強功能有助於全面監控客戶、帳戶和通路業務活動，進一步提高分行交易、銀行轉帳和線上付款欺詐以及內部欺詐的防範能力。透過監控客戶行為，匯豐銀行可以優化並更加有效地利用偵測資源。

匯豐銀行利用 SAS 系統，透過收集和分析大數據解決複雜問題，並獲得非常精確的洞察，以加快資訊獲取速度和超越競爭對手。因此，匯豐銀行還將繼續採用 SAS 告警管理、例程和隊列優先級軟體，提高營運效率，以便迅速啟動緊急告警。

【案例解析】：在當今這個大量資料的時代，如何找到大數據中蘊含的前所未有的商業價值？筆者認為高性能分析就是那把「鑰匙」。在本案例中，SAS高性能分析可以幫助使用者：將相關的大數據轉變為真正的商業價值，採用世界頂級的分析技術來生成精確的洞察，快速獲得答案來改變企業的

營運模式，以及部署一個適合未來擴展的分析架構。

總之，高性能分析環境讓使用者可以充分利用 IT 投資，同時克服原有架構的約束，從大數據資產中產生高價值的洞察。

13.2.4 【案例】Kabbage 用大數據開闢新路徑

Kabbage 是一家為網店店主提供營運資金貸款服務的創業公司，總部位於美國亞特蘭大，截至目前已經成功融資六千多萬美元。Kabbage 的主要目標客戶是 eBay、亞馬遜、雅虎、Etsy、Shopify、Magento、PayPal 上的美國網商。

Kabbage 透過查看網店店主的銷售和信用記錄、顧客流量、評論以及商品價格和存貨等資訊，來最終確定是否為他們提供貸款以及貸多少金額，貸款金額上限為 4 萬美元。店主可以主動在自己的 Kabbage 帳戶中增加新的資訊，以增加獲得貸款的機率。Kabbage 透過支付工具 PayPal 的支付 API 來為網店店主提供資金貸款，這種貸款資金到帳的速度相當快，最快十分鐘就可以搞定。

Kabbage 用於貸款判斷的支撐資料的來源除了網路搜尋和查看外，還來自於網路商家的自主提供，且提供的資料多少直接影響著最終的貸款情況。同時，Kabbage 也透過與物流公司 UPS、財務管理軟體公司 Intuit 合作，擴充資料來源通路。

目前，使用 Kabbage 貸款服務的網店店主已達近萬家，Kabbage 的服務範圍目前僅限於美國境內，不過公司打算利用這輪融資將服務拓展至其他國家。

【案例解析】：基於大數據的商業模式創新過程有兩個核心環節：一是資料獲取；二是資料的分析利用。在本案例中，Kabbage 與阿里金融的區別在於資料獲取方面，前者是從多元化的通路收集資料，後者則是借助旗下平臺的資料積累，其中網路商家可自主提供資料且其資料的多少直接決定著最終的貸款額度與成本，這充分展現出大數據的資產價值，就如同傳統的抵押物一樣可以換取資金。

筆者覺得，雖說大數據是一座極具價值的「金礦」，但如果不能科學地加以利用，那麼大數據就變成了一堆堆毫無用處的「石頭」，Kabbage 就是借助大數據技術，並結合金融行業的特點，有效地控制了風險，實現了完美融合和創新。

金融是服務於實體經濟的，隨著大數據時代的到來，傳統的實體經濟形態正在向融合經濟形態轉變，同時虛擬經濟也快速興起，金融的服務對象必將隨之發生變化，這種轉變為金融業帶來了巨大的機遇和挑戰。

專家提醒

虛擬經濟（Fictitious Economy）是經濟虛擬化（西方稱之為「金融深化」）的必然產物，是指基於電腦和網際網路產生的一種經濟形態，其產品和服務都具有虛擬化的特點，具體包括軟體、網路遊戲、社群網路、搜尋引擎、入口網站等細分市場領域。實體經濟是指物質的、精神的產品和服務的生產、流通等經濟活動。隨著新興資訊技術的快速發展，實體經濟與虛擬經濟正在加速融合，從而衍生了未來的主體經濟形態，即融合經濟，電子商務、O2O 模式都是融合經濟發展進程的一個產物。

CH14　交通：暢通無阻的資料

學前提示

坐在家裡，打開手機就能知道高架是否擁堵；開車上路，提前幾個路口就能收到關於路況的簡訊提醒……這一切，已經變成現實。大數據的分析和應用還將在道路交通中發揮更大作用。當交通遇上大數據，智慧交通便應運而生。

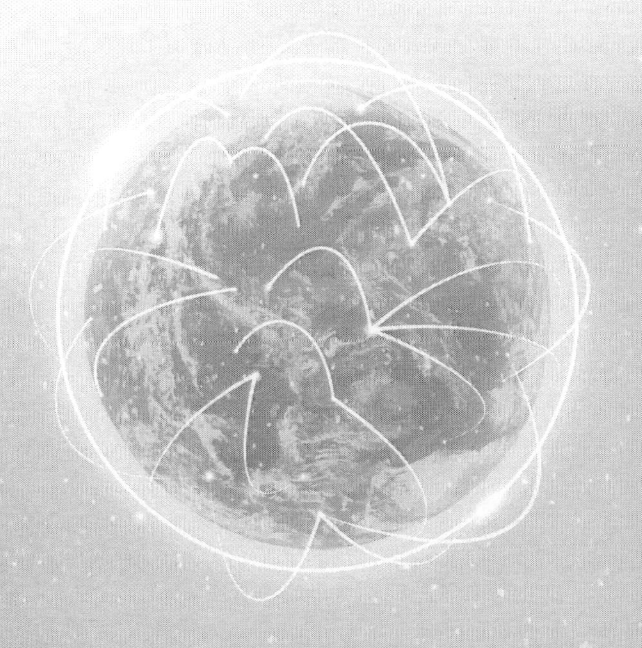

14.1 交通行業大數據解決方案

出門塞車，計程車打不到……每每出門這些煩惱都會困擾著我們，智慧交通已經不僅僅是一種暢想，而是每個人都亟待享受到的便利。車駛在路上，人走在街邊，不知不覺中他們都成為智慧交通中的大數據，「解鈴還須繫鈴人」，智慧交通需要大數據來給出答案。

14.1.1 五大日益突出的城市交通難題

隨著城市人口的增多和汽車的增加，城市交通問題日益突出。在許多大城市，由於過量的汽車，經常導致交通阻塞，交通事故頻發，大氣遭到汙染等。交通問題已經給城市社會經濟發展帶來了嚴重影響。如表 14-1 所示為大城市主要存在的交通問題。

表 14-1：大城市主要存在的交通問題

交通問題	產生原因和危害
交通阻塞	人們經常把容易塞車的道路，稱為交通瓶頸。相對於道路網的承載力來說，汽車數量過多，是誘發交通阻塞的主要原因。從某種程度上來說，交通阻塞是汽車社會的產物。在人們上下班的尖峰時間，交通阻塞現象尤為明顯，在很多大城市的中心區，尖峰時間交通速度每小時僅有 16km。交通阻塞導致時間速度遠遠高於道路的建設速度，道路的建設和汽車的增加有可能形成惡性循環，導致更為嚴重的交通阻塞
交通事故	交通事故是許多大城市日漸嚴重的問題。交通事故不但導致了對貴重醫療設施需求的增加，而且使受傷者痛苦不堪。據統計，僅 1978 年，美國就有 52,653 人死於機動車事故

公共交通	公共交通問題主要表現在以下兩個方面： ◆ 由於對公共交通投資不足，致使尖峰期人們對公共交通的需求大於供給，造成交通擁擠 ◆ 由於對公共交通的需求波動大，尖峰期過於擁擠，而離峰期使用又不夠充分，造成收入銳減 由此可見，尖峰時間和離峰時間的公共交通是一對難以解決的矛盾。如果增加投資來滿足尖峰期人們對公共交通的需求，那麼在離峰時間，這些公共交通設施將大部分處於閒置狀態，造成浪費。在已開發國家，這種情況一方面對於公共交通工具依賴性較大的低收入階層是一個打擊，另一方面又促進了中產階級甚至低收入階層對小汽車的依賴性。這將又使得公共交通進一步萎縮，形成惡性循環。在開發中國家，則使得公共交通尖峰時間的擁擠現象更為嚴重，因而加劇了城市交通問題
步行者問題（包括非機動車）	步行或騎自行車在目前仍然是一種重要的交通方式，交通量很大。據調查，在倫敦南部，人們上下班以外的行程中，50% 以上的人是靠步行的。現在，多城市都在為改善道路交通進規劃，如加寬機動車道，但卻很少考慮到步行者的需求。例如，在一些城市，為了方便汽車，人行道變窄了，交通安全島取消了，不設置穿越馬路的紅綠燈，機動車輛被允許停放在人行道上或道路旁，這些都給步行者帶來麻煩和危險。最主要的是，步行者還必須忍受噪音、煙霧、汽油味等汙染，嚴重影響身體健康。現在，很多大城市已開始著手解決步行者問題，如規定在中心商業區一些重要街道上禁止車輛通行，設為步行街，或步行區；在市中心除了公共汽車外，其他車輛白天均不得通過等，但解決的力度還遠遠不夠
停車困難	當汽車處於靜止狀態時，就需要占據一定空間，汽車越多佔據的空間就越大。在城市中心區，人多車多空間少，停車場與汽車數量很不相稱，停車極為困難。儘管近十多年來在市區建了許多多層停車場，但仍滿足不了停車需求。於是很多城市透過頒布法令，限制在市中心區停車，以控制進入市中心區汽車的數量，但這些措施並沒有解決停車問題。因此，如何有效地解決停車問題仍在探討中

專家提醒

例如，美國政府曾在 1970 年代中期制定過一個方案，迫使個人使用公共汽車來代替小汽車。但很多人反對這個方案，認為這樣會減少家庭小汽車的數量，從而改變消費模式，減少就業機會，會導致失業、福利、職業培訓和貧困等問題出現。另外，發展公共交通還需要政府大量補貼，其結果將限制解決其他問題資金的流動，或者被迫增加稅率。高稅率將使貨幣從個人手中分配到政府手裡，從而可能造成社會經濟體系變化，也增加了政治不穩定性。

由此可見，交通問題的解決絕不是一朝一夕的事情。為此，及時、高效、準確獲取交通資料是分析交通管理機制，構建合理城市交通管理體系的前提，而這一難題可以透過大數據管理得到解決。

14.1.2 大數據為交通難題開出的藥方

大數據時代的到來，為解決交通問題開出了有效「藥方」。與傳統的資料收集方式不同，雲時代的大數據透過對資料即時收集和分析，得以實現個人出行的個性化、方便化和智慧化。另外，大數據將大量資料聚合在一起，將離散的資料需求聚合起來形成資料長尾，從而滿足傳統中難以滿足的需求，例如交通需求。

因為無論是交通基礎設施、交通運行狀態還是交通服務對象和交通運載工具，每時每刻都在產生著大量的資料，以大數據的思路和角度來看，這些都是正待探勘的寶藏，能為交通決策和服務帶來新的解題思路。面對大數據的浪潮，交通運輸行業不應是一個「路人」，而是要敞開胸懷，積極地擁抱和融合，藉著大數據的力量高度進行內視和審度，再回首，相信會豁然開朗，柳暗花明。

用大數據管理交通是交通管理模式的變革，與此同時也變革了公共交通市場管理的整個內涵，而阻礙傳統交通的瓶頸也可透過大數據解決，如表 14-2 所示。

表 14-2：大數據為交通難題開出「藥方」

具體藥方	交通症狀	對症下藥
大數據可以跨越行政區域的限制	行政區域的劃分在促進各個行政區域自製的同時，也導致各個地方政府追求各自轄區利益的最大化，而對地方政府之間的邊界區的公共交通基礎設施、過境交通線路等缺少建設	利用交通大數據的虛擬性，有利於其資訊跨區域管理，只要多方共同遵照相關的資訊共享原則，就能在已有的行政區域下解決跨域管理問題

大數據具有資訊整合優勢和組合效率	大部分城市的各類交通運輸管理主體分散在不同主管部門，呈現出條塊分割線向。這種分散造成公共交通管理的碎片化，如交通資訊分散、資訊內容單一等問題	大數據有助於建立綜合性立體的交通資訊體系，將使用者可能利用的各種交通資料納入系統，建構公共交通資訊整合利用模式，發揮整體性交通功能，透過在大數據中進行整合檢索、利用和分析來提取相關資訊問題，滿足各種交通需求，以解決即時交通障礙
大數據能較好的配置公共交通資訊資源	傳統的交通部門權責界定常常未做釐清，專業分工的細化也促使公共交通管理部門職能重疊，因而在營運上浪費大量人力、物力	大數據能輔助人們制定出較好的統籌與協調解決方案，在各個交通部門之間合理配置交通職能，針對有關道路問題進行合理交通資訊資源配置
大數據能促進公共交通均衡性發展	用傳統的思維來改善交通擁堵，一般是加大基礎設施投入，及加寬道路、增加道路里程來提高交通通行能力，但這種作法又會受到土地資源的限制，而且這種解決模式不利於交通發展、城市空間發展以及土地利用發展這三者之間的整合	大數據解決方案可以將技術決定論與制度理論相結合，將資訊科技應用於公共交通，從制度層面提高資訊資本利用率，減少對諸如土地等外部資源的依賴

目前，世界各地政府也都紛紛將交通運輸資料由紙質型轉向數位方式儲存，建立智慧交通系統，人們可查看交通流量計數，也可依據車輛行程和路況擁擠程度進行電子收費，從而對交通堵塞和交通汙染排放進行隱形控制。

14.1.3 大數據解決交通難題 4 大優勢

及時、高效、準確的交通資料獲取是分析交通管理機制，構建合理城市交通管理體系的前提，而這一難題可以透過大數據管理得到解決。總的來說，用大數據解決交通難題具有 4 大優勢，如圖 14-1 所示。

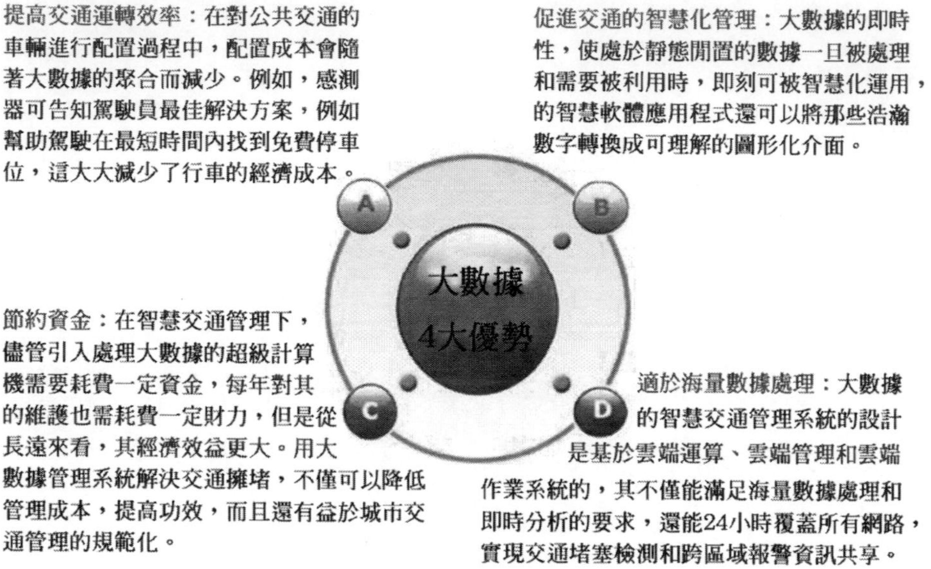

提高交通運轉效率：在對公共交通的車輛進行配置過程中，配置成本會隨著大數據的聚合而減少。例如，感測器可告知駕駛員最佳解決方案，例如幫助駕駛在最短時間內找到免費停車位，這大大減少了行車的經濟成本。

促進交通的智慧化管理：大數據的即時性，使處於靜態閒置的數據一旦被處理和需要被利用時，即刻可被智慧化運用，的智慧軟體應用程式還可以將那些浩瀚數字轉換成可理解的圖形化介面。

A

B

大數據

4大優勢

節約資金：在智慧交通管理下，儘管引入處理大數據的超級計算機需要耗費一定資金，每年對其的維護也需耗費一定財力，但是從長遠來看，其經濟效益更大。用大數據管理系統解決交通擁堵，不僅可以降低管理成本，提高功效，而且還有益於城市交通管理的規範化。

C

D

適於海量數據處理：大數據的智慧交通管理系統的設計是基於雲端運算、雲端管理和雲端作業系統的，其不僅能滿足海量數據處理和即時分析的要求，還能24小時覆蓋所有網路，實現交通堵塞檢測和跨區域報警資訊共享。

圖 14-1：大數據解決交通難題的 4 大優勢

專家提醒

例如，美國僅次於房屋的第二大消費成本就是交通運輸，美國司機一年只有 4% 的時間在開車，但卻要每年為車輛支付 8,000 美元。如在紐澤西州引入大數據處理交通堵塞問題之前，其主要依賴交通攝影機和耗資 2 萬美元的路邊感測器，但這些資訊僅覆蓋整個州道路的 5%。引入 INRIX 大數據管理系統之後，儘管紐澤西州每年耗費在 INRIX 系統上的資金要達 45 萬美元，但其覆蓋面更廣，資訊準確性更高，而且給人們減少的時間成本都是無法計量的。

14.1.4 如何應用大數據解決交通問題

轉型中的交通也面臨著調整發展結構、提升發展品質的難題，此時與大數據時代相遇實為幸事，因為大數據為交通難題帶來了解決方案。在交通問題解決過程中，基於大數據的智慧交通資料處理體系流程如圖 14-2 所示。

圖 14-2：基於大數據的智慧交通資料處理體系流程

專家提醒

公共交通的智慧化管理表現在：一旦某個路段發生問題，能立刻從大數據中調出有用資訊，確保交通的連貫性和持續性；另一方面，大數據具有較高預測能力，可降低誤報和漏報的機率，可隨時針對公共交通的動態情況給予即時監控。

應用大數據解決交通問題的具體流程說明如表 14-3 所示。

表 14-3：應用大數據解決交通問題的具體流程說明

解決流程	具體內容
收集和輸入資料	這些資料包括靜態資料和動態資料，前者指道路環境、車輛資訊等長時間都會改變的資料，這類資料透過感應式線圈偵測器和攝影機（交通影片）進行蒐集；後者指在交通運行中而產生的即時資料（如車輛行駛速度），這類資料透過 GPS 全球定位技術、手機網路訊號來蒐集
交換和處理資料	資料中心對即時交通資料進行提取，同時規定統一的資料格式，從而促進資料交換中心之間對資料進行交換和處理
儲存和整合資料	透過基於雲端運算的雲儲存來對資料進行儲存，將大數據整合起來

管理和運用資料	控制中心將這些大數據在電腦地圖上以不同色彩來呈現，分別以不同顏色標註各個路段的擁堵情況，如圖 14-3 所示。在這一體系中，為了完善的利用大數據，必須要處理好如下問題：高速連接、大數據管理、開放資料等

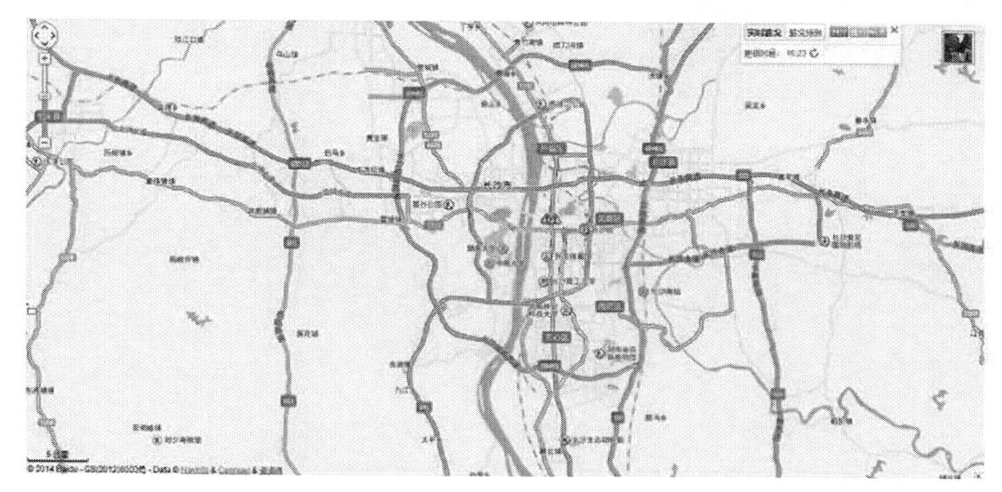

圖 14-3：電腦地圖上的各個路段的擁堵情況顯示

14.1.5 大數據在智慧交通行業的挑戰

隨著資訊通訊技術的發展，交通運輸從資料貧乏的困境轉向資料豐富的環境，而面對眾多的交通資料，如何從中根據使用者需求提取有效資料成為關鍵所在。大數據管理是一個巨大的挑戰，一方面要及時提取交通資料以滿足使用者需求，另一方面須在資料的潛在價值與個人隱私之間進行平衡。

大數據在智慧交通行業面臨的挑戰與建議如表 14-4 所示。

筆者認為，要真正利用大數據構建一體化的公共交通管理體制，還需要對交通資料採集、處理等方面進行梳理，需要對智慧交通系統的構建以及使用者界面的完善做進一步研究。總之，資料是智慧交通的核心，對交通資料深度處理與分析是其中的關鍵。

表 14-4：大數據在智慧交通行業面臨的挑戰與建議

面臨挑戰	具體表現	建議方案
如何開放公共交通資料	目前，多數城市是在私人資料庫中管理他們的交通和運輸資料，且僅由市政工作人員監視系統性能以及實施改善措施。這種對資料的封閉式管理部會促進資訊的增值	交通主管部門應建立諸如 Transportation Information Group 的開放交通運輸資料入口網站，盡可能以 XML、Text/CSV、KML/KMZ、Feds、XLS 等多種格式開放交通運輸資料，提高機器可讀性；同時，促進使用者根據個人喜好來獲取資料；制定促進交通資料共享的獎勵措施，推動交通資訊的開放和整合
個人隱私問題	大數據擴大了資訊範圍，加快了資訊傳遞和共享速度，若不嚴格加以控制，其所含的商業資訊或私密資訊就可能洩漏，利如個人所在位置、個人出行習慣以及使用者最喜歡的主路線等。一但個人察覺到這些私密資訊有洩漏，就會對大數據管理系統的廣泛應用產生抵制	政府應制定一部完整的資料隱私法，對個人資料的定義、資料可發布的範圍、資料發布的基本原則、資料可利用的範疇等方面進行規範。交通主管部門在遵守這部法律的基礎上，進一步細化可發布的交通資訊，並開展資料隱私、安全的教育專案，加大使用者對隱私規範的了解。主要的原則是：資料的商業性開發、公益性利用能夠與個人隱私權之間相互平衡，政府在賦予企業更大程度利用資料的權利和獲得潛在商業利潤的同時，要減少大眾對個人隱私和資料安全的擔憂
交通資料的存取方式	如今，各地交通機構都具有交通資料並能被大數據管理系統應用，但很多車輛計數（計算交通車輛數目）的資料都以靜態格式（如 PDF）儲存，使得系統所具備的技術特性無法被除了人以外的事物用來進行檢索，這種傳統「人對物」的網際網路連接方式不符合物聯網的「物對物」特性	交通部門必須整合各種交通資料，一方面要重視數位化交通資料，另一方面要對重要核心交通資料進行紙本保存，這樣可以透過交通資料的資源共享的方式來豐富整個智慧交通的資料長尾。此外，為了真正實現公共交通的智慧化，可以加大交通資料中心的自動化程度，讓使用者能自動收發交通資料

無論在哪裡，城市管理者都希望打造暢通、清潔、安全的交通環境，但是憑藉印象、推測做出的決策往往經不起實踐的檢驗，一味拓寬道路和盲目規劃也會激化人地矛盾。而在大數據時代，資料的分析為交通科學決策和管理提供了一條便捷又較為可行的道路。

14.2 交通行業大數據應用案例

14.2.1 【案例】大數據解決波士頓塞車難題

據悉，波士頓可能是美國交通最擁堵的 10 個城市之一，為了解決這個問題，IBM 公司的工程師為波士頓政府建立了一套應用程式，其能將從手機加速器到社交網站上的資料整合在一起，繪製出波士頓交通情況全面而完整的即時影像，供有關人員參考。該方案資金來自 IBM 智慧城市專案，IBM 的 6 位資料分析工程師準備透過整合、分析現有交通資料，以及來自社交媒體（Twitter）的新資料源，來醫治波士頓的交通惡瘤。

在波士頓，每秒鐘都有數以百萬計的資料點資訊，包括 GPS 和手機，這些資料經過分析處理後可以提供交通智慧資訊。IBM 的專家們以及來自波士頓大學的技術人員準備制定一個優化的交通管理計劃，以便更快地發現擁堵問題；透過制定更好的自行車、泊車和交通管理政策，大幅降低碳排放。

IBM 安裝在 iPhone 上的行動應用分析軟體，類似行動 BI 儀表盤，可供市政規劃人員使用，但波士頓市政府透露將來也會發布面向公眾的 iPhone 交通應用，將部分資料公開。這些資料包括市政網聯網能夠即時採集的交通號誌、二氧化碳感測器甚至汽車的資料，這些資料能夠幫助乘客重新調整路線，節省時間和汽油，如圖 14-4 所示。

圖 14-4：在道路上利用交通信號燈、二氧化碳感測器等採集交通資料

據該預測系統的開發小組 —— IBM 智慧出行者（Smarter Traveler）的專案經理 John Day 介紹，該系統包含三個部分。

第一部分是擁有具有 GPS 功能智慧手機的駕駛員使用者資料庫，該手機可以自動將他們的位置發送到道路網路上，可以讓系統掌握駕駛員常常行駛的路線。系統透過查看駕駛員的目的地來判斷其常常行走的路線，還會透過道路感測器來收集交通資料。這些感測器包括分布在各大道路上的感應線圈式探測器 —— 一種磁場感應裝置，每 30 秒感應一次並匯報車輛透過的資訊。

第二部分是 IBM 的交通預測工具（TPT），它是一種透過歷史資料來即時預測未來可能發生事件的學習和分析引擎。交通預測工具透過對交通資料的分析來確定較小道路事故與較大交通事故之間的關聯。該系統在事故發生的時候會識別出異常情況，然後迅速判斷出接下來可能發生的交通模式。

第三部分需要將出行建議發給使用者。這時 TPT 已經完成其工作，在使用者可能會行走的路線與該路線上可能會存在的問題之間找到了某種關聯。與此同時，系統還會透過對交通訊號配時、匝道信號控制以及路線規劃的改進來幫助使用者和交通系統部門在擁堵發生之前可以更好地預測並減少追尾事故的發生。

另外，該程式有望透過跟蹤針對同一地點的不同資料流來讓有關人員即時調整城市的交通流動情況，或許甚至能調整交通號誌的模式以避免一些有可能會發生的事故，例如，隧道內的車禍或者球場附近的交通擁堵等。

【案例解析】：針對城市交通堵塞，人們普遍會使用 Google、微軟等技術公司研製的「即時路況」軟體了解交通狀況，然而很多時候，等到人們發現前方有塞車時，已經為時過晚，他們已經深陷車流中，來不及改道了。在本案例中，如果行動應用分析軟體可以對每個城市居民開放，這樣大家都可以使用這類整體性的資料分析，更好地制定自己的出行計劃。

回到交通的問題，除了不塞車，交通管理對於企業營運和城市構建都有重要意義。例如，企業運輸原料，物資在路上耽誤的時間越長效率越低，製造的汙染和能耗也越多越高。透過對不同行業的交通資料跟蹤，政府可以更好地計劃和管理企業，有意識地設計產業布局，從而構築城市可持續核心競爭力。

專家提醒

IBM 公司和加州交通局開發的一個「塞車預警系統」會收集每輛汽車的 GPS 資訊，透過數學模型，在塞車尚未發生時便可以預測出哪兒會發生擁堵，市民們甚至可以提前多達 40 分鐘便得知交通路況。另外，IBM 公司和加利福尼亞州交通局以及加州大學柏克萊分校的創新交通中心合力設計了一款名叫「聰明出行」的系統，它可以讓司機們在交通堵塞還沒發生之前就預測到哪兒會塞車，它會為使用者規劃數條出行路線，並用不同顏色呈現它們在可預見的時間內的交通狀況。

14.2.2 【案例】Google 街景帶你在家環遊世界

Google 街景（Street View）讓科幻小說中的瞬間行動（Teleportation）成為了現實，現在只需輕點游標，人們就能實現「遠途旅行」。隨著全球化和人員流動的加劇，人們希望儘快對一個陌生地區熟悉起來的意願，為Google街景這項新技術提供了廣闊的前景。Google 的最終目標是提供全世界的街頭景觀。

對於不少人來說，能夠在世界各地自由穿梭，而不需要真的進行「實體」旅行，這實在算得上是一個偉大的成就。無需經過嚴酷的穿越，就能夠探索數千英里之外的物理空間，聽上去就和科幻小說的情節一樣夢幻。而現在，Google 街景已經讓人們離瞬間行動的目標更近一步 —— 只是，當然，它不能真的對實體物品進行轉移。

Google 街景是應用於 Google Maps 和 Google Earth 的一項技術，提供世界上許多街道不同位置的全景展現。Google 街景誕生於 2007 年 5 月 25 日，最初只在美國的幾個城市使用，此後逐步擴大到更多的城市和鄉村以及更多的國家和地區。

Google 街景顯示的影像是由經過特別改裝的車隊拍攝的，對於不能行車的地區，如行人專用區、狹窄的街道、小巷和滑雪勝地等，則用三輪車或滑雪車來拍攝。在這些車輛上各有 9 個 360 度全景定向相機，高度約 2.5 公尺，另外配有全球定位儀和三臺雷射測距儀用來掃描車頭前 180 度範圍內 50 公尺內的物體，還有天線掃描、3G/GSM 和 WiFi 熱點等。

「Google 街景」服務只是 Google 的地圖服務的補充，Google 公司希望使用者將它和之前發布的「Google 地球」結合起來，從而充分了解地球上的每一個地區，如圖 14-5 所示。在這些精確定位的地球照片上，不僅僅可以看到哪一戶家庭的後院有游泳池或者網球場，以及家門口的汽車型號和顏色，甚至花園裡的設施和其中曬日光浴的人也能一覽無餘。

圖 14-5：Google 街景地圖

Google 地圖還推出了一項全新的街景功能，使用者透過一個地圖擴展包將可以使用全新「水下街景」功能，暢遊 Google 所選取的 6 個海底特定區域的 360 度全景地圖。

「水下街景」不僅僅能夠為脆弱的且不斷在發生變化的海底世界保留珍貴的圖片，而且還可以為那些沒有機會親身經歷海底世界的使用者提供一個身臨其境的體驗機會。據悉，使用者使用「水下街景」功能看到的景象主要是澳大利亞、夏威夷以及菲律賓海域的珊瑚礁以及生活在其中各種各樣的海洋生物。

「Google 街景」自提供服務以來，就一直備受關注與議論。反對者指控 Google 街景地圖曝光了太多的個人隱私，有可能侵犯個人隱私，Google 也採取了一系列應對措施，例如對路人臉部做模糊處理，刪除一些敏感圖片等。

專家提醒

Google 的街景服務採集車在澳大利亞行駛時還順帶收集了道路上的 WiFi 接入點，透過記錄網路接入點的資訊，可以在沒有 GPS 的情況下透過 WiFi 接入點估算使用者所在的位置，提供定位服務。但麻煩的是，部分資料被用於其他用途，街景採集車不僅收集 WiFi 接入點資料，並且還記錄了 WiFi 網路傳送的資料包，如果街景採集車透過一個未經加密的 WiFi 網路，這些資料就會被記錄在案，這些資料包中包含電子郵件、使用者名與密碼等資訊。

【案例解析】：在本案例中可以看到，Google 在收集資料時強調擴展性，毫無疑問其是做得最好的公司之一。Google 街景採集的資料之所以具有可擴展性，是因為 Google 不僅將其用於基本用途，而且進行了大量的二次使用。GPS 資料不僅優化了其地圖服務，而且對 Google 自動駕駛汽車的運作功不可沒。

在 Google 街景中，雖然你也許無法做到幻影移形，但你的心可以漫遊到你想去的任何地方，此刻的世界就好像真的成了一個地球村。這種連接人與人的方式，是其他任何一種技術無法企及的。

14.2.3 【案例】ETC 電子收費系統加大通行力

目前，全美公路總里程達到 630 多萬公里，其中高速公路總里程已近 9 萬公里。在高速公路的營運過程中，根據營運報表統計資料，人工半自動收費車道（Manual Ton Collection System, MTC）的平均通行能力為 200 輛 / 小時，電子收費車道的平均通行能力為 1,500 輛 / 小時，1 條 ETC（Electronic Toll Collection，即電子不停車收費系統）車道的通行能力是 MTC 車道通行能力的 7 倍。

ETC 是目前世界上最先進的電子道路收費系統，ETC 技術是以 IC 卡作為資料載體的，透過無線資料交換方式實現收費電腦與 IC 卡的遠端資料存取功能。使用該系統，車主只要在車上安裝 IC 卡並預存費用，透過收費站時便不用人工繳費，也無需停車，高速費將從卡中自動扣除。透過 ETC 系統，可以獲取車主個人資訊、卡內金額以及通行車速、時間、路徑等。在資料獲取方面，ETC 要遠勝於攝影機監控、牌照識別、地感線圈等傳統的車輛資訊採集手段，採集到的資訊也更加全面、準確。

美國最著名的聯網運行電子不停車收費系統是 E-Zpass 系統，這種收費系統每車收費耗時不到兩秒，其收費通道的通行能力是人工收費通道的 5 ~ 10 倍，在德國、日本、義大利都被廣泛推廣，其中義大利 30% 的收費站安裝使用了不停車收費設備，該收費方式每分鐘平均可處理 30 輛車。

在美國，ETC 方式不但緩解了快速道路、高速公路入口因人工繳費導致的擁堵情況，而且還成為美國回收公路投資和養護費用的高效率手段。另外，在海關和重要港口，使用 ETC 的車輛出了高速可以直接駛入碼頭，無需停車。ETC 在提高通行速度、減少擁堵、節能減排的同時，也為管理部門提供了出入車輛的基本資料。例如，用於對資料準確度和品質要求較高的監獄出入管理，透過分析每日車輛的進出記錄，來核查是否存在非正常通行車輛。

【案例解析】：在本案例中，ETC 主要還是用於高速公路，其他擴展應用一方面是為了給使用者帶來更多便利，提供增值服務；另一方面，也便於政府加強監管，掌握更多管理資料。

基於 ETC 資料的收集原理，筆者認為，使用者可以積極上報共享周邊路況資訊，為政府制定緩解城市交通擁堵決策提供依據；使用者還可透過各種通訊手段及時地將周邊發生的交通狀況和事件上報政府部門或相關企業，還可提出更為準確直接的交通緩解措施或方案。

總之，隨著資訊通訊技術的發展，交通運輸從資料貧乏的困境轉向資料豐富的環境，而面對眾多的交通資料，如何根據使用者需求從中提取有效資料成為關鍵所在。

CH15　社會：用資料改變生活

學前提示

對於生活在社會中的普通人來說，大數據似乎離我們甚遠，它看不見也摸不著，但又時時影響著人們的日常生活，那麼人們在日常生活中有哪些事情涉及大數據呢？本章介紹大數據在教育、體育、影音媒體等生活中的應用案例，讓你了解大數據到底改變了人們哪些生活方式。

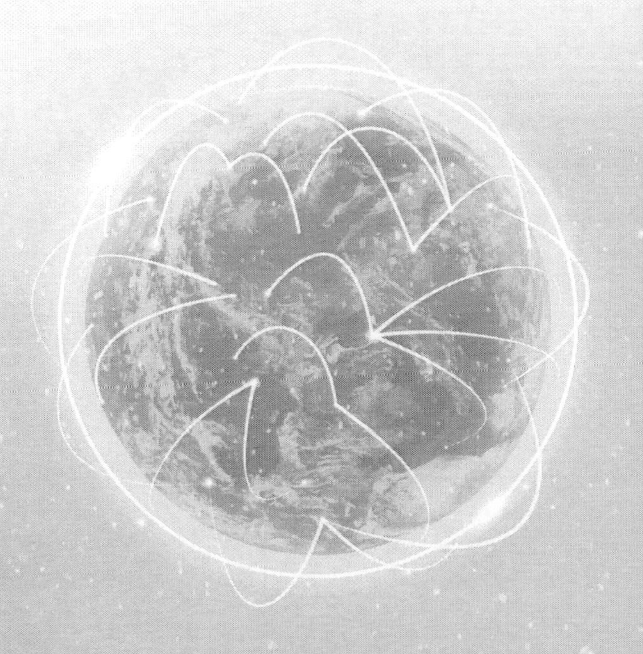

15.1 教育領域大數據應用案例

大數據在社會諸多領域催生了很多變革，本節從教育領域探討大數據的應用，並以此管窺大數據引發的重要變革。本節主要介紹大數據在教育領域的應用案例，希望對讀者有一定的啟發和學習價值。

15.1.1 【案例】大數據讓線上教育變為現實

哈佛大學以及麻省理工學院在 2012 年聯合發布了一款非營利性質的線上教育服務 —— edX。這個平臺在 2012 年還發布了課程編輯助手 Course Builder，可以幫助教育機構編寫自己的線上課程。

近日，Google 也開始與 edX 合作，聯合推出 MOOC（Massive Open Online Course，網址為 mooc.org）線上課堂。MOOC 將是一個面向於教育機構、政府、商業機構以及個人的線上教育平臺，認證機構可以在 MOOC 上推出自己的課程。

到目前為止，edX.org 網站上的課程已經有 120 萬名學生在使用。edX 提供的課程都是「受到管理的」，提供名牌大學的品質保證。與此相比，mooc.org 網站上的課程則將更具多樣性，包括來自於公司和非營利機構的線上課程等。

【案例解析】：毋庸置疑，在國家大量需要科學、技術、工程和數學專業的畢業生之際，MOOC 是一項革命性的創新。假如你不是那種「文憑狂」，只想在比較好就業的專業領域提升自我能力，MOOC 更可以說是一場教育革命。教育領域正在發生的這場革命，其深厚的技術背景就是由於資訊技術的進步，人類收集、儲存、分析、使用資料的能力實現了巨大跨越，這種現象也被稱為「大數據」。

不難看出，未來的線上教育平臺之所以強大，在於其能收集、分析、使用大量的資料。資料是對資訊的記錄，資料的激增意味著人類的記錄範圍、測量範圍和分析範圍在不斷擴大，也意味著知識的邊界在不斷延伸。大數據

將對人類社會發生的影響難以限量，以行為評價和學習誘導為特點的線上教育平臺只是這個大潮在教育領域掀起的一朵浪花。

15.1.2 【案例】無孔不入的數位化學習平臺

日本網路大學（Cyber University）是一所位於日本福岡縣的公司式經營的私立大學，是日本唯一的在網際網路提供全部課程的大學。網路大學原來面向網路使用者提供課程，這些課程的內容包含圖片、影片以及聲音，而手機版的課程為 PowerPoint 圖片流媒體影片。

例如，網路大學在手機上提供一節「金字塔的祕密」的課程，金字塔的影像出現在手機螢幕上，然後，從手機的揚聲器中播放出教授的聲音，而且圖片也會根據語音內容不斷地變換。

據悉，網路大學預期將在手機上提供大約 100 種課程，其中包括中國文化、線上新聞和英國文學。與其他課程不同的是，用手機向公眾講課是免費的，但觀眾需要支付手機費用。

在網路大學的規定中，學生們要透過寬頻網際網路上課，並且向教授上交自己的作業論文。在完成所有課程和論文之後，學生可以得到正式的大學學歷。

專家提醒

實際上相似性質的網路大學也曾經在其他國家出現，例如，美國 Phoenix 大學，建立於 1970 年代，目前已經在北美地區招募到超過兩萬名學生，它的絕大部分課程都透過網路形式教授。

【案例解析】：在本案例中，網路大學為那些無法上實體大學的人提供了受教育機會，尤其是上班族、殘疾人和病人。

其實，筆者認為網路大學還可以結合流行的大數據技術，利用流媒體影片和資料分析幫助教師跟蹤學生的學習情況，根據他們的能力水平定製教學內容，以及預測學生的執行情況。

15.1.3 【案例】美國政府用大數據改善教育

近年來，美國高中生和大學生的教育情況不容樂觀：高中生退學率高達30%（平均每26秒就有一個高中生退學），33%的大學生需要重修，46%的大學生無法正常畢業。

對此，美國聯邦政府教育部2012年參與了一項耗資兩億美元的有關公共教育的大數據計劃，該計劃的目的是透過運用大數據分析來改善教育。聯邦教育部從財政預算中支出2,500萬美元，用於理解學生在個性化層面是怎樣學習的。

美國教育部門運用大數據創造了「學習分析系統」，它是一個資料探勘、模組化和案例運用的聯合框架，可以向教育工作者提供了解學生到底是在「怎樣」學習的更多、更好、更精確的資訊。

例如，一個學生成績不好是由於他因為周圍環境而分心了嗎？期末考試不及格是否意味著該學生並沒有完全掌握這一學期的學習內容，還是因為他請了很多病假的緣故？

利用大數據的學習分析能夠向教育工作者提供有用的資訊，從而幫助其回答這些不太好回答的現實問題。

【案例解析】：在本案例中，「學習分析系統」可以透過大數據技術，允許中小學和大學分析從學生的學習行為、考試分數到職業規劃等所有重要的資訊。許多這樣的資料已經被諸如美國國家教育統計中心之類的政府機構儲存起來用於統計和分析。

如今，互動性學習的新方法已經透過智力輔導系統、刺激與激勵機制、教育性的遊戲產生了越來越多的尚未結構化的資料。因此，筆者認為，教育中的非結構化資料（Unstructured Data）探勘是邁向大數據分析的一項主要工作，更豐富的資料能給研究者提供比過去更多的探究學生學習環境的新機會。

15.1.5 【案例】大數據有效地指導學生學習

「渴望學習」(Desire 2 Learn) 是一家總部位於加拿大安大略省沃特盧的教育科技公司，其推出了基於他們自己過去的學習成績資料預測並改善其未來學習成績的大數據服務專案。

Desire 2 Learn 公司的新產品名為「學生成功系統」(Student Success System)，該產品透過監控學生閱讀電子化的課程材料、提交電子版的作業、線上與同學交流、完成考試與測驗，就能讓其計算程式持續、系統地分析每個學生的教育資料。

利用「學生成功系統」，老師得到的不再是過去那種只展示學生分數與作業的結果，而是像閱讀材料的時間長短等這樣更為詳細的重要資訊。因此，老師可以及時診斷問題的所在，提出改進的建議，並預測學生的期末考試成績。

據悉，加拿大和美國的 1,000 多萬名高校學生正在使用「學生成功系統」來改善學習成績。

【案例解析】：在本案例中，Desire 2 Learn 公司透過大數據創建的學習分析系統，可以有效地指導學生朝著更加個性化的學習進程邁進。

在大數據時代，透過大數據進行學習分析能夠為每一位學生都創設一個量身定做的學習環境和個性化的課程，還能創建一個早期預警系統以便發現開除和輟學等潛在的風險，為學生的多年學習提供一個富有挑戰性而非逐漸厭倦的學習計劃。

專家提醒

大數據與傳統資料的區別在於人們對於「資料」的理解更為深入了，許多我們曾經並沒有重視的，或者缺乏技術與方法去收集的資訊，現在都可以作為「資料」進行記錄與分析了。

15.2 體育領域大數據應用案例

儘管科學家預言大數據將改變未來人類生活的方方面面，但它確實首先在體育賽事中展現了自己的價值，並徹底顛覆了傳統的體育理念。本節主要介紹大數據在體育領域的應用案例，希望對讀者有一定的啟發和學習價值。

15.2.1 【案例】Nike 記錄運動中的資料價值

Nike 作為全球最大的運動品牌公司之一，曾在官網上公布了這樣兩則資訊：「在冬天，美國人比歐洲和非洲人都更喜歡跑步這項運動，但美國人平均每次跑步的長度和時間都比歐洲人短」，所以 Nike 計劃在不同的市場區域做好不同的產品劃分，運動鞋的設計也根據區域的不同做了獨立調整。

Nike 與 Apple 這兩家全球首屈一指的大型公司合作推出了第一款產品 Nike Plus，它可以讓 Nike 的運動鞋和 Apple 的 iPod Nano 可攜式媒體播放器進行通訊。Nike ＋ iPod 運動聯合系統包含一個放置在 Nike 運動鞋襯墊下的小巧的橢圓形晶片（有點類似 SIM 卡）和一個裝備在 iPod Nano 上的小型感測器，如圖 15-3 所示。

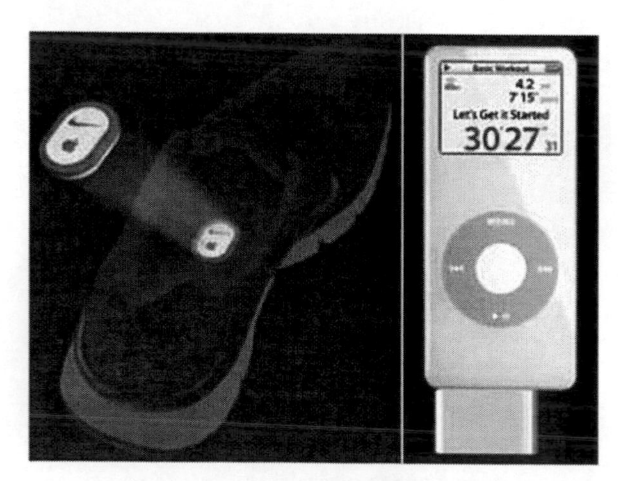

圖 15-1：Nike+iPod 運動聯合系統

Nike Plus 相關的軟體除了可以捕獲像時間和距離這樣的一般資料外，其還包含有一個語音系統可以交流更多的資訊，這有點類似汽車上的導航系統。另外，Nike Plus 還可以給運動者提供運動的激情，Nike 蒐羅了蘭斯·阿姆斯壯和保拉· 拉德克利夫在運動時的一些心得體會，後者是馬拉松紀錄的保持者。這樣我們在運動時就可以分享這些運動大師最喜愛的音樂和運動激情所在了。

Apple 的 iTunes 音樂線上零售商店也增設了一個 Nike 運動音樂區域為喜愛運動的消費者提供體能測驗以及運動激情等。

消費者在進行運動測驗時，iPod Nano 可攜式媒體播放器的螢幕上可以顯示相關的測驗資料以及測驗總結等。iPod Nano 顯示的體能測驗資料可以上傳到 nikeplus.com 網站上，如圖 15-4 所示。

圖 15-2：nikeplus.com 網站

nikeplus.com 上有即時資料更新，因此使用者對自己跑步的公里數、消耗的卡路里以及路徑都能瞭如指掌，還可以分享並關注朋友們取得的進步，這個創新不僅僅使 NikePlus 變成了體育運動愛好者的 Facebook，Nike 也成功建立了全球最大的運動相關的網路社區（有超過 5 百萬的活躍註冊使用者，上傳超過幾十億公里數和幾百億卡路里數）。

【案例解析】：在本案例中，Nike 的成功和市場上的特立獨行正是來源於對自身產品和消費者的資料探勘。

試想一下，如果一雙專業跑步鞋除了給人們提供足夠的運動性能以外，同時又要適合各種運動員的穿著與跑步，那麼沒有一個跑步資料測試工具，怎麼能夠測試出運動員要怎麼跑才能減少失誤與提高效率呢？因此，如果在一雙 Nike 跑步鞋上裝上 Nike Plus 跑步資料工具，就能更快、更準確地測出運動員跑步的效率，以及了解自己要怎麼跑才能夠提高效率。

15.2.2 【案例】大數據助力 NBA 賽事全過程

NBA（National Basketball Association，美國籃球職業聯賽）早從 1980 年就開始使用資料管理技術，統計所有球員得分、籃板、助攻、火鍋、搶斷、失誤、犯規等一系列場上資料，如圖 15-3 所示。NBA 透過詳實而細緻的資料統計，不僅可以提供單個球員的查詢服務，還可以對比兩名球員，包括兩人對位攻防時的表現，並進行資料化分析。例如，詹姆斯場均能得 28 分，科比得 27 分，但當兩人相遇時，Kobe 場均能得到 30 分，詹姆斯只有 24 分。

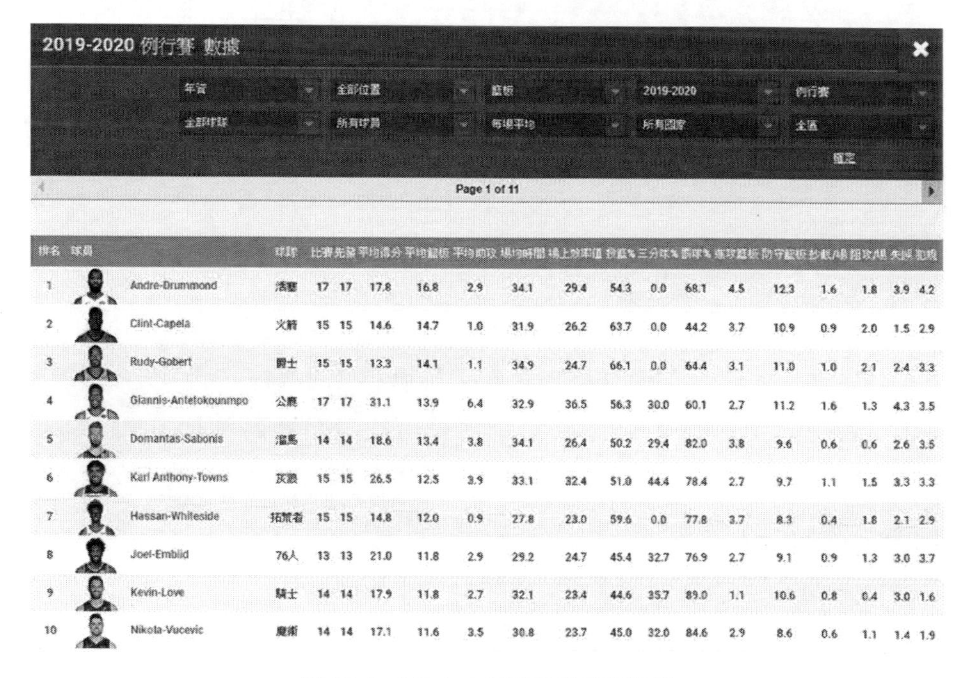

2019-2020 例行賽 數據

年資 | 全部位置 | 籃板 | 2019-2020 | 例行賽
全部球隊 | 所有球員 | 每場平均 | 所有國家 | 全區
確定

Page 1 of 11

排名	球員	球隊	比賽	先發	平均得分	平均籃板	平均助攻	場均時間	場上效率值	投籃%	三分球%	罰球%	進攻籃板	防守籃板	抄截/場	阻攻/場	失誤	犯規
1	Andre-Drummond	活塞	17	17	17.8	16.8	2.9	34.1	29.4	54.3	0.0	68.1	4.5	12.3	1.6	1.8	3.9	4.2
2	Clint-Capela	火箭	15	15	14.6	14.7	1.0	31.9	26.2	63.7	0.0	44.2	3.7	10.9	0.9	2.0	1.5	2.9
3	Rudy-Gobert	爵士	15	15	13.3	14.1	1.1	34.9	24.7	66.1	0.0	64.4	3.1	11.0	1.0	2.1	2.4	3.3
4	Giannis-Antetokounmpo	公鹿	17	17	31.1	13.9	6.4	32.9	36.5	56.3	30.0	60.1	2.7	11.2	1.6	1.3	4.3	3.5
5	Domantas-Sabonis	溜馬	14	14	18.6	13.4	3.8	34.1	26.4	50.2	29.4	82.0	3.8	9.6	0.6	0.6	2.6	3.5
6	Karl Anthony-Towns	灰狼	15	15	26.5	12.5	3.9	33.1	32.4	51.0	44.4	78.4	2.7	9.7	1.1	1.5	3.3	3.3
7	Hassan-Whiteside	拓荒者	15	15	14.8	12.0	0.9	27.8	23.0	59.6	0.0	77.8	3.7	8.3	0.4	1.8	2.1	2.9
8	Joel-Embiid	76人	13	13	21.0	11.8	2.9	29.2	24.7	45.4	32.7	76.9	2.7	9.1	0.9	1.3	3.0	3.7
9	Kevin-Love	騎士	14	14	17.9	11.8	2.7	32.1	23.4	44.6	35.7	89.0	1.1	10.6	0.8	0.4	3.0	1.6
10	Nikola-Vucevic	魔術	14	14	17.1	11.6	3.5	30.8	23.7	45.0	32.0	84.6	2.9	8.6	0.6	1.1	1.4	1.9

圖 15-3：NBA 官網的球員資料統計

如今，NBA 的資料統計和管理更為成熟豐富，還能提供包括場上效率、得分區域等分析。例如，2012 年席捲 NBA 的華裔運動員林書豪，在爆發期間一直被專家詬病的一點就是失誤太多。這正是來自強大的資料統計，他的助攻失誤比僅為 2.0，也就是說每送出兩個助攻就要伴隨一次失誤，而頂級後衛保羅的助攻失誤比為 4.6，超出林書豪一倍，顯然更為出色。

在 NBA 的中文官方網站上，有專門的統計頁面，上面把 NBA 歷史上收集的幾乎所有球員、球隊資訊以非常易用的方式提供出來，後臺使用了 SAP HANA 這樣的記憶體分析資料庫，以應對網站數以萬計的訪問者的訪問，提高隨機、靈活查詢的速度，它提供了一種前所未有的使用者體驗，以及對上百個指標的不同過濾、統計和排序等，使用者可以定製分析報表，而不需要大量固化報表格式和場景，如圖 15-4 所示。

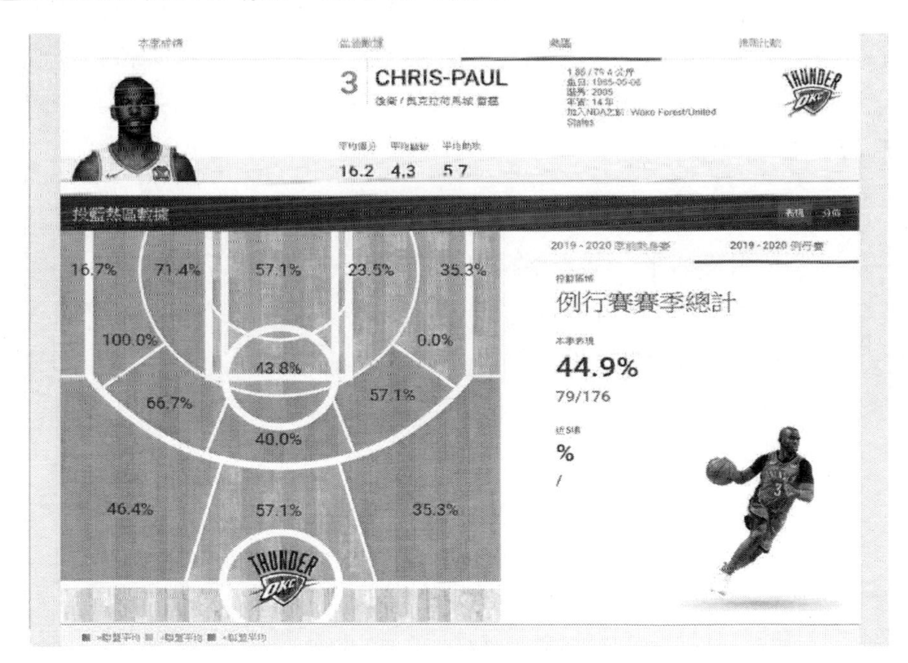

圖 15-4：NBA 熱區資料分析

【案例解析】：在本案例中，NBA 非常聰明，把這些資料開放出來，讓大家都對它們感興趣，讓每個球迷都有可能「如數家珍」，增加球迷們對球星們的迷戀程度，也從而增加對 NBA 比賽的熱愛程度。

一個看似並不「高科技」的體育專案，都可以如此利用「大數據」的手段，以提供非常優秀的使用者體驗，從資料收集到資料統計和探勘，到優秀的資料展現，非常值得其他企業學習。有了這樣嚴格、精細的量化，就有了科學的態度，也就有了科學的指導思想和手段。

15.2.3 【案例】大數據顛覆網球的遊戲規則

到目前（2013 年）為止，IBM 與法國網球協會合作有 28 年了，為法國網球公開賽（以下簡稱「法網」）提供支援。IBM 為法網帶來一系列解決方案，全部都以即時及歷史大滿貫賽事資料為中心。IBM 負責獲取、分析、保護、儲存和分發法網的全部資料，實際上，大數據是 IBM 與法國網球協會合作的核心。

IBM 以多種方式使用大數據改善網球比賽，將法網的行動帶給世界各地的球迷、教練、球員和媒體。例如，使用 SlamTracker 分析工具改變了許多球迷觀賞網球比賽的方式。

SlamTracker 分析 8 年的法網網球比賽資料（每場比賽 4,100 萬個資料點），為每個球員確定將影響一場特定比賽的三項關鍵策略，並將其稱之為「比賽的關鍵點」（keys to the match）。在比賽前，球迷可登錄網站查看每個球員在一場比賽中的關鍵點，在比賽期間根據這些關鍵點，逐項即時觀看球員的進步，如圖 15-5 所示。

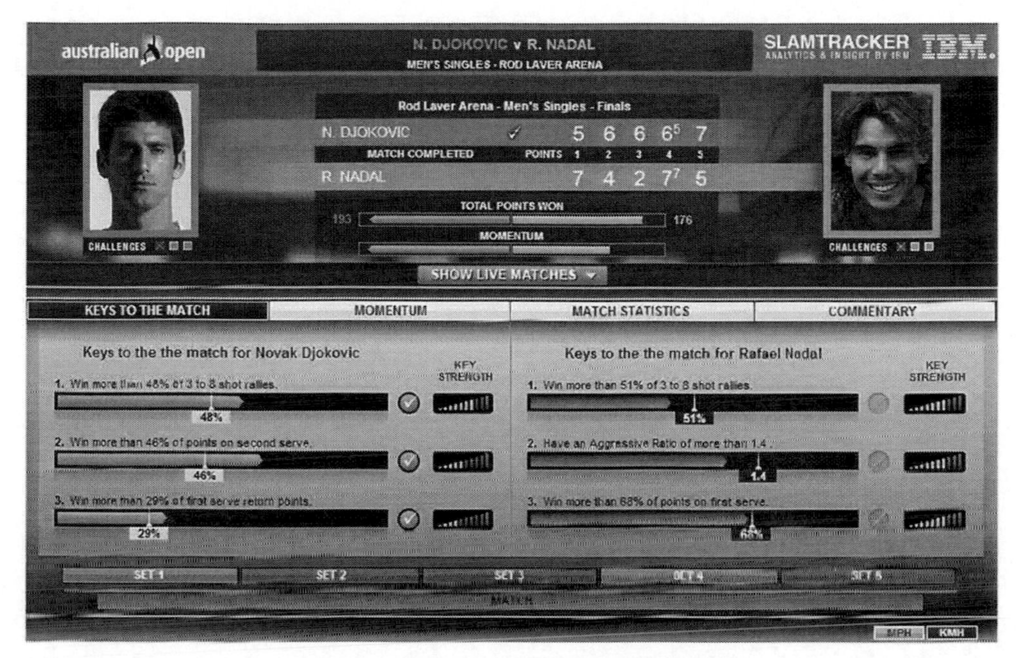

圖 15-5：查看每個球員在比賽中的關鍵點

【案例解析】：在本案例中，透過 IBM 的 SlamTracker 資料分析工具，系統可以從過去的激烈比賽中過濾並且排列每位選手在比賽中的三個最重要的得分。例如，一個選手第二次發球可能需要達到一定比例才能獲勝，或者長球得分是否有利於某位對手。在比賽之前了解關鍵進球，然後在比賽進行過程中關注選手的表現，使用者可以即時看到關鍵進球是成功的良好預測指標。

其實，這項技術不僅限於在體育比賽中應用，同樣的分析軟體也在醫院用於監控產前病房的嬰兒、在警察局用於預防犯罪，並且在金融服務公司用於改善客戶服務並降低成本。

15.2.4 【案例】從大數據中獲得寶貴洞察力

IBM 作為溫布爾頓網球錦標賽的贊助商，不久前向中心球場推出了一項名為 IBM SecondSight 的新技術。

IBM SecondSight 的想法來自兩年前錦標賽的一個重大事件，當時，美國的 John Isner 和法國的 Nicolas Mahut 進行了一場專業網球比賽，這是歷史上最長的一次比賽。

183 局的比賽長達 11 個小時零五分鐘，歷時三天。期間，平局比賽的分數不斷升高，計分系統的設計人員沒有預測到需要記錄並顯示如此高的分數，面臨著數字用完的風險。

最後，Isner 以一記「超身球」結束了比賽，在平局比賽中獲勝。

IBM 英國公司客戶與計劃業務主管 Alan Flack 從這次比賽中得到啟發：「我們為何不追蹤球員的運動？畢竟，我們記錄了比賽的其他所有內容。」於是，Alan Flack 決定與一家主營業務是追蹤導彈的技術合作夥伴共同開發這樣的系統。

IBM SecondSight 借助多個按策略角度分布的攝影機採集資料，可以即時追蹤球員的運動，並以數位化螢幕顯示方式展現給球迷，並且帶有表示球員的頭像。球迷可以點擊圖像查看最新的比賽分析。誰的動作更快？誰跑得更遠？是否有人累了？

【案例解析】：在本案例中，IBM SecondSight 展示了從比賽純物理角度來講最深層的視圖，豐富了球迷（以及教練和官員）的網球知識。雖然處於初級階段，但筆者能夠想像到運動追蹤技術在網球和其他體育比賽之外的領域中的強大用途。例如，這項技術可用於監控和分析商場、工廠、機場的人員行動，或者高速公路的車流，我們能夠從這類資訊中獲得寶貴的洞察力。

15.2.5 【案例】用預測分析軟體來防止受傷

在超級聯賽十五人橄欖球賽中，萊斯特老虎隊已經開始利用 IBM 的預測分析軟體，來評估球員受傷的可能性，為處於險境的球員設計個性化的訓練計劃。

幾個賽季以來，萊斯特老虎隊一直在收集資料，以期獲得競爭優勢。萊斯特老虎隊的資料收集幾乎是不間斷的，隊員配備 GPS 監視器和加速器，這些設備測評他們的碰撞強度，同時收集資料來監控球員的疲勞程度，這是一項關鍵的傷害預測變量。常規的調查問卷也收集主觀性的生活方式資訊。

萊斯特老虎隊的運動科學主管 Andrew Shelton 表示：「任何人都可以收集資料，但重要的是，如何利用這些重要的資料。我們希望能夠更好地利用我們的資料，盡可能好地為每個球員提供最佳的表現機會。如果你在球場上有最優秀的球員，那麼失利的可能性就小。這不是多麼高深複雜的事情，我們想要向下探勘資料，確定如何能防止球員受傷。」

透過利用 IBM 的大數據預測分析軟體，Shelton 的隊伍可以看到一個球員的一項或多項疲勞參數是否發生了重大變化，因此如果球員要參加一個高強度訓練專案，分析軟體可預測重大傷害風險，球隊可透過這樣的洞察力相應改變個人的訓練計劃。

【案例解析】：使用資料使體育俱樂部能夠更加科學地評價球員，這是另一個新興領域。在本案例中可以看出，從挑選最高效的球員，到最大限度地減少受傷機率，以及改善球迷體驗等，資料分析在體育世界的應用越來越廣泛。

專家提醒

美國奧克蘭市運動家棒球隊，曾因採用數學模型來預測球員成績、遴選球員而大幅改變了球隊成績，創造了美國棒球聯賽史上最長的連續獲勝紀錄。此後，越來越多的球隊開始運用預測模型評估球員的潛力和市場價值，而那些先行一步的球隊幾乎都贏得了顯著的競爭優勢，明顯勝過比他們更保守的同行。

15.3 影音媒體大數據應用案例

經過兩年的積澱與發展，新媒體影視業在 2013 年呈現爆發性增長。憑藉對使用者的精準定位，以及對市場的迅速反應，新媒體影視正在對傳統影視形成極大衝擊。筆者認為，精準的資料分析，將成為新媒體影視能否獲得成功的關鍵。本節主要介紹大數據在媒體影視業的應用案例，希望對讀者有一定的啟發和學習價值。

15.3.1 【案例】《爸爸去哪兒》成口碑之王

中國炙手可熱的真人秀節目《爸爸去哪兒》，是中國湖南衛視從韓國 MBC 電視臺引進的親子戶外真人秀節目，概念參考自《爸爸！我們去哪兒？》；這是繼湖南衛視《變形計》之後又一檔真人秀親子互動節目。

《爸爸去哪兒》講述了 5 位明星爸爸跟子女 72 小時的鄉村體驗，爸爸單獨肩負起照顧孩子飲食起居的責任，節目組設定一系列由父子（女）共同完成的任務，父子（女）倆在不熟悉的環境下狀況百出。毫無疑問，親子類的節目概念在中國電視圈內頗具創新意義。面對「父愛」普遍缺失的現狀，湖南衛視的這檔節目可以說是十分及時，不僅讓愛回歸，同樣也能讓初為父母的普通年輕人對育兒有一個全新的認識。

新華社新媒體中心聯合數托邦工作室抓取了新浪微博上提及《爸爸去哪兒》的 45.5 萬條原創微博，並對 36.7 萬獨立原發作者使用者（去除疑似水軍帳戶）、1300 餘萬條使用者微博及近 1 億的關係進行資料分析，如圖 15-6 所示。《爸爸去哪兒》不僅成為名副其實的「口碑王」，還使娛樂節目發生了很多微妙的變化。

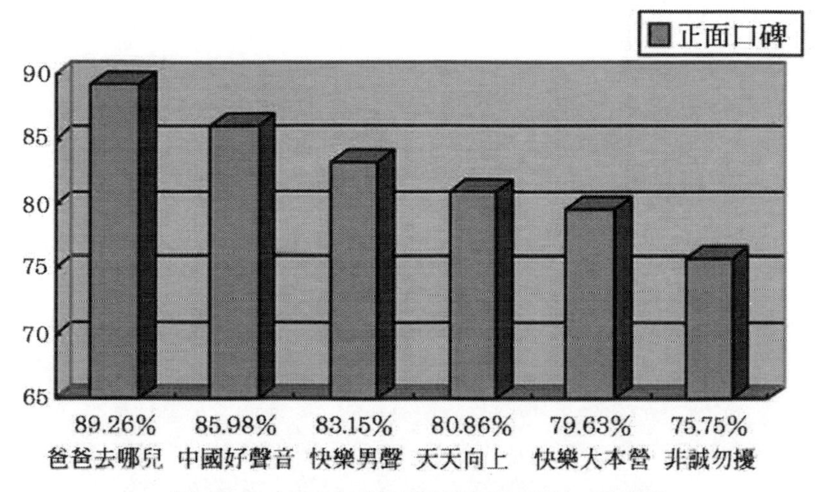

圖 15-6：2013 年中國各熱門電視節目口碑比較

湖南衛視《爸爸去哪兒》憑藉「萌點」打動不少觀眾，幾乎「零差評」的口碑令其收視較為突出，其中 CSM 全國網資料顯示：收視率 1.1，市場佔有率 7.67%；CSM 29 城市網資料顯示：收視率 1.46，市場佔有率 6.45%。在這兩個收視資料網裡，《爸爸去哪兒》均同時段第一。

【案例解析】：從本案例中可以看出，大數據的深入人心，或指明了未來電視必須從粗放式行銷到精準行銷轉變的方向。對做內容產品來說，事先對資料掌握得越充分，未來在銷售上就越有信心。例如，哪些人是你的忠實使用者，哪些使用者會根據節目產生消費行為，只有掌握這些資料，才能判斷某種類型的節目適合做哪種產品。

由此可見，小作坊單打獨鬥的時代已經過去，只有堅持以資料為基礎，掌握使用者的喜好，再透過流程化的製作，才可能在網際網路時代找到屬於自己的立足之地。

15.3.2 【案例】用大數據來探勘《小時代》

剛剛閉幕的第 16 屆上海國際電影節又讓「大數據」成為焦點，而郭敬明執導的電影《小時代》更是借助大數據的東風在上海國際電影節大出風頭。

電影《小時代》講述的是以經濟飛速發展的上海為背景，4 個從高中就開始在一起生活的女生的故事。你可以討厭《小時代》，但你卻不能忽視《小時代》的觀眾群，因為他們或許將決定中國電影的未來。在一片爭議聲中，成本僅 2000 萬元的《小時代》獲得了接近 5 億元的票房。按投資回報比計算，它甚至有望成為 2013 年「最賺錢」的華語電影。

數托邦工作室採用新媒體大數據分析手段，對《小時代》的觀影人群進行了調查分析。接下來就讓我們從大數據的角度出發，「挖一挖」這部精確定位的所謂「腦殘粉」電影的觀影群體。數托邦工作室的資料採集方法如表 15-1 所示。

表 15-1：數托邦工作室的資料採集方法

步驟	採集方法	具體資料
第一步	取樣時間	2013-06-27 到 2013-07-01，即《小時代》上映日起連續 5 天
第二步	抽樣範圍	每天抽取兩萬餘條包含「小時代」關鍵字的微博，共採集到 106,674 篇微博
第三步	使用者抽樣	從 106,674 篇微博中抽取原發作者，去除重複後得到 100,815 位使用者
第四步	使用者篩選	採用數托邦工作室的核心演算法（準確率超過 90%），刪除高度疑似「水軍」帳號 8,670 個，刪除機構帳號 945 個，共保留 91,200 位使用者
第五步	社群網站	採集 9 萬餘位使用者近期的共約 900 萬條有效微博

如圖 15-7 所示，在《小時代》的 9 萬多位微博原發作者中，女性佔到了八成以上，接近半數還是微博達人，她們積極地參與了《小時代》這部電影的觀影、評論、分享、傳播甚至爭論，創造了數倍於其他電影的有關《小時代》的各種微博。可見，她們既是《小時代》電影的主要觀眾群體，也對這部電影的傳播和行銷造成了至關重要的推手作用。

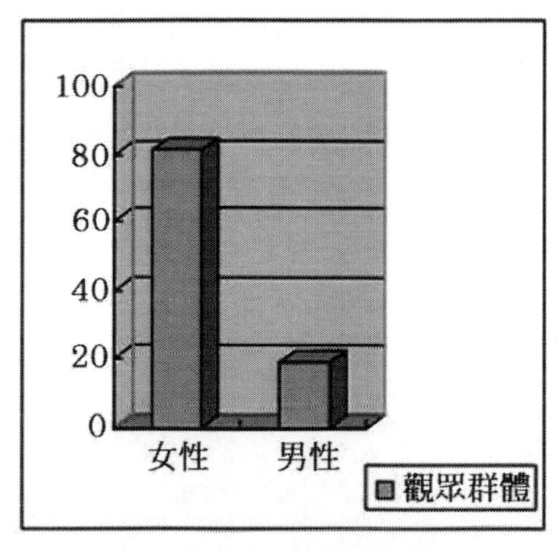

圖 15-7:《小時代》的觀眾群體分析

【案例解析】：在本案例中，大數據分析扮演著一個針對影視製作及投資決策建議平臺的角色，它可以提供對市場的理性預期，用精準的量化數字計算可能的投資報酬率。大數據雖然解絕不了藝術性的問題，但是卻有商業借鑑意義。另外，大數據的分析還直接影響後期廣告投放，以及衍生品的開發，有利於全價值鏈研究。

因此，筆者不得不承認，大數據對於當下電影創作起著至關重要的作用。儘管電影作為具有藝術屬性的工業產品，無法用任何資料、技術手段取代，但除了創作之外的部分，如前期的觀眾導流、後期的宣傳大多都是可以利用大數據去解決的。

15.3.3 【案例】《紙牌屋》變革傳統電視業

大衛· 芬奇的「導」和凱文· 斯派西的「演」，無疑是美劇《紙牌屋》走紅的關鍵原因。事實上，在兩位重量級主創促成的成功背後，《紙牌屋》具有更多跨時代的意義 —— 網站主導、資料先行。

出品方兼播放平臺 Netflix 根據使用者的資料總結收視習慣，並根據對使用者喜好的精準分析來創作《紙牌屋》。《紙牌屋》的資料庫包含了 3000 萬使用者的收視選擇、400 萬條評論、300 萬次主題搜尋。最終，拍什麼、誰來拍、誰來演、怎麼播，都由數千萬觀眾的客觀喜好統計決定。例如，在記錄暫停、倒退、快進、評分、搜尋的同時，進行大量截圖，試圖分析使用者在音量、畫面色彩甚至場景選取上的喜好。從受眾洞察、受眾定位、受眾接觸到受眾轉化，每一步都由精準細緻高效經濟的資料引導，從而實現大眾創造的 C2B（Customer to Business，即消費者對企業），即由使用者需求決定生產。

根據資料，點擊率非常高的鬼才導演大衛·芬奇和男演員凱文·斯派西，成為了主創選擇；再根據「政治驚悚」這類電影的受歡迎程度，Netflix 狠下心腸扔出了過億美金，自製出了這部《紙牌屋》。

Netflix 將文藝創作一絲不苟地建立在對冰冷資料的分析上，而且達到了意想不到的好效果，《紙牌屋》迅速成為美國及其他 40 多個國家播出頻率最高的電視節目，評論家毫不吝嗇地給予它讚美之詞，稱之為「是一部艾美獎水準的電視劇」。

【案例解析】：在本案例中，《紙牌屋》的成功得益於 Netflix 大量的使用者資料積累和分析。在任何一門生意中，能夠預見未來都是可怕的，Netflix 在《紙牌屋》一戰中可能已經接近這個水準。

如今，網際網路以及社交媒體的發展讓人們在網路上留下的資料越來越多，大量資料再透過多維度的資訊重組使得企業都在謀求各平臺間的內容、使用者、廣告投放的全面打通，以期透過使用者關係鏈的融合，網路媒體的社會化重構，為廣告使用者帶來更好、更精準的社會化行銷效果。

筆者覺得，在不久的將來，大數據探勘獲得的結果也許比一個行業老手的直覺判斷更準確。當然事情都有兩面性，大數據分析在中國影視產業領域技術尚未成熟，但這恰恰是大數據在電影產業的機遇，也正是大量大數據分析技術人才的機遇，隨著網際網路的蓬勃發展以及中國電影產業的壯大，勢必迎來大數據分析的春天。

專家提醒

當然，電影產業及市場還有很多影響因素，不僅僅是理性的資料分析，更有感性東西融入在電影中，但大數據對於電影產業的影響將會至關重要。

15.3.4 【案例】《紐約時報》讓報紙智慧化

《紐約時報》（The New York Times）作為一份享有世界聲譽的報紙，是美國新聞界的領頭羊和風向標。在 IT 技術的應用方面，《紐約時報》不惜重金打造智慧商業系統，將圍繞即時分析、智慧預測和使用者互動三大 IT 技術來提高新聞發布和時事分析的品質。

例如，位於加勒比海北部的海地發生大地震後，關於震情和救援的報導占據了各大報紙和網站的首頁。《紐約時報》將地震前後同一個地點的衛星地貌照片重疊放在了同一個窗口內，窗口內部有一個類似窗簾的分屏箭頭，透過拉動它，讀者可以看到同一個地點地震前後的變化。拉動分屏箭頭的同時，還會自動浮現出相關的文字說明，如圖 15-8 所示。

圖 15-8《紐約時報》關於海地大地震的報導頁面

地震前，高爾夫球場一片翠綠；地震後，曾經翠綠的高爾夫球場，擠滿了帳篷……

透過這種對比，可以看到地表遭受的巨大破壞和當地災民無家可歸的慘狀。和將兩張地圖簡單地放到一起相比，這種資訊表達方式增強了對比效果，使對比更加直觀、一目瞭然。

【案例解析】：在本案例中，《紐約時報》透過對資料資訊內容獨具匠心的整合，把零散的資訊融合為新的知識，產生了「1＋1＞2」的效果，給商務智慧如何走向大眾化提供了很好的啟發。商務智慧的應用注重資訊的分析和整合，一個好的商務智慧產品能夠把複雜的資訊內容視覺化、影像化、文字化，幫助使用者看到不同事物之間的關係、聯繫以及發展的趨勢和走向。

從《紐約時報》的案例可見，以構建 IT 營運平臺為中心的時代即將過去，世界已經跨進了以資料分析和探勘為中心的智慧時代。

15.4 生活中的大數據應用案例

大數據，對普通老百姓而言，已經不再是一個陌生的詞語。在這個大量資訊的時代，大數據無時無刻不在影響、惠及、改變著我們的生活。我們在日常生活中所做的一切都會留下數位痕跡（或者資料），也就是大數據，我們可以利用和分析這些資料來讓我們的生活更加美好。本節主要介紹大數據在生活方面的應用案例，希望對讀者有一定的啟發和學習價值。

15.4.1 【案例】大數據讓你的生活更智慧

我們經常會在匆忙外出的時候，忘記關閉正在使用的家電，例如電磁爐、空調等。回想起來的時候，心裡不免惴惴不安，總是會猶豫是否要回家關閉。有強迫症的人們還會在外出時擔心門是否已鎖好等問題。

SmartThings 為我們提供了更智慧的方法。SmartThings 公司可以幫助使用者在家裡安裝動力、濕度和其他感測器，讓你了解家裡正在發生的事情，同時透過 iPhone 上的應用程式來控制家裡的所有設備。

SmartThings 採用了一種系統，可以將我們日常使用的實物連接到基於雲的控制中心。該設備的重點指向是讓一些終端設備連接至 SmartThings 中心，例如自動門鎖、自動調溫器、電源插座開關等。

例如，你可以用 SmartThings 來完成以下工作：

- 如果寵物跑出了院子，能夠收到一個「哦，狗狗跑啦！」的通知。
- 如果浴室或者地下室發生了漏水事件，能夠很快收到「漏水啦」的通知。
- 能夠用「安全儲存」功能，監控存放貴重物品的箱子或者抽屜是否被打開。
- 如果在社群網路裡面收到新的粉絲或 @ 時，能夠透過手機上的漸變燈光提醒使用者。

據悉，SmartThings 和現有的自動家用設備標準兼容，適用於數百個現有設備。

【案例解析】：在本案例中，SmartThings 透過收集家庭生活的種種資料，並利用雲端運算處理資料，可以使生活中的每樣東西都變得智慧。這樣打開了無窮的可能性和無限的潛力，讓使用者的生活更加輕鬆、舒適和有趣。

15.4.2 【案例】大數據保障人身財產安全

小說裡的神探，不管是福爾摩斯、波洛，還是狄仁杰、柯南，都有一個共同的特點，那就是有一個具備強大分析能力的大腦，他們能夠觀察到細小的證據，並把這些證據關聯起來，分析出犯罪事實。

目前，美國中央情報局已經開始利用大數據技術追蹤恐怖分子和監控社會情緒。就像可口可樂等消費公司借助資料分析掌握消費者習慣一樣，中情局也透過大數據技術來尋找恐怖分子的蹤跡。此外，大數據分析可以了解多少人和哪些人止在從溫和立場變得更為激進，並「算出」誰可能會採取對某些人有害的行動。

美國孟菲斯市警察局啟用 Blue CRUSH 預測型分析系統後，使過去五年暴力犯罪率大幅下降。最近，美國馬里蘭州和賓夕法尼亞州也開始啟用一種能極大降低兇殺犯罪率的犯罪預測軟體，其不但能預測罪犯假釋或者緩刑期間的犯罪可能性，還能成為法庭假釋條款和審判的參考依據。

例如，美國加利福尼亞州聖克魯茲市採用大數據算法可以計算出某時某地犯罪案（入室行竊、搶劫、偷車，但不包括殺人案）發生的機率。在過去兩年中，該市的大約 100 名巡警在巡邏時會有針對性地出巡，他們攜帶的電子卡上會顯示出附近最有可能發生犯罪案的 15 處地點。而在三分之二的情況下，大數據算法預測的罪案都確實發生了。

引入這個大數據算法後，聖克魯茲市的入室行竊案件減少了 11%，偷車案減少了 8%，相應地，逮捕罪犯的成功率則提高了 56%。現在，美國已經有超過 10 市的警察局引入了這個大數據算法，其中包括洛杉磯、波士頓和芝加哥。

【案例解析】：在本案例中，大數據分析已經被用在刑事偵破領域，這為破獲一些疑難雜案、保障老百姓的人身和財產安全提供了一種新的技術支援。其中，人臉識別技術的應用就是大數據探勘的一個典型例子。

大數據分析的工具從長期來說，可以加速辦案效率，優化警力資源分配，從而提高社會和公眾安全水平。隨著警用大數據工具的不斷成熟，以及「物聯網＋社群網路＋大數據＋雲端運算」的高速融合發展，執法部門的犯罪偵破和預防將進入一個全新的大數據時代。

專家提醒

雖然大數據分析可以預測和阻止某些安全事故的發生，但事後的彌補也相當重要。大數據分析可被用來對過去事故評價分析，定位潛在的風險根源以及檢測可導致安全事故的潛在苗頭。

15.4.3 【案例】用大數據安全保管門鑰匙

你是否遇到過不小心丟失或找不到鑰匙的情況，如今找一位開鎖匠來開門的話，除卻高昂的人工費不說，還費時費力不安全。針對這一情況，紐約市有一家名為 KeyMe 的公司為大家帶來了一個實用的解決方案 —— KeyMe 鑰匙儲存 / 複製機。

KeyMe 將該機器部署到了紐約市的 7 ～ 11 個便利店裡面，有需要的人們可以選擇「數位化」地複製並儲存自己的鑰匙，以便在緊急情況下迅速「還原」出一把備用鑰匙。KeyMe 的外形類似於一臺自動售貨機，操作也非常簡單，使用者首先線上創建一個帳戶，然後機器會掃描鑰匙並將其儲存在雲端，如圖 15-9 所示。如果使用者的鑰匙不慎丟失，只需找到一臺 KeyMe，透過指紋識別便可以迅速還原出一把鑰匙，可選外形包括裝飾性鑰匙、組合型鑰匙和開瓶器鑰匙。

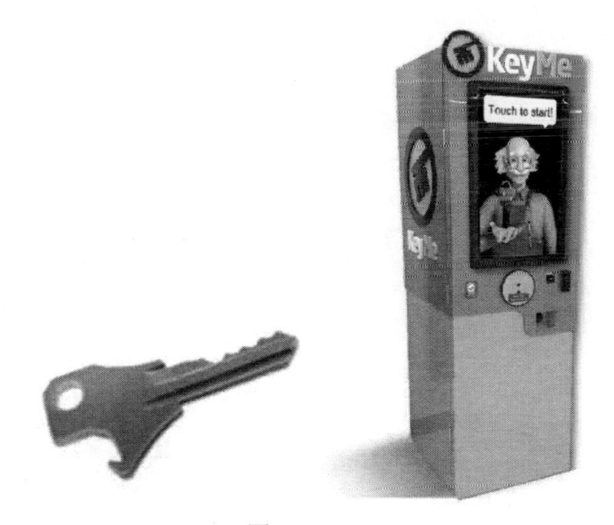

圖 15-9：KeyMe

KeyMe 不會記錄鑰匙使用場景的資訊，所有儲存在雲端的鑰匙模型都只能透過指紋識別才能打開，而且創建 KeyMe 帳戶時還需要使用一張安全有效的信用卡。另外，每當有鑰匙被還原出來時，系統都會自動給使用者發一封驗證郵件。

【案例解析】：在本案例中，KeyMe 的創意來自於大數據的雲儲存，其將每把鑰匙的資料保存在雲端。與 August 和 Lockitron 等智慧鎖相比，KeyMe 更加便攜和兼容，不需要電池，更不會崩潰。

對於使用雲服務的企業來說，可以大大降低前期成本投入，並將更多的資金用在營運方面，而且由於不再需要自身去管理和維護伺服器，他們會有更多的時間和精力專注於自身的主營業務。

熟悉過去，預測未來
從總統競選到奧斯卡頒獎、從 Web 安全到災難預測，一本書讓你用大數據洞察一切！

編　　著：李軍
發 行 人：黃振庭
出 版 者：崧燁文化事業有限公司
發 行 者：崧燁文化事業有限公司
E-mail：sonbookservice@gmail.com
粉 絲 頁：https://www.facebook.com/sonbookss/
網　　址：https://sonbook.net/
地　　址：臺北市中正區重慶南路一段六十一號八樓 815 室
Rm. 815, 8F., No.61, Sec. 1, Chongqing S. Rd., Zhongzheng Dist., Taipei City 100, Taiwan
電　　話：(02) 2370-3310
傳　　真：(02) 2388-1990
印　　刷：京峯彩色印刷有限公司（京峰數位）
律師顧問：廣華律師事務所 張珮琦律師

定　　價：430 元
發行日期：2022 年 02 月第一版
◎本書以 POD 印製

國家圖書館出版品預行編目資料

熟悉過去 , 預測未來 : 從總統競選到奧斯卡頒獎、從 Web 安全到災難預測 , 一本書讓你用大數據洞察一切 ! / 李軍編著 . -- 第一版 . -- 臺北市 : 崧燁文化事業有限公司 , 2022.02
　面 ;　公分
POD 版
ISBN 978-626-332-027-7(平裝)
1.CST: 大數據 2.CST: 資料探勘 3.CST: 資料處理
312.74　110022845

電子書購買

臉書